ANNALES

DE LA

STATION AGRONOMIQUE

DE L'EST

CHIMIE ET PHYSIOLOGIE APPLIQUÉES A LA SYLVICULTURE

(TRAVAUX DE 1868 A 1878)

PAR

L. GRANDEAU

DIRECTEUR DE LA STATION AGRONOMIQUE

PROFESSEUR A LA FACULTÉ DES SCIENCES ET A L'ÉCOLE FORESTIÈRE

Recherches sur la végétation forestière. — Étude chimique sur la forêt de Haye. — La statique chimique des forêts. — Sur le rôle des matières organiques du sol. — L'alios des landes et le sable des dunes. — Les terres noires des Alpes et leurs efflorescences. — Note sur les pépinières forestières. — Recherches chimiques sur la composition et la valeur nutritive du gui.

PARIS

BERGER-LEVRAULT ET CIE | LIBRAIRIE AGRICOLE

ÉDITEURS | DE LA MAISON RUSTIQUE

5, Rue des Beaux-Arts, 5 | 26, Rue Jacob, 26

1878

ANNALES

DE LA

STATION AGRONOMIQUE DE L'EST

NANCY, IMPRIMERIE BERGER-LEVRAULT ET Cie

ANNALES

DE LA

STATION AGRONOMIQUE

DE L'EST

CHIMIE ET PHYSIOLOGIE APPLIQUÉES A LA SYLVICULTURE

(TRAVAUX DE 1868 A 1878)

PAR

L. GRANDEAU

DIRECTEUR DE LA STATION AGRONOMIQUE

PROFESSEUR A LA FACULTÉ DES SCIENCES ET A L'ÉCOLE FORESTIÈRE

Recherches sur la végétation forestière. — Étude chimique sur la forêt de Haye. — La statique chimique des forêts. — Sur le rôle des matières organiques du sol. — L'alios des landes et le sable des dunes. — Les terres noires des Alpes et leurs efflorescences. — Note sur les pépinières forestières. — Recherches chimiques sur la composition et la valeur nutritive du gui.

PARIS

BERGER-LEVRAULT ET Cie | LIBRAIRIE AGRICOLE

ÉDITEURS | DE LA MAISON RUSTIQUE

5, Rue des Beaux-Arts, 5 | 26, Rue Jacob, 26

1878

AVANT-PROPOS

En 1871, M. le Ministre des finances, sur la proposition de M. H. Faré, directeur général des forêts, institua à l'École forestière une chaire spéciale d'agriculture et me fit l'honneur de m'appeler à la remplir. L'École forestière ne possédant pas de laboratoire de chimie, je m'empressai de mettre celui de la Station agronomique à la disposition des gardes généraux stagiaires désireux de compléter l'enseignement théorique qu'ils reçoivent à l'École, par quelques manipulations : analyses de sols, de végétaux, de cendres d'essences forestières. J'invitai en oûtre les agents forestiers, par l'intermédiaire de M. le directeur de l'École, à recourir au laboratoire de la Station pour les analyses et recherches scientifiques pouvant intéresser le service des forêts ou leur être utiles pour leurs propres travaux.

La nature de l'enseignement qui m'est confié me conduisit à étudier un certain nombre de questions de sylviculture peu ou point élucidées jusqu'ici ;

j'entrepris alors, soit seul, soit en collaboration avec mon collègue M. P. Fliche et avec M. Ed. Henry, une série de recherches qui forment une partie importante de ce volume des *Annales*.

Le concours aussi distingué que dévoué de M. Ed. Henry, garde général attaché, sur ma demande, dès sa sortie de l'École, à la chaire d'agriculture, m'a été des plus précieux pour la poursuite de ces recherches ; lui-même a fait sur le sol et sur les principales essences de la forêt de Haye un excellent travail. Enfin, je dois à l'obligeance de plusieurs agents des matériaux qui nous ont permis d'étudier mieux qu'on ne l'avait fait jusqu'ici quelques questions importantes se rattachant aux reboisements, mise en valeur des landes et des dunes, etc.

L'Exposition universelle de d878 offrait une occasion toute naturelle de réunir dans une publication spéciale l'ensemble des recherches et expériences effectuées depuis dix ans à la Station agronomique de l'Est ; c'était le meilleur commentaire à donner de l'exposition des échantillons qui figurent au Champ-de-Mars et au Trocadéro. J'ai cru pouvoir être utile aux agents forestiers en réunissant dans ce volume ceux des travaux de la Station qui se rattachent d'une façon plus ou moins directe à la sylviculture, comme se trouvent groupées dans un autre volume les recherches qui ont trait spécialement à l'agriculture et à l'économie du bétail.

Le Mémoire *sur le rôle des matières organiques*

du sol dans la nutrition des végétaux pouvait, par son caractère général, trouver place dans l'un ou l'autre de ces recueils; en l'insérant dans la partie spécialement consacrée à la sylviculture, j'ai été déterminé par cette double considération : qu'un des résultats principaux de mes recherches comparatives sur les sols agricoles et forestiers est d'expliquer d'une façon claire la fertilité indéfinie des sols forestiers, celle même des plus pauvres en principes nutritifs ; d'autre part, de montrer les dangers que présenterait pour la fortune publique l'aliénation et, partant, le défrichement de nos forêts, la mise en culture des sols qui portent aujourd'hui nos plus beaux massifs forestiers, ne pouvant fournir que des terres arables de qualité très-médiocre, pour ne pas dire davantage, dans la plupart des cas.

Si les Mémoires qui forment ce volume sont appelés à imprimer à la sylviculture quelques progrès, si petits qu'ils soient, tout l'honneur doit en revenir à l'administration forestière. La création à l'École de Nancy d'une chaire spéciale d'agriculture et de chimie agricole a comblé, je le crois, une lacune importante. Par leurs fonctions, par leur genre de vie, par leurs relations de chaque jour, les agents forestiers sont naturellement désignés pour prendre une part active à la direction des affaires de l'agriculture. Ils peuvent par leurs conseils rendre de grands services aux cultivateurs de la région qu'ils habitent. Tout ce qui tendra, dans l'enseignement de l'École, à accroître les connaissances agronomiques; dans l'organisation du corps, à étendre les attributions et la sphère d'action des agents dans le domaine agricole contribuera, dans une large mesure, c'est ma conviction intime, aux progrès de la culture française.

Je m'estimerai très-heureux si le corps forestier veut bien accorder à cette publication le bienveillant accueil auquel il m'a habitué depuis ma nomination à la chaire d'agriculture de l'École forestière.

Nancy, le 1er juin 1878.

L. GRANDEAU.

RECHERCHES

CHIMIQUES ET PHYSIOLOGIQUES

SUR LA VÉGÉTATION FORESTIÈRE

L'analyse chimique des végétaux, celle de leurs cendres
en particulier, lorsqu'on tient compte de la composition
du sol sur lequel ils ont vécu, de la nature des organes,
de leur âge, éclaire singulièrement plusieurs questions
physiologiques d'une grande importance. Elle nous rend
compte de plusieurs faits concernant la distribution géographique des espèces; par suite, elle permet à l'agriculteur, à l'horticulteur, au forestier, d'arriver à une pratique raisonnée au lieu de s'en tenir à la routine ou de
chercher au hasard par des essais souvent coûteux, un
mieux qu'il court grand risque de ne pas rencontrer.

Depuis le moment où l'illustre Lavoisier a jeté de si
vives lumières sur la chimie et les applications de cette
science à la physiologie, un grand nombre de chimistes et
de naturalistes, Th. de Saussure en tête, ont étudié ces
questions; mais elles sont si nombreuses et si complexes,
que beaucoup n'ont point encore reçu de réponses; celles
qui ont été données ne sont, dans la plupart des cas, que
des ébauches attendant des confirmations pour devenir
définitives.

Nous avons cherché à coopérer à l'œuvre en portant notre attention plus spécialement sur les points suivants :

1° Influence de la composition chimique du sol sur la végétation des espèces à exigences bien manifestes, sous le rapport des principes minéraux ;

2° Influence de l'espèce sur la teneur des feuilles en principes minéraux, en eau et en azote ;

3° Influence de l'âge de ces organes sur leur composition.

Nous avons commencé nos études par les grands végétaux forestiers, parce qu'ils ont été moins étudiés, au point de vue qui nous occupe, que les végétaux agricoles. Afin de donner plus de généralité à nos résultats, nous avons choisi des arbres appartenant aux deux embranchements des Angiospermes et des Gymnospermes, lesquels correspondent aux bois feuillus et aux bois résineux des forestiers. Nous avons eu soin aussi de prendre des espèces différentes de celles qui ont fait, en Allemagne, l'objet des travaux les plus récents. Dans un ordre d'idées analogue, nous avons pu ainsi fournir à la physiologie végétale à la fois des confirmations et des faits nouveaux.

Nous avons déjà exposé une partie de nos recherches dans quatre mémoires insérés dans les *Annales de chimie et de physique*. (Années 1873 à 1877.)

Il nous a paru utile de les réunir en les coordonnant, et d'en faire l'objet d'une nouvelle publication qui servira de document à l'appui des échantillons de sols, cendres de végétaux, etc., qui figurent dans la 1re section de l'exposition forestière, à l'Exposition universelle de 1878.

PREMIER MÉMOIRE

—

De l'influence de la composition chimique du sol sur la végétation du pin maritime. (*Pinus Pinaster*, SOLAND.)

Beaucoup de végétaux se montrent complétement indifférents à la nature chimique du sol sur lequel ils croissent, pourvu qu'ils y trouvent la quantité d'azote et de sels minéraux nécessaires à la constitution de leurs tissus. Il en est d'autres qui, — l'observation de leurs stations naturelles le prouve, — préfèrent ou même exigent un sol de composition chimique déterminée. Ainsi un grand nombre de salsolacées croissent exclusivement sur les terres fortement imprégnées de chlorure de sodium : les coronilles, les sainfoins, la plupart des trèfles et des luzernes ne se rencontrent ou ne végètent bien que sur des sols calcaires ou rendus tels; le genêt à balai, la bruyère commune, les airelles, la fougère impériale, couvrent les terrains siliceux. Faut-il voir dans ces faits de distribution des végétaux le résultat d'une action purement chimique ou purement physique, les propriétés physiques des sols étant, d'ordinaire, liées intimement à leur composition chimique, ou bien enfin le résultat de l'action combinée de ces deux influences? Question vivement controversée et dont la discussion complète ne saurait rentrer dans le cadre de ce Mémoire. Qu'il nous suffise de dire que, tout en reconnaissant la part considérable que l'on doit faire à l'action physique des sols sur les végétaux *préférants* ou *caractéristiques*, pour employer les expressions par lesquelles, en géographie botanique, on désigne les plantes qui nous occupent, nous pensons que, dans tous les cas, l'action chimique a une grande importance, et que le plus souvent elle est prépondérante. Il nous semble, en outre, que les végétaux silicicoles se fixent sur les sols siliceux, non à cause de la silice que ceux-ci renferment, mais parce que ces sols sont à peu près dépourvus de chaux, substance qui, à haute dose, empêche les fonctions de ces plantes et agit sur elles comme un véritable poison. La suite de ce Mémoire apportera des preuves à l'appui de l'opinion que nous émettons. Depuis l'époque où ce Mémoire a paru pour la première fois, une publication importante, due à M. Contejean, professeur à la Faculté des sciences de Poitiers, insérée dans les *Annales des sciences naturelles* (V^e série, tome XX, p. 266), est venue, en partant de considérations de géographie botanique, corroborer complétement nos conclusions. Les observations de ce savant l'ont par suite conduit à préférer l'épithète de calcifuge à celle de silicicole pour les végétaux en question.

Jusqu'à présent, les grands végétaux forestiers ont été peu étudiés au point de vue qui nous occupe. Les espèces les plus importantes parmi les arbres auxquels, dans le langage de la sylviculture, on donne le nom d'*essences forestières*, dans le centre et le nord de l'Europe où elles ont été le mieux étudiées, semblent indifférentes à la nature chimique du sol ; le sapin pectiné croît également bien sur les grès et sur les terrains feldspathiques des Vosges ou dans les montagnes calcaires du Jura; l'épicéa, sur les terrains feldspathiques des Vosges et de la Forêt-Noire ou sur les calcaires du Jura; le hêtre sur tous les calcaires oolithiques du nord de la France, sur les grès et les terrains feldspathiques des Vosges; les chênes rouvre et pédonculé, sur les grès, les sables, les calcaires, les argiles des terrains sédimentaires qui constituent la plupart des pays de plaines et de coteaux, sur les terrains feldspathiques lorsqu'ils n'atteignent pas des altitudes qui excluent ces deux espèces. Si l'on constate des différences dans le rendement de ces arbres sur ces différents sols, elles ne tiennent pas à la composition chimique de la terre végétale étudiée dans ses principaux éléments, mais à sa fertilité, résultant de ses propriétés physiques ou de sa richesse en matières alimentaires pour les végétaux. C'est ainsi qu'en général la croissance est bien plus active sur les marnes, les argiles marneuses et les granits, que sur les grès ou sur les calcaires trop secs. Seul parmi les essences de premier ordre de la région indiquée, le pin sylvestre semble rechercher les terrains siliceux; c'est là qu'on le rencontre plus habituellement et que, dans tous les cas, il réussit le mieux : sur les grès des Vosges septentrionales, dans les grandes plaines sablonneuses de l'Alsace, de l'Allemagne du Nord et de la Russie, par exemple; mais, pour cette espèce, qui mériterait à ce point de vue une étude plus approfondie, les conditions physiques, liées habituellement à la nature chimique du sol, paraissent avoir une influence prépondérante.

Même dans l'Europe centrale et septentrionale, des espèces moins importantes que celles que nous venons d'énumérer affectent à l'égard de la composition chimique du sol des exigences reconnues depuis longtemps déjà, d'une façon plus ou moins précise, par tous ceux qui ont eu à s'occuper de leur culture. Ainsi les pomacées connues dans le langage forestier sous le nom de *fruitiers,* sont particulièrement abondantes sur les sols riches en chaux ; le pin noir d'Autriche a une végétation vigoureuse sur les mêmes sols, tandis que le châtaignier ne prospère et ne peut même vivre que sur les sols purement siliceux ou feldspathiques.

Mais si nous nous avançons vers le Midi, où les espèces ligneuses sont bien plus nombreuses, le nombre de ces essences préférantes augmente, et, pour n'en citer que des exemples bien connus, il n'est pas un forestier qui ne sache que le chêne-liége croît exclusivement sur les sols siliceux, tandis que le chêne-yeuse recherche les sols calcaires, qu'il en est de même du pin maritime opposé au pin d'Alep.

Toutefois il n'y a dans ces données que des résultats d'observations faites soit par les botanistes sur les stations naturelles des espèces, soit par des praticiens sur leurs exigences culturales, observations un peu vagues, où l'on se tient le plus souvent à une étude très-superficielle du sol, basée sur la structure géologique de la contrée que l'on considère, sur l'examen physique de la terre végétale, sans que, par une analyse chimique rigoureuse ou même par de simples essais, on se soit assuré de la composition calcaire, siliceuse ou argileuse à l'endroit précis favorable ou défavorable à la croissance d'une essence forestière.

Seul, à notre connaissance, M. Chatin, dans un travail fort intéressant inséré dans le *Bulletin de la Société bota-*

nique de France[1], a montré que pour le châtaignier la limite extrême de la teneur en chaux du sol est de 3 p. 100. Lorsque la terre végétale en renferme une plus forte proportion, il disparaît avec les fougères impériales et les bruyères. Quelquefois sa disparition précède même cette limite, et, dans tous les cas, sa croissance se ralentit beaucoup. Mais l'auteur, se bornant à ce résultat important au point de vue de la distribution géographique de l'espèce et de sa culture, n'a point cherché quelle influence la composition chimique du sol avait sur celle des cendres; quelle pouvait être, par suite, la raison du rôle funeste qu'exerce sur l'organisation de la plante l'excès de chaux contenue dans la terre. C'est ce que nous voudrions essayer de faire pour un arbre auquel sa large répartition spontanée ou culturale en France, dans la péninsule ibérique, probablement dans toute la région méditerranéenne, le nombre et la valeur des produits qu'il fournit, donnent une importance toute spéciale parmi ceux que l'on rencontre dans l'Europe méridionale, le pin maritime (*Pinus pinaster*, Soland).

En France, on le rencontre à l'état spontané en Saintonge et en Gascogne, sur les sables siliceux du pliocène, des dunes, en Languedoc, en Provence sur les granits et les porphyres des Maures et de l'Esterel, en Corse sur les granits. On remarquera que le sol de toutes ces stations, là où on le connaît d'une manière précise, est siliceux ou feldspathique; aussi cette préférence du pin maritime a-t-elle été déjà constatée par nombre de forestiers et

---

1. *Le Châtaignier : Étude sur les terrains qui conviennent à sa culture,* par Ad. Chatin. (*Bulletin de la Société botanique*, p. 194; 8 avril 1870.)

de botanistes. Nous n'en citerons que deux des plus compétents, l'un à cause de l'étude savante et approfondie
qu'il a faite de la végétation forestière de la France, l'autre
parce que, s'occupant de la relation qui existe entre le sol
et la végétation, il habite en outre une région où le pin
maritime est particulièrement commun. M. Mathieu, sous-
directeur de l'École forestière, indique [1] les sols siliceux
comme particulièrement recherchés par cette espèce, et
M. Charles des Moulins la donne [2] comme les habitant
exclusivement. On trouve aujourd'hui en France le pin
maritime ailleurs que dans les stations où il existe à l'état
spontané. Grâce à l'abondance de ses graines, à la facilité
avec laquelle on se les procure, à la réussite presque assu-
rée des semis effectués sur de vastes surfaces sans abris,
cette espèce est devenue l'une des plus précieuses pour
les reboisements, non-seulement dans sa région, où elle
sert aux travaux si importants de la fixation des dunes [3],
mais encore un peu au nord, jusqu'au 49° degré environ.
Elle rend de grands services, sinon pour créer des forêts
proprement dites, susceptibles de se régénérer indéfiniment par des semis naturels, au moins pour fixer les dunes
et mettre rapidement en valeur les sables, les landes des
pays granitiques.

Ces reboisements offrent un grand intérêt au point de
vue de la question que nous étudions. En effet, même en
dehors de sa région naturelle, surtout lorsqu'on n'arrive

---

1. *Flore forestière,* par A. Mathieu ; 1re édition, p. 353. Nancy, 1858.

2. *Deuxième Mémoire relatif aux causes qui paraissent influer particulièrement sur la croissance de certains végétaux,* etc., par Ch. des Moulins.
(*Actes de la Société Linnéenne de Bordeaux,* t. XV; 1848. Tableau joint à la
page 16 du tirage à part.)

3. Voir plus loin les Mémoires sur l'alios, le sable des landes et les dunes.

pas à l'extrême limite que nous avons indiquée, le pin maritime croît vigoureusement, donne des produits importants, se régénère en partie ; toutes les observations faites sur lui, dans de semblables conditions, ne sont donc point entachées d'erreur. Or ces reboisements, surtout lorsqu'ils remontent à un certain nombre d'années, alors que les exigences de l'espèce à l'endroit du sol n'étaient pas encore pressenties, ont été faits souvent sur les terrains les plus variés, aussi bien sur des calcaires que sur des sables ou sur des formations feldspathiques. L'échec a été, croyons-nous, général pour toutes les tentatives sur le sol calcaire. On n'a pas toujours attribué ces insuccès à leur cause véritable ; on l'a bien souvent cherchée dans le froid, l'insolation, les maladies, pour prendre un terme encore plus mal défini. Depuis plusieurs années déjà, de sagaces observateurs ont cependant montré que la présence de la chaux, même en quantité relativement assez faible, s'opposait à la réussite du pin maritime. M. le comte de Tristan, notamment, dans une Lettre en date du 14 juillet 1847, insérée par M. des Moulins dans le Mémoire cité, p. 17 à 21, signalait déjà l'excellente végétation des pins maritimes sur les formations purement siliceuses de la Sologne, lorsque le sol était resté dans son état primitif : leur déplorable état, au contraire, toutes les fois que, dans un but d'amélioration, le sol avait été marné. M. de Tristan attribuait ce dernier fait à la présence de la chaux introduite par la pratique du marnage : avec une complète loyauté, d'ailleurs, il signale une objection qu'il serait possible de tirer de plantations faites dans la Touraine sur un sol qui, dit-il, pourrait bien contenir de la chaux ; mais cette observation, non appuyée de l'analyse du sol, indispensable surtout lorsque les caractères ne sont pas parfaitement tranchés, est réduite à néant par une note de l'auteur du Mémoire, et avec toute raison, croyons-nous, d'après ce que nous a appris l'étude de terrains analogues.

L'un de nous a pu étudier pendant plusieurs années, dans les environs de Sens, des pins maritimes plantés à peu de distance les uns des autres, les uns sur sol calcaire, les autres sur sol siliceux, dans des conditions telles qu'on peut y voir une expérience rigoureusement comparative. Nous décrirons dans ce travail l'état de végétation des uns et des autres, leur rendement, l'état physique des sols ; nous donnerons les analyses de ceux-ci, ainsi que celles des cendres des pins maritimes. Comme terme de comparaison, nous produirons les mêmes données pour le pin laricio de la race dite noir d'Autriche, croissant sur les mêmes sols calcaires, et nous chercherons à tirer les conclusions qui ressortent de ces rapprochements. Auparavant, il est indispensable de donner quelques notions succinctes sur la structure géologique du pays, afin de permettre de comprendre ce que nous dirons des deux sols, de faire voir en outre qu'à part la composition de la terre toutes les autres conditions de végétation sont sensiblement identiques. Les détails dans lesquels nous allons entrer serviront aussi pour l'intelligence des trois mémoires suivants, nos recherches ayant toujours porté sur des arbres croissant dans la même forêt.

Le bois de Champfétu, dans lequel ont été recueillis les observations et les échantillons des sols et des pins, se trouve au bord septentrional du plateau de la forêt d'Othe, lequel couronne une élévation longitudinale limitée au nord-est par la vallée de la Seine, dans les environs de

Troyes, au sud-ouest par la vallée de l'Yonne, de Joigny à
Sens, par la vallée de la Vanne au nord-ouest, par une
grande plaine arrosée par divers cours d'eau, l'Armançon,
l'Armance, etc., au sud-est; sa direction est d'ailleurs
très-peu inclinée dans la direction de l'est à l'ouest. Sa
pente générale, très-faible, va du sud-est au sud-ouest,
comme on peut en juger par les cotes de quelques-uns
de ses points culminants; au bord sud-est : Sormery,
291 mètres; Bussy-en-Othe, 252 mètres; au bord nord-
ouest : au-dessus de Villeneuve-l'Archevêque, 234 mètres;
Champfétu, 205 mètres. Ce plateau est entamé dans
presque toute sa largeur par de grands vallons, profonds,
à pentes latérales plus ou moins roides, qui vont déboucher
dans la vallée de la Vanne ou dans celle de l'Yonne.

La structure géologique de cette petite région[1] est
extrêmement simple. La gibbosité que couronne le plateau
de la forêt d'Othe est entièrement constituée par la craie
blanche du terrain crétacé supérieur, qui y atteint une
épaisseur maximum de 300 mètres. Cette craie est d'une
grande uniformité au point de vue de sa composition minéralogique : elle est formée de la variété de carbonate de
chaux qui porte ce nom, avec rognons de silex pyromaque
faisant défaut à la partie inférieure du terrain et finissant
par devenir très-abondants, sans cesser toutefois d'y être
complétement accessoires, dans l'étage supérieur, qui a
reçu de d'Orbigny le nom de *sénonien*. Elle est recouverte
par des argiles plus ou moins sableuses, quelquefois par
des sables purs, habituellement mélangés de silex pyro-
maques, roulés ou non, en quantité variable.

---

1. Voir Raulin, *Statistique géologique* et *Carte géologique du département
de l'Yonne.* Auxerre, 1858.

Cette formation a comblé toutes les cavités de la craie, et de plus, grâce à la mobilité des éléments qui la composent, elle a nivelé la surface du plateau ; aussi son épaisseur, qui en moyenne atteint 10 mètres, est-elle assez variable : en forant des puits, on l'a vue s'élever jusqu'à 25 et 30 mètres. Sur la carte géologique de France, de Dufrénoy et Élie de Beaumont, ce terrain tertiaire est rapporté à la période moyenne aujourd'hui fréquemment désignée sous le nom de *miocène*, à deux petites exceptions près. M. Raulin rapporte aussi la couche superficielle à cette période, et il pense qu'au-dessous d'elle en existe une autre, qu'il considère comme appartenant à la période éocène ; mais il reconnaît qu'il est le plus souvent extrêmement difficile de les distinguer, et, sur la carte géologique dressée par lui, il les représente par une teinte unique. Quoi qu'il en soit de cette question d'un intérêt purement géologique, presque impossible à trancher, vu l'absence complète de fossiles, ce terrain tertiaire, assez variable par le mélange de ses divers éléments, par leurs colorations, par les matières adventives qu'on y rencontre, grains de fer hydroxydé, blocs de grès, etc., présente un caractère uniforme d'une grande importance au point de vue de la question que nous cherchons à élucider : c'est son extrême pauvreté en chaux, comme on peut le constater par l'analyse que nous en donnons plus loin, et qui représente l'état normal du sol à ce point de vue. Le fond des vallées qui limitent la région, celui des grands vallons qui la coupent, sont occupés par des terrains quaternaires et modernes, de nature variée, mais sur lesquels il est inutile d'entrer dans des détails, parce qu'ils ne jouent aucun rôle dans la question. Pour la même raison, nous négligeons complétement le terrain crétacé inférieur qui occupe le pied des pentes au bord sud-est de la forêt d'Othe.

Comme on le voit, si rien ne venait modifier l'état de choses causé par la structure géologique du pays, on aurait, abstraction faite du fond des vallées, deux sols seulement et aussi différents que possible : sur le plateau, un sol purement argilo-siliceux, ou même siliceux, occupant à la partie supérieure des pentes une hauteur moyenne de 10 mètres, parfois moins, souvent aussi beaucoup plus, suivant que les vallées ou vallons traversent le terrain tertiaire dans ses faibles ou dans ses grandes épaisseurs, et cela à de très-petites distances ; au-dessous, sur ces mêmes pentes, un sol purement calcaire résultant de la désagrégation de la craie. En réalité, il n'en est point tout à fait ainsi : la terre des plateaux, partout où elle n'a point été modifiée par l'homme, est restée telle qu'elle est fournie par le terrain géologique, mais celle des pentes a été fortement modifiée. On conçoit que des matériaux aussi meubles que des sables et des argiles ont été très-facilement entraînés et par leur propre poids et par les eaux, qu'ils se sont arrêtés en quantités plus ou moins considérables suivant que la pente était faible ou plus roide ; qu'ils se sont mélangés aux débris de la craie ou même qu'ils ont formé de petits dépôts à sa surface, exerçant sur la terre végétale une influence des plus heureuses ; car celle qui est formée par les détritus de la craie est stérile ou très-peu fertile, comme le prouve l'exemple d'une partie de la Champagne. Rien de plus variable, d'ailleurs, que la composition de ces sols, suivant que l'entraînement des matériaux provenant du sommet s'est trouvé facilité ou ralenti.

D'après ce que nous venons d'exposer, il est déjà facile de voir qu'on peut rencontrer à de très-faibles distances, et, par suite, dans des conditions climatériques identiques, des sols fort différents au point de vue de la composition chimique, souvent très-analogues quant à leurs propriétés physiques, ainsi que nous nous réservons de le montrer plus loin. Le bois de Champfétu est placé de telle façon que ce fait y est particulièrement remarquable. Situé au bord septentrional du plateau, le long de la vallée de la Vanne, entre les extrémités de deux grands vallons qui y débouchent, il est de peu d'étendue, 300 hectares environ, et les différences de niveau sont très-faibles : elles ne dépassent pas 59 mètres, la cote la plus élevée étant, d'après la carte du Dépôt de la Guerre, 205 mètres, et la plus faible 146 mètres sur le flanc de la vallée de la Vanne. Il est traversé par plusieurs vallons y prenant naissance, et dont les flancs, de pentes très-diverses, généralement assez faibles, offrent des sols très-variables, comme cela résulte de ce qui a été dit précédemment.

A la fin du siècle dernier, le domaine de Champfétu était en nature de terres labourables au milieu desquelles se trouvaient un certain nombre de parcelles boisées. Au commencement du siècle actuel, on pensa, avec raison, en tirer meilleur parti en le boisant et l'on entreprit des plantations qui s'étendirent sur la plus grande partie de sa surface ; cependant il n'y a que trente ans que les derniers travaux neufs ont été effectués. Les essences employées furent des arbres à feuilles caduques : chêne, châtaignier, bouleau, etc. Les travaux n'ayant pas été toujours parfaitement exécutés, le choix des essences, souvent malheureux, parce qu'on n'avait pas tenu compte des différences de terrains que nous avons signalées, enfin, par-dessus tout, le lapin, ce redoutable ennemi des forêts, ayant pullulé et détruit un grand nombre de plants ou de jeunes cépées, des clairières parfois importantes se produisirent. Il fallut les regarnir, et cela à plusieurs reprises, les mêmes causes ayant continué à agir ; on songea alors aux conifères, et la première espèce employée, il y a environ cinquante-cinq ans, fut le pin maritime ; puis les semis ou plantations de conifères furent à peu près arrêtés pour être repris activement avec divers conifères, parmi lesquels encore le pin maritime, par le propriétaire actuel, il y a vingt-cinq ans environ. Ces semis ont été continués depuis, sur une plus ou moins grande échelle, à peu près chaque année, mais en abandonnant l'espèce qui nous occupe aujourd'hui, et pour cause, comme on le verra. Revenons aux pins de première introduction. Ils existent aujourd'hui exclusivement sur les sols résultant des terrains tertiaires. Les a-t-on plantés ou semés à l'origine là seulement ? C'est peu probable. Ce serait la seule espèce dont on aurait consulté les exigences à l'endroit du sol, alors qu'elles étaient plus mal connues qu'aujourd'hui ; d'ailleurs deux ou trois pins maritimes chétifs, morts maintenant, et qui existaient il y a vingt-cinq ans sur les sols plus ou moins calcaires des pentes, semblent indiquer qu'on avait essayé là aussi cette espèce et qu'elle y a disparu progressivement, comme cela a eu lieu pour un essai postérieur. Quoi qu'il en soit de cette supposition, ces anciens pins sont de la plus belle végétation, et cela sans qu'on puisse voir de différence entre eux, bien que les uns soient sur le plateau, les autres sur les pentes, au-dessus du point où leur sol se mélange de calcaire. Les différences de niveau entre eux sont naturellement très-faibles ; on peut cependant les évaluer comme maximum à 30 et même 40 mètres. Il n'est pas étonnant qu'elles soient sans influence ; mais les expositions, qui sont aussi variées que possible, n'en exercent pas davantage. Ainsi les pins sont aussi beaux sur le plateau et sur la pente sud-est du canton des Quatre-Arpents que sur les pentes nord-ouest des cantons Henri et le Long-des-Terres. Partout ils sont accompagnés par les végétaux les plus silicicoles : le genêt à balai (*Sarothamnus scoparius*), la bruyère commune (*Calluna erica*). Ils ont le feuillage d'un beau vert foncé ; les feuilles persistent de trois à quatre ans ; ces dernières, lorsqu'elles existent, étant encore bien vertes ; la partie supérieure de l'écorce se détache par larges plaques. Quelques semis naturels, qui se sont développés malgré les conditions les plus défavorables de couvert, prouvent combien l'espèce est près de sa station climatérique normale. Peu serrés, ces pins se sont fortement développés ; l'arbre présentant les plus belles dimensions se trouve au canton des Quatre-Arpents ; il a 0^m,60 de diamètre à 1^m,50 du sol, sur 18 à 20 mètres de hauteur totale.

On jugera mieux de la vigueur de ces arbres et, ce qui est important, des produits qu'ils peuvent fournir par le relevé suivant pris dans une coupe faite au printemps de 1871 au canton le Long-des-Terres. Les arbres avaient cinquante ans, et ceux qui ont été enlevés appartenaient à toutes les catégories de dimensions, deux ou trois plus gros compris toutefois. On en a choisi 17, représentant, autant que possible, la moyenne ; on en a mesuré toutes les dimensions de nature à pouvoir donner une idée exacte de l'arbre au point de vue de sa forme et des produits utiles comme bois d'œuvre qu'on a pu en tirer. Elles sont indiquées dans le tableau suivant, où l'on désigne sous le nom de *tronc* la partie de la tige susceptible de fournir du bois d'œuvre. On en donne également le volume réel calculé en la considérant comme un cylindre ayant pour base la circonférence prise en son milieu.

TABLEAU I.

	HAUTEUR totale.	HAUTEUR jusqu'à la naissance des branches.	CIRCONFÉRENCE à 1 mètre du sol.	HAUTEUR du tronc.	CIRCONFÉRENCE au milieu du tronc.	VOLUME réel du tronc.
	m.	m.	m.	m.	m.	m. c.
1...	12	5.50	1.22	8.50	0.92	0.573
2...	14	7.25	1.32	10.25	0.98	0.783
3...	15	7	1.50	10.25	1.10	0.987
4...	15	6	1.65	10.50	1.32	1.421
5...	16.50	6.25	1.75	11	1.36	1.619
6...	15.65	7	1.40	11.50	1.05	0.990
7...	16.33	7	1.40	11	1.04	0.947
8...	13	7	1.35	9.50	0.85	0.559
9...	12.50	6	1.20	7.75	1	0.617
10...	12	7	1.22	9.25	0.95	0.650
11...	14	6	1.75	11.25	1.30	1.513
12...	13	6	1.55	11.25	1.05	1.006
13...	14.50	6.50	1.50	10.50	1.26	1.327
14...	13	5.50	1.16	8	0.95	0.563
15...	12.50	7	1.05	9	0.83	0.505
16...	12	6.25	1.40	8.50	1.05	0.732
17...	14	7	1.45	9.25	1.07	0.859
					TOTAL...	15.651

Ces 17 arbres ont produit en outre 1st,68 de bois de feu, 5st,34 de bois à charbon et 225 bourrées. Si l'on réduit en mètres cubes pleins le volume des bois de feu et à charbon, on trouve 4^{mc},633 qui, ajoutés à 15^{mc},551, donnent pour le volume total des 17 arbres 20^{mc},284, en négligeant les bourrées, ce qu'il nous faut faire, n'ayant pu évaluer expérimentalement leur conversion en volume plein, les feuilles, à raison de leur persistance, y entrant pour la plus grande part. Si nous divisons le volume total trouvé et le nombre total de bourrées, nous obtenons pour le volume moyen d'un arbre 1^{mc},193 et 13 bourrées.

On voit, d'après ce qui vient d'être dit, que la végétation des pins maritimes sur sol siliceux est fort belle, et les produits fournis par eux importants. Nous ne pouvons malheureusement en signaler, sur ces sols, de plus jeunes, d'âge identique à ceux des sols calcaires dont il nous reste à parler maintenant ; lorsque, il y a vingt-cinq ans, on reprit les travaux de semis et de plantations, les terrains tertiaires étaient pour la plûpart boisés, et dans tous les cas on y employa exclusivement pour les regarnis à effectuer les bois à feuilles caduques. Il n'en fut pas de même pour les sols plus ou moins calcaires des pentes où se trouvaient les vides les plus considérables ; diverses considérations amenèrent l'emploi des conifères, et au début surtout, alors que l'appropriation des essences au sol était encore mal connue, les espèces employées ont été assez nombreuses. Ce furent le pin maritime (*P. pinaster*), le pin sylvestre (*P. sylvestris*), le pin laricio d'Autriche (*P. laricio austriaca*), le pin laricio de Corse (*P. laricio poiretiana*), le pin du lord (*P. Strobus*), le mélèze (*Larix europæa*), l'épicéa (*Picca vulgaris*), le sapin pectiné (*Abies pectinata*). Cette dernière espèce, fort exigeante dès ses premières années à l'endroit de la fraîcheur du sol et de l'exposition, employée d'ailleurs sur une très-petite échelle, ne prospéra que là où elle trouva exceptionnellement ces deux conditions réunies ; toutes les autres réussirent et sont en voie de fournir des produits sérieux, une seule exceptée, celle que nous étudions, celle que sa bonne végétation sur les plateaux pouvait faire considérer comme bien adaptée au pays. Il va de soi qu'en parlant de succès obtenus avec des espèces aussi boréales et montagnardes que l'épicéa et le mélèze nous faisons allusion à leur croissance vigoureuse pendant cinquante à soixante ans, lorsqu'elles se trouvent sous un climat plus chaud que celui de leur patrie, activité de végétation qui est bientôt suivie d'un ralentissement considérable et d'une mort précoce. Dans ces conditions, ces essences dépaysées peuvent parfois fournir des produits utiles à un particulier qui les emploie transitoirement pour couvrir facilement un sol, ou qui consent à les semer ou planter à nouveau après l'exploitation; qui, dans tous les cas, cherche une réalisation rapide sans s'inquiéter de l'intérêt public ; mais il est bien entendu que nous ne songeons pas un instant à recommander l'épicéa et le mélèze pour former des forêts permanentes destinées à se régénérer spontanément et à constituer des bois de grandes dimensions, sous un climat aussi tempéré que celui de la Champagne et de la Bourgogne. Cette observation importante faite, revenons à l'examen des faits observés sur les pins maritimes semés en sol calcaire. Ils ont été introduits avec de semblables conditions de sol dans les cinq cantons suivants : Remise-aux-Épines, en très-petite quantité, Bas-de-la-Remise-Carrée et Terres-Blanches en assez grande quantité, suivant le mode de semis par potets, au Bas-du-Cellier et au Buisson-Cartault sur une grande échelle par semis en plein, à la volée, avec labour complet du sol. Dans les deux premiers cantons, il n'en reste pas un seul : les deux ou trois derniers du Bas-de-la-Remise-Carrée sont morts en 1872, âgés de vingt ans, dépassant à peine la hauteur d'homme, ayant une grosseur proportionnée. Aux Terres-Blanches, il en reste quelques-uns seulement de fort médiocre végétation, ressemblant aux plus beaux de la partie basse du Bas-du-Cellier, dont il sera question plus loin ; encore sont-ils à la partie supérieure, là où la couche de terre argilo-siliceuse a conservé quelque épaisseur : à côté d'eux, des pins sylvestres, et surtout des pins d'Autriche, du même âge à peu près ou plus jeunes qu'eux, sont très-vigoureux et commencent à être de véritables arbres.

Ceux du Buisson-Cartault et surtout du Bas-Cellier méritent de nous arrêter plus longtemps, car c'est pour ce dernier canton que nous avons fait une étude chimique des cendres du végétal et du sol, dont nous donnons les résultats plus loin. Voici donc ce qui s'est passé dans ces deux cantons. Le semis y fut pratiqué au printemps de 1852. La graine, de bonne qualité, leva bien, plutôt même en trop grande quantité au Bas-du-Cellier ; mais dès la première année, dans les deux cantons, et surtout dans ce dernier, les jeunes plants de la partie moyenne de la pente commencèrent à périr ; dès la seconde année ils avaient presque tous disparu. Aujourd'hui il n'en reste plus un seul dans cette région ; les survivants sont à la partie supérieure, où l'on avait à peine atteint par la culture le terrain tertiaire, et à la partie inférieure, où, les terres éboulées du haut s'étant arrêtées, la terre végétale est différente de ce qu'elle est au milieu de la pente, comme nous l'établirons plus loin ; mais ceux qui ont persisté et qui sont encore assez nombreux au Bas-du-Cellier présentent un phénomène remarquable et sur lequel nous ne saurions trop insister : leur végétation devient chaque jour plus mauvaise. Comme conséquence, chaque année, un nombre plus ou moins grand de ces jeunes arbres sèchent sur pied. En cela ils se comportent d'une façon absolument différente de toutes les autres espèces feuillues ou résineuses plantées à côté d'eux, une seule exceptée, le châtaignier, qui offre les mêmes allures, nous verrons pourquoi. Le pin sylvestre voit aussi sa croissance s'affaiblir assez rapidement, mais à un degré beaucoup moindre et sans jamais sécher sur pied, au moins dans les limites de temps pendant lesquelles ont été faites les observations. Toutes les autres espèces, lorsqu'elles ont dominé les conditions difficiles dans lesquelles elles peuvent se trouver les premières années, s'accroissent au contraire plus rapidement chaque année ; cela est vrai particulièrement et très-facile à constater chez les autres conifères, les pins d'Autriche, par exemple, à cause de leurs pousses terminales successives toujours aisées à comparer. De tous les pins maritimes survivants, les meilleurs sont à la partie supérieure des pentes ; le plus beau est au Buisson-Cartault : il a été transplanté en sol de terrain tertiaire, mais là où il n'a pas encore une très-grande épaisseur. Il avait, il y a sept ans (1871), au printemps, cinq mètres de hauteur totale sur un décimètre de diamètre, à $1^m,50$ du sol. Il portait encore toutes les feuilles des deux dernières années et une partie de celles de la troisième ; un autre sujet placé à côté de lui et offrant à peu près les mêmes dimensions avait encore une partie de celles de la quatrième. Ces feuilles étaient d'un vert plus foncé que celles des pins placés à un niveau inférieur. Quant à ceux-ci, dans les deux cantons, et notamment au Bas-du-Cellier, ils offrent l'aspect le plus misérable. Leur ramification est très-grêle ; leur feuillage court, jaune, persiste au plus deux ans ; le plus souvent il est tombé complétement avant la fin de la seconde année. Plusieurs portent fruit. Quant aux dimensions, voici celles relevées pour les plus beaux arbres du Bas-du-Cellier, à l'automne de l'année 1872 :

Hauteur.	Diamètre au niveau du sol.
m.	m.
3.20	0.08
3.15	0.085
3.40	0.085
3.50	0.090
3.30	0.078

Pour les plus petits, l'un d'eux avait $0^m,47$ de hauteur et $0^m,018$ de diamètre au niveau du sol. L'ensemble est compris entre ces deux extrêmes, mais se rapproche peut-être plus de la limite inférieure que de la supérieure, ceux donnés ici comme les plus beaux étant presque exceptionnels. Il est évident, d'après cela, que les produits sont à peu près nuls : deux ou trois morceaux de bois à charbon et une petite bourrée pour les plus beaux. Nous ne pouvons fournir des termes de comparaison provenant d'arbres de même âge, ayant crû sur un sol siliceux, les quelques semis naturels existant sous les vieux pins ayant trop souffert du couvert. Nous aurions voulu pouvoir au moins donner le diamètre pour les vingt et une premières années des arbres abattus ; malheureusement nous y avons

songé trop tard et des obstacles matériels nous ont empêchés de réaliser ce projet. En présence de ces impossibilités, nous avons cherché à déduire par un calcul de
proportions les dimensions de ces arbres à cette époque.
Il est à peine besoin de dire que les chiffres obtenus sont
beaucoup trop faibles, la croissance en hauteur et la largeur des accroissements annuels étant plus grandes pendant cette première partie de la vie de l'arbre que pendant
les années qui ont précédé l'exploitation. Ils n'en sont que
plus probants ; les voici pour le plus gros de ceux mentionnés au tableau I : hauteur, $6^m,93$; diamètre à la base,
$0^m,23$; pour le plus petit, hauteur, 5 mètres ; diamètre à la
base, $0^m,14$. On voit que, même avec ces chiffres trop faibles, nous sommes bien au-dessus des dimensions trouvées
pour les plus beaux pins du sol calcaire.

La comparaison que l'on peut faire entre eux et les
autres conifères plantés à côté d'eux n'est pas moins instructive. Nous ne voulons pas la faire complète avec
toutes les espèces, ce qui allongerait inutilement ce
Mémoire : nous prendrons seulement l'espèce qui se rapproche le plus du pin maritime et que son excellente
végétation sur les sols calcaires fait choisir maintenant
de préférence pour le reboisement de ces sols. Faisons
remarquer d'abord qu'à l'encontre de ce qui se passe
pour le pin maritime, cette espèce, comme cela a déjà
été indiqué, voit sa végétation s'améliorer constamment à
partir de l'époque de la plantation ; lors même qu'elle a
eu à subir de graves dommages des insectes, elle se rétablit parfaitement, et jamais on n'en voit un seul arbre
sécher sur pied, comme cela est constant pour son congénère, alors qu'il n'a subi aucune atteinte. Ceux qui se

trouvent dans le bois de Champfétu sont tous d'introduction récente. Les plus vieux se trouvent au canton des
Quatre-Arpents, sur une pente en sol calcaire, à quelques
mètres de l'endroit où, dans le canton de la Remise-aux-
Épines, des pins maritimes de semis ont tous disparu. Ils
sont de même âge que les pins maritimes du Bas-du-Cellier ; peut-être même ont-ils un an de moins. Ils ont eu à
subir, vers l'âge de trois à quatre ans, l'épreuve de la
transplantation. Au printemps de 1871, le plus gros avait
7 mètres de hauteur et $0^m,18$ de diamètre à $1^m,50$ du sol ;
un autre près de lui, représentant la moyenne du massif,
$5^m,50$ de hauteur, $0^m,15$ de diamètre. Ces arbres sont
très-vigoureux ; ils ont le feuillage d'un beau vert noir
persistant trois ans.

Au Bas-du-Cellier, à la suite de l'insuccès du pin maritime, on a eu recours au pin d'Autriche. Nous ne pouvons
donner des dimensions comme terme de comparaison,
parce que cette essence a été introduite par voie de plantation neuf à dix ans seulement après les semis du pin
maritime, et que beaucoup de ces plants ont souffert pendant les premières années des dégâts causés par le lapin.
Aujourd'hui ils ont surmonté cette difficulté : ils persistent
tous, à part quelques-uns qui, trop fortement rongés,
n'ont pu se reformer une tige. Très-beaux dans l'endroit
où les pins maritimes existent encore en partie, ils y font
des pousses chaque année plus vigoureuses ; leur feuillage
est d'un beau vert noir, caractéristique de cette race ; il
persiste trois ans. Dans la région moyenne de la pente, où
le pin maritime a disparu immédiatement, ils sont moins
beaux ; cependant ils ne meurent point et leur végétation
s'améliore constamment. Leurs pousses annuelles arri-

vent maintenant à la limite de 20 centimètres ; leur feuillage, parfois un peu jaunissant, mais souvent d'un vert noir, persiste deux ans, quelquefois trois.

Comme on le voit, le contraste est complet entre les pins maritimes venus sur terrain tertiaire et ceux qui ont crû sur sol calcaire, entre ceux-ci et les diverses essences feuillues ou résineuses que l'on a plantées à côté d'eux. Or, la végétation d'une espèce dépend essentiellement des conditions climatériques qu'elle subit ou du sol sur lequel elle s'implante. Il est évident que les premières ne peuvent nous donner la solution du problème. La différence d'altitude entre les deux stations des pins est absolument insignifiante, souvent même nulle, puisque nous avons vu que la différence de niveau entre les deux points extrêmes de la forêt est de 59 mètres seulement, que les pins vigoureux du terrain tertiaire descendent parfois à 30 et 40 mètres du sommet ; que ceux du sol calcaire ne sont point à la limite inférieure, que parfois même ils se trouvent au même niveau ou plus haut que les premiers, ceux du canton de Terres-Blanches, par exemple, comparés à ceux du canton Henri. L'exposition ne saurait mieux nous rendre compte des faits remarquables de végétation que nous venons de constater, puisque nous avons vu les pins sur terrain tertiaire réussir également à toutes les expositions. Une seule différence climatérique est appréciable entre les deux stations. Les pentes calcaires sont plus chaudes que le plateau, ce qui permet à la vigne d'y mieux réussir ; mais cette différence, déjà appréciable au sommet de ces versants, où se trouve encore le terrain tertiaire et où les pins maritimes sont fort beaux, est tout à l'avantage de cette espèce méridionale.

Reste donc la différence des sols pour expliquer comment l'espèce réussit remarquablement bien sur certains points, très-mal sur d'autres, où elle peut même complétement se refuser à croître. Dans cette étude, et pour être entièrement d'accord avec les faits observés, nous distinguerons trois types : le sol qui provient du terrain tertiaire en place et que, pour plus de simplicité dans l'exposition, nous nommerons *sol siliceux;* celui qui, se trouvant sur les pentes, est formé, pour une part notable, des matériaux du terrain tertiaire entraînés par leur poids ou par les eaux : ce sera le *sol calcaire;* enfin celui que l'on trouve parfois au milieu des pentes, dans la composition duquel les débris de la craie blanche entrent pour près d'un tiers à l'état de terre fine passant au tamis, et pour une part plus importante encore sous forme de fragments plus gros, sera le sol *stérile;* nous employons cette qualification pour rappeler que le pin maritime se refuse complétement à y croître, même dans le mauvais état de végétation constaté sur le sol calcaire; mais la stérilité est loin d'être absolue, puisque d'autres espèces, le pin d'Autriche, par exemple, y croissent, tout en y prenant un développement moindre que sur un sol plus favorable.

Physiquement, ce dernier type diffère très-notablement des deux autres; il a une très-faible profondeur, $0^m,25$ au plus au-dessus de la craie en place ; très-chaud et très-sec à la surface, il garde cependant toujours une certaine fraîcheur dans son contact avec le sous-sol. Des conditions semblables sont évidemment défavorables à la bonne végétation de toutes les essences forestières. Peuvent-elles déterminer à *elles seules* l'élimination absolue d'aucune de celles qui admettent un climat tempéré ou chaud ? Cela semble peu probable, étant donné ce que l'on observe dans la localité pour les espèces autres que le châtaignier et le pin maritime.

La terre calcaire a une profondeur moindre que celle de la terre siliceuse; elle est, par suite, plus sèche, plus susceptible de s'échauffer. Cela suffit-il pour expliquer le déplorable état de végétation des pins maritimes qu'elle supporte, leur disparition graduelle ? Nous ne le pensons pas. En effet, dans l'endroit choisi exprès dans des conditions moyennes, où nous avons recueilli la terre destinée à être analysée, la profondeur était de $0^m,55$ au-dessus de la craie en place; encore celle-ci était-elle fissurée de façon à permettre une pénétration plus profonde des racines. Ce sont des conditions convenables pour toutes les espèces forestières, qui constituent déjà les meilleurs sols forestiers, et que le pin maritime est loin de rencontrer toujours dans ses stations naturelles sur le granit et surtout sur le porphyre. Quant à la sécheresse et à l'aptitude à l'échauffement un peu plus fortes, elles ne sauraient non plus rendre compte des faits observés lorsqu'il s'agit d'une espèce du Midi y habitant parfois des sols aussi secs que les porphyres. D'ailleurs les autres propriétés physiques des sols calcaires et des sols siliceux sont identiques, puisque les premiers proviennent des seconds pour une part importante de leurs éléments.

Les considérations dans lesquelles nous sommes entrés pour montrer comment sont formés les sols végétaux du bois de Champfétu suffiraient pour nous montrer que la différence radicale entre ceux où le pin maritime est vigoureux et ceux où il est dépérissant et finalement se refuse à croître est de nature chimique; qu'elle consiste dans la présence, en quantité considérable, de la chaux dans les uns, dans son absence presque complète dans les autres. Nous n'avons pas voulu toutefois nous en tenir à ces données vagues, nous avons soumis à l'analyse chimique des échantillons de ces diverses terres. Celui du sol provenant des terrains tertiaires a été recueilli au canton des Quatre-Arpents, sur le plateau. On a considéré comme terre végétale celle qui, sur une profondeur de 10 centimètres, se trouvait directement influencée par les débris végétaux de toute nature, feuilles, fruits, ramilles, etc., qui la recouvraient. On a enlevé encore 10 centimètres et l'on est arrivé à une terre qui n'était plus sensiblement colorée par la matière organique, où l'on ne rencontre plus que des racines en petit nombre; on l'a fouillée sur 10 à 15 centimètres : c'est ce que l'on a considéré comme le sous-sol; il renfermait quelques silex qui ont été rejetés.

L'échantillon de terre calcaire a été recueilli au canton du Bas-du-Cellier. Au milieu des pins maritimes, entre un arbre de 2^{m},75 relativement assez vigoureux et un autre de 0^{m},75, on a pris, comme pour le cas précédent, la terre végétale sur 10 centimètres; elle ne renfermait pas de débris de craie en gros fragments, mais des silex qui ont été rejetés, puis on a enlevé une épaisseur de 20 centimètres dans lesquels les fragments de craie apparaissaient et augmentaient progressivement; on a alors pris un échantillon de sous-sol dans les 20 centimètres suivants, où les fragments se mêlaient, dans une portion notable, à la terre proprement dite; à une profondeur totale, à partir de la surface, de 0^{m},55, on trouvait la craie en place, mais encore très-fissurée.

L'échantillon de sol stérile a été recueilli également au Bas-du-Cellier; il était fortement mélangé de fragments crayeux. Il n'y a pas eu lieu de prendre un échantillon différent comme sous-sol, la craie en place ayant été rencontrée à $0^m,24$.

Le tableau suivant donne la composition centésimale de ces différents sols pour la partie terreuse proprement dite, abstraction faite de tous les fragments arrêtés par le crible. Ce qui est qualifié *résidu insoluble*, comprend le fer et l'alumine qui n'ont point été dosés, et la partie insoluble dans les acides, sable et argile.

TABLEAU II.

	Quatre-Arpents. — Sol.	Quatre-Arpents. — Sous-sol.	Bas-du-Cellier. — Sol.	Bas-du-Cellier. — Sous-sol.	Bas-du-Cellier. — Sol stérile.
Eau.	1.75	1.66	2.90	2.46	1.42
Matière combustible. .	5.50	2.84	6.53	5.39	2.84
Chaux	0.35	0.20	3.25	24.04	29.72
Magnésie.	0.38	0.47	0.47	1.31	1.00
Potasse.	0.07	0.03	0.04	0.16	0.01
Soude.	0.06	0.04	0.03	0.07	0.07
Acide phosphorique .	0.64	0.42	0.29	0.18	0.49
Résidu insoluble. . .	90.55	92.70	83.00	46.80	40.00
Acide carbonique . .	0.70	1.64	3.54	19.59	24.45
Totaux. . .	100.00	100.00	100.00	100.00	100.00

L'inspection de ce tableau montre de la façon la plus évidente l'extrême pauvreté des sols du terrain tertiaire en chaux. La partie superficielle du sol des pentes au Bas-du-Cellier en renferme déjà une proportion notablement

plus forte, mais, encore faible : la chaux augmente rapidement dans le sens de la profondeur, et le sous-sol peut être
considéré comme du crayon presque pur. La différence
pour les autres principes entre les deux sols est moins importante. Les mêmes existent de part et d'autre, et si le sol
des Quatre-Arpents est plus riche en potasse, soude et
acide phosphorique, cet avantage ne se maintient pas pour
le sous-sol en ce qui concerne la potasse et la soude ; d'un
autre côté, celui du Bas-du-Cellier contient une proportion un peu plus forte de matières organiques et de magnésie. Ces différences sont légères et les quantités de chacune de ces substances contenues dans les deux sols sont
plus que suffisantes pour assurer leur fertilité. Quant au
sol stérile, il se distingue par une très-grande richesse en
chaux et par une pauvreté remarquable en matières organiques et en potasse ; néanmoins il contient une quantité
de sels minéraux suffisante pour la végétation.

Examinons maintenant quelle influence cette rareté ou
cette abondance de la chaux dans le sol peut exercer sur
la nature et sur la quantité des substances minérales absorbées par le pin maritime ; comme terme de comparaison nous ferons la même étude pour le pin d'Autriche
ayant crû sur le sol calcaire.

Les cendres de pin maritime bien venant ont été obtenues en brûlant un rameau de vingt ans environ provenant d'un arbre vigoureux du canton des Quatre-Arpents,
placé à côté de l'endroit où a été recueilli l'échantillon de
terre. Celles de pin mal venant proviennent de l'incinération de pins de vigueur diverse du Bas-du-Cellier, situés
également à côté de l'endroit où a été recueilli l'échantillon
de terre. On a pris un volume à peu près égal de bois,

écorce et feuilles de chaque catégorie, pour les brûler. Quant au pin d'Autriche, il provient du canton du Bas-du-Cellier; il a été pris auprès des pins maritimes, mais il était plus jeune qu'eux de dix ans environ. Le tableau suivant présente les résultats de l'analyse centésimale de ces diverses cendres :

TABLEAU III.

	Pin maritime bien venant.	Pin maritime mal venant.	Différence en faveur du pin maritime bien venant.	Pin d'Autriche.
Acide phosphorique. .	9.00	9.14	— 0.14	11.33
Acide silicique	9.18	6.42	+ 2.76	7.14
Chaux.	40.20	56.14	— 15.94	49.13
Sesquioxyde de fer . .	3.83	2.07	+ 1.76	3.29
Magnésie	20.09	18.80	+ 1.29	13.49
Potasse	16.04	4.95	+ 11.09	13.56
Soude.	1.91	2.52	— 0.61	2.24
TOTAUX. . .	100.25	100.04	»	100.18
Taux p. 100 des cendres.	1.32	1.535	— 0.205	2.45

L'inspection de ce tableau révèle plusieurs faits intéressants. Le taux des cendres ne se trouve pas beaucoup augmenté pour une même espèce sur un sol très-riche en principes assimilables comme le sol calcaire; il semble en être différemment d'espèce à espèce si l'on compare au pin maritime le pin d'Autriche, mais il faut se rappeler que celui-ci est plus jeune, ce qui tend à augmenter la proportion de cendres qu'il contient. Ainsi que l'on pouvait s'y attendre d'après toutes les recherches faites jusqu'ici, les éléments constitutifs des cendres sont les mêmes au point de vue qualitatif, quelle que soit la composition de la terre végétale, les proportions seules changent. La chaux, notamment, n'est pas moins nécessaire aux plantes silicicoles qu'aux calcicoles pour se constituer, puisque nous voyons la proportion de ce corps s'élever au taux énorme de 40 pour 100 dans les cendres d'un végétal ayant crû sur un sol n'en renfermant que 0,2 pour 100 dans son sous-sol.

Les variations dans les proportions de l'acide phosphorique, de la magnésie et de la soude sont insignifiantes.

La silice est un peu moins abondante dans le pin maritime du sol calcaire, mais la différence ne semble pas assez forte pour qu'on puisse y voir une des causes de sa mauvaise végétation; il est bon de remarquer cependant que dans le même sol le pin d'Autriche en bon état de végétation en renferme une proportion légèrement plus forte.

La différence dans les proportions du sesquioxyde de fer est plus importante, eu égard à la faible quantité qu'on en trouve de part et d'autre : elle s'élève à 46 pour 100 en moins dans les cendres du pin du Bas-du-Cellier. Comme le fer est loin de manquer dans la terre végétale, il faut en conclure que la présence d'un excès de chaux a empêché l'absorption normale de ce corps, et si l'on songe au rôle important joué par le fer dans la production de la chlorophylle, on peut y voir une des causes du dépérissement de l'espèce dans ces conditions.

Un fait analogue, mais bien plus remarquable, nous est révélé par la comparaison des chiffres afférents à la chaux et à la potasse. Les cendres du pin du Bas-du-Cellier renferment 15.94, soit 37 p. 100 de chaux en plus, ce à quoi il était facile de s'attendre vu la richesse du sol en ce principe; mais ce qui est plus imprévu, c'est qu'à cette augmentation de chaux correspond une diminution de potasse de 11.09, soit 69 p. 100. Étant donné le rôle important joué par la potasse dans la nutrition végétale, il faut voir dans ce phénomène la cause principale de la mauvaise végétation et de la mort finale du pin maritime sur les sols calcaires.

L'examen des cendres du pin d'Autriche n'est pas moins intéressant : nous le voyons, dans le même sol que le pin maritime mal venant, absorber une proportion de chaux à peu de chose près moyenne entre celle des deux pins maritimes, et par contre ne pas rester fort en dessous de celui des Quatre-Arpents pour la proportion de fer et de potasse ; en outre, il contient une proportion notablement plus élevée d'acide phosphorique que les deux autres : 26 p. 100 de plus que le pin maritime bien venant. Ce sont évidemment les raisons qui lui permettent de se développer vigoureusement sur les sols calcaires.

Il nous semble résulter de tout ce qui vient d'être exposé que la cause qui éloigne le pin maritime des sols calcaires est essentiellement chimique. Elle rend mieux compte que toutes leurs propriétés physiques de l'éloignement de cette espèce pour ces sols. Le pin maritime serait dès lors dans le même cas que le châtaignier, d'après les observations de M. Chatin. Ainsi s'explique pourquoi, seul de toutes les essences forestières qui ont été introduites avec lui dans le bois de Champfétu, le châtaignier présente, comme nous le disions plus haut, exactement les mêmes phénomènes : feuillage en mauvais état, impossibilité de se développer et mort rapide après quelques années de la plus chétive végétation sur les sols calcaires, croissance vigoureuse sur les autres.

Pour nous rendre compte d'une façon plus précise encore de l'influence exercée par la présence d'une proportion notable de chaux dans le sol sur la végétation du pin maritime, nous avons soumis à un examen spécial les feuilles, ces organes de nutrition si importants pour les végétaux. Malheureusement, lorsque nous avons voulu entreprendre cette étude, nous en avions une trop petite quantité pour en faire une analyse chimique complète; nous avons dû, à ce point de vue, nous contenter d'établir le taux des cendres, qui est le suivant :

```
Pin maritime bien venant. . . . . . .   2.11 p. 100
      —        mal venant . . . . . .   1.33   —
Pin d'Autriche. . . . . . . . . . .     1.62   —
```

Il en ressort un fait remarquable : c'est que, contrairement aux prévisions, les cendres sont moins abondantes dans les feuilles des pins ayant végété sur sol calcaire, bien que, pour la plante entière, elles le soient un peu plus; le pin d'Autriche lui-même confirme cette règle. Il semble, dès lors, que la chaux se dépose surtout dans la partie axile du végétal, probablement dans le corps ligneux.

L'examen anatomique et physiologique révèle des faits bien plus intéressants. A l'œil nu ou à la loupe, les feuilles de pins maritimes des deux provenances ne présentent que des différences de coloration et de dimensions en longueur et largeur; celles des pins du sol calcaire sont d'un vert moins foncé, un peu jaune parfois, piqué de brun clair. Pour se rendre compte des dimensions, on a mesuré les feuilles d'une récolte faite à Champfétu le

6 avril 1872. La longueur des feuilles provenant du sol siliceux variait de 0^m,175 à 0^m,187, leur largeur était de 2 millimètres; la longueur de celles des pins du sol calcaire variait de 0^m,092 à 0^m,111, leur largeur était de 1^{mm},5.

Coupées transversalement, les premières laissaient échapper de la térébenthine en abondance; la section des secondes était presque sèche; celles du pin d'Autriche étaient plus riches encore en térébenthine que celles du pin maritime bien venant.

Sur une coupe transversale, on put constater au microscope que les organes élémentaires n'avaient subi aucune modification dans leur forme, mais que leur contenu différait profondément dans les pins des deux provenances. Pour bien se rendre compte de ce qui va être dit à ce sujet, il est bon de connaître la structure de la feuille des pins et notamment de celle du pin maritime. Elle est bien rendue dans son ensemble par la figure, médiocre d'ailleurs comme exécution, donnée par Schacht[1] de la coupe transversale d'une feuille de pin sylvestre : au centre on trouve les faisceaux fibrovasculaires; ils sont entourés par un parenchyme incolore, à grandes cellules peu comprimées; autour de celui-ci un parenchyme vert, limité vers l'extérieur par un tissu incolore peu épais, cuticularisé. Dans ce parenchyme vert sont rangés en lignes parallèles aux bords de la feuille les canaux résinifères. Chez le pin bien venant du sol siliceux les cellules du parenchyme vert sont remplies de chlorophylle en gros grains, un peu elliptiques; le parenchyme incolore renferme en abondance des grains incolores analogues comme forme et comme dimen-

---

1. Schacht, *Der Baum,* 2e édition, p. 176 ; 1860.

sions; la cellule en est parfois remplie complétement.
L'action de l'iode démontre que ce sont des grains de fécule et que celle-ci remplit également l'intérieur du grain
de chlorophylle, qu'il n'est même pas besoin de décolorer
pour obtenir par l'iode la coloration caractéristique de la
fécule.

Chez le pin chétif provenant du sol calcaire, la chlorophylle est en granulations plus confuses, dans tous les cas
beaucoup plus petites; elles atteignent à peine la moitié
des dimensions des grains normaux. Dans le parenchyme
incolore, la fécule est beaucoup moins abondante : elle
arrive au plus dans les cellules les plus riches à en remplir la moitié.

Le pin d'Autriche est riche en fécule, mais à grains
normalement beaucoup plus petits que chez le pin maritime.

Ces faits prennent un grand intérêt si nous les rappro-
chons de la richesse si différente en potasse des cendres
de pin des deux provenances et des belles recherches entreprises sur le rôle de la potasse dans la nutrition végétale, par MM. Nobbe, Schrœder et Erdmann[1]. Ces savants
ont démontré, en effet, non-seulement que la potasse est
indispensable aux végétaux pour se constituer, mais encore
que cette nécessité résulte de ce que sans potasse il n'y a
pour ainsi dire pas de production d'amidon. On voit que
nos observations, faites avant que nous eussions connaissance du travail de ces physiologistes, sont en accord com-

---

1. *Ueber die organische Leitung des Kalium in der Pflanze. Mittheilungen
aus der physiologischen Versuchsstation Tharand*, von Prof. Dr Fried Nobbe,
Dr J. Schrœder und R. Erdmann; Chemnitz, 1871. — Analysé par l'un de
nous dans le *Journal d'agriculture pratique*, t. II, p. 725 ; 1872.

plet avec cette importante découverte. Quant à la rareté de la térébenthine, elle est une conséquence de la pauvreté en fécule, la première étant un dérivé de la seconde[1].

Les faits contenus dans ce Mémoire conduisent à des conséquences pratiques de quelque importance. Ils confirment l'opinion des sylviculteurs qui ont recommandé de ne point introduire le pin maritime sur les sols calcaires.

Dans les pays où l'on emploie le pin maritime sur une grande échelle pour le boisement des terres de médiocre qualité, on a remarqué qu'il avait une végétation des plus médiocres sur celles qui avaient été précédemment marnées dans un but d'amélioration agricole. Le mal sous ce rapport est assez grand pour que la Société d'agriculture, sciences et arts d'Orléans ait cru devoir mettre au concours[2] la recherche des causes de ce phénomène et des moyens d'y remédier. Il est évident d'après notre travail, que la cause unique de l'action funeste exercée par la marne est la chaux qu'elle renferme. Quant au remède, il n'y en a pas de direct; la seule chose à faire en pareil cas est d'employer pour le boisement des espèces qui ne redoutent pas la présence d'une certaine quantité de chaux dans le sol, ou même la recherchent, comme les diverses races du pin laricio, parmi les conifères.

Dans les travaux de boisement des dunes, on remarque, et nous avons été témoins du fait, que les pins maritimes sont d'autant plus beaux qu'ils ont crû en mélange avec l'ajonc d'Europe et le genêt à balais, plantes silicicoles comme lui. Forts de cette observation, les sylviculteurs

---

1. Voir L. DIPPEL, *Die Harzbehælter der Weisstanne und die Entstehung des Harzes in denselben. Bot. Zeit.*, p. 253; 1863.

2. Voir *Revue forestière*, p. 133; 1870.

chargés de ces travaux ont parfois essayé de semer ces plantes avec le pin ; ils ont remarqué qu'elles ne réussissaient pas partout et que, là où les pins étaient chétifs, elles étaient également mal venantes ou même disparaissaient. Il faut sans doute chercher la raison de ces faits remarquables soit dans la présence à une faible profondeur d'un sous-sol calcaire, ce qui est parfois incontestable, soit dans le mélange intime au sable de très-abondants débris de coquilles. Nous avons pu constater par nous-mêmes qu'il en est ainsi quelquefois, mais cette question demanderait une étude spéciale appuyée d'analyses ; nous donnons ici une simple indication, destinée à provoquer les recherches plutôt qu'une solution.

Résumant notre travail, nous espérons avoir démontré les propositions suivantes :

1° Le pin maritime est une espèce silicicole.

2° Néanmoins il absorbe une quantité considérable de chaux, même sur des sols très-pauvres en cette substance, et il ne paraît pas avoir des exigences exceptionnelles en fait de silice ; il est probable que les autres espèces silicicoles sont dans le même cas et mériteraient mieux, par suite, le nom de calcifuges.

3° La présence d'un excès de chaux dans le sol a pour conséquence une augmentation dans le taux de ses cendres ; cette augmentation porte seulement sur les organes axiles ; les feuilles en renferment moins que dans les conditions normales.

4° Sur les sols riches en chaux, il absorbe une quantité notablement plus grande de ce principe que sur les sols siliceux.

5° Cette augmentation a pour conséquence une diminution dans la quantité de presque tous les autres éléments des cendres.

6° C'est cette diminution, celle du fer en particulier et surtout de la potasse dans une énorme proportion, qui paraît être la cause du mauvais état de végétation de cette espèce sur des sols ainsi constitués. Il en est probablement de même pour les autres espèces silicicoles.

7° Cette influence fâcheuse de l'absence d'une quantité suffisante de potasse résulte surtout de la diminution considérable dans la production d'amidon et par suite de térébenthine qui en est la conséquence.

8° Au point de vue pratique, il résulte des faits exposés plus haut que l'on devra toujours s'abstenir d'employer le pin maritime pour le boisement des sols renfermant, soit naturellement, soit par suite d'introduction artificielle, une quantité notable de carbonate de chaux.

DEUXIÈME MÉMOIRE

—

De l'influence de la composition chimique du sol sur la végétation du châtaignier.

Dans le Mémoire précédent, nous espérons avoir établi qu'une forte proportion de chaux dans la terre végétale nuit au pin maritime ; que cette action nuisible se traduit par un ralentissement énorme dans l'accroissement, par une diminution également très-grande dans la longévité ; que cette influence fâcheuse est en grande partie due à ce que, à une plus forte absorption de chaux correspond une diminution très-notable dans la quantité de potasse assimilée. Ce dernier phénomène, dont la cause nous échappe jusqu'à présent, se trouve déjà indiqué en partie dans le travail important consacré par MM. Malaguti et Durocher à l'étude des cendres des végétaux[1] ; mais les auteurs n'ont cherché ni à approfondir la question, ni à en tirer aucune conclusion physiologique.

Dans un travail plus récent, dont nous n'avons eu entre les mains que l'analyse et cela seulement au moment où s'achevait l'impression de notre propre travail,

---

1. *Recherches sur la répartition des éléments inorganiques dans les principales familles du règne végétal*, par Malaguti et Durocher. (*Annales de Chimie et de Physique*, 3° série, t. LIV : 1858.)

M. Röthe [1] signale, à propos de deux stations bavaroises de la *Herniaria glabra,* l'une sur sable quartzeux, l'autre sur sable dolomitique, des faits qui confirment d'une manière plus précise les résultats de nos recherches. Il a analysé d'une part les deux sols, de l'autre les cendres des plantes venues sur chacun d'eux. Malheureusement, dans le résumé du travail que nous citons, on se borne, à l'égard des sols, à noter l'extrême pauvreté en chaux et en magnésie des sols siliceux. Pour les cendres, les indications sont plus complètes ; les voici :

	Sur sable siliceux.	Sur sable dolomitique.
Potasse.	12.011	3.992
Chaux.	14.933	29.948
Magnésie	7.543	19.444
Acide silicique. . .	18.476	1.800
Chlorure de sodium.	7.176	0.988

Comme on le voit, il y a chez la plante qui a crû sur le sol dolomitique diminution très-notable dans la quantité de potasse et accroissement considérable de la teneur en chaux ; celle-ci a été toutefois absorbée en forte proportion sur un sol très-pauvre en cette substance. Ces résultats concordent entièrement avec les nôtres ; quant l'état de végétation de la plante, il n'en est pas question notons d'ailleurs que la *H. glabra,* si elle préfère les sols siliceux, ne les habite pas exclusivement. L'auteur semble déduire de ses observations que la plante aurait besoin pour se constituer de terres alcalines (chaux et magnésie) ; mais, à défaut d'une quantité suffisante de ces corps dans

---

1. C. RÖTHE, *Ueber das Vorkommen der* Herniaria glabra *L. auf Dolomitsand,* p. 145-153. (*Bericht des naturhistorischen Vereins in Augsburg;* 1869.) — Analysé dans *Bot. Zeit.,* 1872, p. 240.

le sol, elle pourrait les remplacer en partie par des alcalis (potasse). Nous n'avons pas à discuter longuement cette théorie ; qu'il nous suffise de rappeler combien elle est peu en accord avec les faits de distribution des végétaux à la surface du sol et surtout avec ce que nous savons déjà du rôle des éléments des cendres, particulièrement de la potasse chez les végétaux.

Ces confirmations imparfaites, déduites de travaux antérieurs, ne pouvaient nous suffire : nous désirons soumettre nos conclusions à une épreuve plus décisive en effectuant sur une nouvelle espèce ligneuse silicicole, suivant la même méthode, un travail analogue à celui que nous avons fait sur le pin maritime. Une des essences qui se présentaient le plus naturellement à nous est le châtaignier, que nous avions eu fréquemment occasion de citer ; le bois de Champfétu nous offrait de grandes facilités pour faire immédiatement une étude comparative : nous l'avons donc choisi.

Depuis assez longtemps, la préférence du châtaignier pour les sols siliceux est connue des botanistes et des forestiers. Déjà en 1858, M. Mathieu le donne comme une essence silicicole[1]. En 1870, M. Chatin, faisant faire un progrès à nos connaissances sur cette question, montre[2] que pour cette espèce la limite extrême de la teneur en chaux du sol est de 3 p. 100. Lorsque la terre végétale en renferme une plus forte proportion, il disparaît avec les fougères impériales et les bruyères. Quelquefois sa dispa-

---

1. *Flore forestière*, par A. Mathieu, 1re édition, p. 213. Nancy, 1858.

2. *Le Châtaignier : Étude sur les terrains qui conviennent à sa culture*, par M. Ad. Chatin. (*Bulletin de la Société botanique*, p. 194 ; 8 avril 1870.)

rition précède même cette limite et, dans tous les cas, sa croissance se ralentit beaucoup.

Nous n'avons donc pas à montrer que le châtaignier redoute les sols calcaires ; cependant comme dans les sciences naturelles les preuves à l'appui d'une opinion ne sauraient jamais être trop nombreuses, nous apporterons quelques nouveaux faits entièrement confirmatifs du travail de M. Chatin. Poussant plus loin nos investigations, nous rechercherons, comme nous l'avons fait pour le pin maritime, quelle est l'influence de la composition chimique du sol sur celle des cendres ; quelle peut être, par suite, la cause du rôle funeste qu'exerce sur l'organisation de la plante l'excès de chaux contenu dans la terre. Nous pourrons même étudier la question d'une façon plus complète ; car, ayant incinéré séparément les feuilles et les axes aériens (tiges et rameaux), nous pourrons examiner la répartition des éléments des cendres dans ces deux catégories d'organes, ce que nous avions dû négliger pour le pin maritime.

Comme nous le disons plus haut, les éléments de notre travail ont été recueillis dans le bois de Champfétu. Nous avons, dans notre premier Mémoire, donné des détails suffisamment complets sur la région où il se trouve, sur les particularités de relief et de sol qu'il présente, pour être dispensés de rien ajouter ici. Qu'il nous suffise de rappeler que l'on y trouve, grâce à la structure géologique du pays, placés à de très-faibles distances et dans des conditions identiques de climat et d'altitude, des sols extrêmement différents au point de vue de leur composition chimique : les uns, provenant de terrains tertiaires en place, sont argilo-siliceux et remarquablement pauvres en chaux les autres, résultant de la désagrégation de la craie blanche et du mélange de ses débris avec ceux des terrains tertiaires entraînés par les eaux ou simplement par leur poids, sont plus ou moins calcaires. Comme précédemment, nous désignerons les premiers sous le nom de *sols siliceux,* et dans les seconds nous distinguerons les *sols calcaires* et les *sols stériles,* ces derniers contenant, d'après l'échantillon analysé, environ 55 p. 100 de carbonate de chaux. Rappelons, d'ailleurs, que l'expression de *stérile* n'a rien d'absolu; elle est exacte pour le châtaignier comme pour le pin maritime, en ce sens que ces espèces se refusent complétement à y croître dès la première ou la seconde année; mais, indépendamment de la végétation herbacée spontanée qui les recouvre, d'autres essences forestières peuvent s'y développer et, sans y atteindre de très-belles dimensions, fournir cependant des produits utiles.

Les premiers châtaigniers furent plantés dans le bois de Champfétu au commencement du siècle, au bord du chemin dit *de Theil,* sur une longueur de 2 kilomètres environ. Le sol est siliceux, sauf un espace d'à peu près 200 mètres auquel nous reviendrons un peu plus loin. Les arbres crûrent très-vigoureusement. Exploités il y a quelques années, ils avaient acquis des dimensions considérables pour leur âge, tant en diamètre qu'en hauteur, et fournissaient de magnifiques récoltes de fruits ; la plupart ont donné des rejets vigoureux malgré leur âge. On ne tarda pas à en planter sur plusieurs autres points du bois pour effectuer des regarnis ; en outre, comme le climat convenait parfaitement au châtaignier, l'espèce, avec l'aide des oiseaux, se répandit en abondance dans le bois, de sorte qu'aujourd'hui on peut dire qu'elle est une des plus communes, *mais seulement sur les sols siliceux*. Elle donne des produits excellents, très-abondants et comme taillis et comme arbres de futaie. Sa végétation est très-vigoureuse et, dans le taillis, elle dépasse même celle du chêne, qui est cependant fort belle. Les arbres sont de croissance rapide, mais ils présentent assez fréquemment des défauts; c'est un fait qui n'a rien de singulier, il a déjà été signalé comme général en France et tend seulement à corroborer la non-spontanéité de cette essence dans notre patrie[1].

Dans les forêts des environs, sur les mêmes sols et dans les mêmes conditions de climat, le châtaignier présente la même végétation. Un arbre de cette essence dans la propriété de Vaumorin atteint 6^m,40 de circonférence; on peut le citer parmi les plus gros de France. Nous n'en avons pas la hauteur; mais, sans être très-considérable, elle est certainement en rapport avec le diamètre.

En dehors des sols siliceux, on trouve très-rarement cette espèce sur sol calcaire, malgré d'assez nombreux essais de plantation ou de semis; elle y est d'autant plus chétive que la proportion de carbonate de chaux est plus forte, et elle fait complétement défaut sur le sol qualifié par nous *stérile*, même lorsqu'elle y a été semée artificiellement. Il est peu d'exemples plus instructifs, sous le rapport de l'action de la chaux sur le châtaignier, que la plantation du chemin de Theil dont nous avons parlé précédemment. Assise sur le plateau, cette voie est en pente très-douce, la différence de niveau entre la maison

---

1. Voir *Catalogue raisonné des Collections exposées par l'Administration des forêts en 1867*, p. 35.

de Champfétu et les terres de la commune de Theil étant très-faible, 33 mètres environ. L'exposition, suivant les inflexions du chemin, est sud, sud-ouest et ouest. Les châtaigniers, arbres ou cépées, qui le longent, présentent généralement la plus belle végétation ; cependant, quand on vient de Champfétu, on remarque, en arrivant près du lieu dit la *Barrière-de-la-Garenne,* que la croissance laisse à désirer, que les arbres ont moins de hauteur; on atteint ainsi progressivement un endroit où, sur une longueur de 200 mètres environ, la végétation des quelques cépées qui subsistent est des plus misérables, tandis que leur espacement, alors que la plantation primitive s'était faite à des distances régulières, indique la disparition de plusieurs d'entre eux ; le semis naturel de châtaignier y fait complétement défaut, tandis qu'il abonde au-dessus et au-dessous. Si nous examinons le tapis végétal, nous voyons qu'il est constitué par les *Helianthemum vulgare, Coronilla varia, Eryngium campestre, Scabiosa columbaria, Carlina vulgaris, Cirsium acaule, Prunella grandiflora,* plantes qui préfèrent ou exigent les sols calcaires, tandis que, en dessus et en dessous, nous trouvons des plantes indifférentes, et le genêt à balais (*Sarothamnus scoparius*) si caractéristique des terres siliceuses. Cette différence dans la végétation herbacée et frutescente, ainsi que la teinte plus grise de la terre végétale, des fragments de craie qu'elle contient, sur le point où les châtaigniers sont chétifs, suffisaient pour nous montrer que celle-ci était fortement calcaire; toutefois nous n'avons pas voulu nous en tenir à un examen superficiel, ni même à l'effervescence vive produite par cette terre. Un échantillon a été prélevé en fouillant le sol jusqu'à 10 centimètres de profondeur; déjà la terre était

fortement mélangée de fragments de craie, ce qui tenait
en partie à ce qu'un fossé avait été creusé anciennement
dans le voisinage ; mais ceux-ci augmentaient avec la
profondeur, ce qui prouvait qu'on se rapprochait de la
craie en place. Cet échantillon a été soumis à l'analyse
après passage au crible de 0^{m},001 ; il a donné les résultats
suivants :

Eau	3.90
Matières combustibles	6.85
Acide carbonique	11.17
Alumine et sesquioxyde de fer	3.80
Manganèse	0.30
Chaux	15.32
Magnésie	0.20
Potasse	0.08
Soude	0.12
Acide phosphorique	0.05
Chlore	Traces
Résidu insoluble	58.53
Total	100.32

Comme on le voit, la teneur en carbonate de chaux de
cette terre végétale est très-élevée, intermédiaire à peu près
entre celles du sol calcaire et du sol stérile du Bas-du-Cellier. Quant aux autres principes, ils n'y font pas plus défaut que dans ces deux sols. L'acide phosphorique seul est en
quantité un peu faible, suffisante cependant, et la preuve,
c'est que, à côté des châtaigniers qui restent, de misérables buissons rabougris, des bouleaux, des pins sylvestres,
des chênes, sans être très-beaux, deviennent cependant des
arbres. La dernière essence est même en outre représentée par de nombreux semis naturels. En dehors de la
nature chimique du sol et de la grande quantité de chaux

qu'il contient, rien, ni l'altitude intermédiaire entre celle des châtaigniers bien venants, ni l'exposition sud-ouest et ouest, identique pour plusieurs de ceux-ci, ni même la profondeur plus faible du sol, ne peut expliquer l'état dans lequel se trouvent les quelques cépées de châtaigniers que l'on rencontre en cet endroit. On ne saurait invoquer non plus l'action de la gelée ; car, lors de la désastreuse nuit du 26 avril 1873, elle s'est fait sentir aussi bien dans la bonne que dans la mauvaise partie.

Mais il ne suffit pas d'avoir indiqué la différence de végétation : une description comparative des châtaigniers sur les sables purs et sur le sol calcaire, en donnant plus de précision à notre assertion, permettra de voir qu'on est ici en présence d'un phénomène absolument analogue à celui que nous a présenté le pin maritime, c'est-à-dire non pas seulement une croissance lente pour l'essence, mais une quasi-impossibilité de se développer.

Nous prendrons nos exemples de châtaigniers vigoureux un peu en dessous de la mauvaise partie ; de ce côté le niveau de la craie s'abaisse presque subitement : il en résulte que le contraste est plus saillant que plus haut. Ainsi, à 115 mètres d'une cépée, de deux ans dont le maître-brin a $0^m,39$ de hauteur et $0^m,006$ de diamètre à la base (sol calcaire), on trouve un arbre de 36 ans provenant d'une réserve faite dans une cépée, qui a $0^m,22$ de diamètre à $1^m,50$ du sol sur 12 mètres de hauteur totale ; la cime est ample, le feuillage abondant, bien développé, la fructification aussi abondante que le permet l'âge peu avancé du sujet. Quant aux cépées, elles ont deux ans comme dans la mauvaise partie, et sont extrêmement vigoureuses ; l'une d'elles, voisine de l'arbre que nous venons de décrire, présente un maître-brin de $2^m,91$ de hauteur sur $0^m,046$ de diamètre à la base; le plus petit brin atteint $1^m,85$ sur $0^m,022$ de diamètre à la base[1]. Les feuilles sont bien vertes : elles peuvent atteindre $0^m,253$ de longueur sur $0^m,072$ de largeur maximum ; les feuilles d'un même axe sont de dimensions assez égales, sauf les inférieures qui sont plus petites ; vers l'extrémité supérieure, la dernière seule est notablement plus petite, tout en étant encore très-développée et bien verte ; les stipules des dernières feuilles sont généralement tombées.

Sur sol calcaire, le contraste est complet : le maître-brin d'une des plus mauvaises cépées mesure $0^m,382$ de hauteur sur $0^m,006$ de diamètre à la base ; les feuilles ont au maximum $0^m,149$ de longueur sur $0^m,056$ de largeur ; toutes sont jaunes ; les dernières vers l'extrémité supérieure des axes sont habituellement beaucoup plus petites, avortées, blanches ou à peu près ; les stipules persistent aux trois ou quatre nœuds supérieurs. Une partie des rejets et rameaux produits l'année dernière sont morts en totalité ou sur d'assez grandes longueurs. Une cépée encore plus chétive n'a point été soumise à des mesurages, parce qu'il n'était pas suffisamment clair que la gelée de l'année eût été sans action spéciale sur elle. Quant aux arbres, il n'en saurait être question ; un brin réservé sur une des moins mauvaises cépées pendant la dernière révolution n'avait guère atteint que $1^m,50$ de hauteur à 25 ans, sans jamais porter fruit : il a été coupé lors de l'exploitation.

Nous sommes entrés dans quelques détails sur cette petite tache calcaire située au milieu de sols siliceux, parce

---

1. Cette longueur de feuilles, ainsi que toutes les suivantes, a été mesurée pétiole compris.

qu'il est difficile de trouver un exemple plus probant d'influence de la nature chimique du sol; mais nous pourrions citer de nombreux faits analogues sur plusieurs autres points du bois de Champfétu. Le châtaignier y a été semé ou planté, en effet, dans presque toutes les places vagues assises sur sol calcaire, notamment aux cantons des Terres-Blanches et du Bas-du-Cellier sur une assez grande échelle. Partout il a disparu après un laps de temps plus ou moins long, ou, s'il a persisté, il présente des phénomènes semblables à ceux que nous avons décrits chez ceux de la Barrière-de-la-Garenne.

Le canton du Bas-du-Cellier nous a fourni les sujets que nous avons incinérés pour en analyser les cendres. Nous allons donc faire la description du semis où nous les avons pris; il remonte au printemps de 1850, si ce n'est à celui de 1849. L'insuccès fut tel, que l'on effectua le semis de pins maritimes dont il a été question dans notre précédent Mémoire, pour combler les vides qui s'étaient déjà produits deux ans après dans les châtaigniers. Comme les pins, ceux-ci font complétement défaut sur le *sol stérile.* On les rencontre au-dessous de celui-ci sur *sol calcaire;* ils y sont d'autant plus beaux au sommet de la pente, qu'on s'éloigne davantage de la craie pour arriver sur le *sol siliceux* provenant du terrain tertiaire en place. A la partie inférieure de la pente où ont été pris les échantillons incinérés, ils se présentent çà et là par bouquets comme les pins; ils ont mieux résisté et sont moins laids dans les mêmes endroits que ceux-ci. Recépés généralement au printemps de 1864, ils se présentent dans tous les cas comme de petites cépées très-chétives : le plus grand maître-brin que nous ayons trouvé avait 1^m,40 de hauteur sur 0^m,025 de diamètre à la base; le plus petit 0ᵐ,25 de hauteur sur 0ᵐ,006 de diamètre à la base. Chaque année une partie des rameaux meurt sur une plus ou moins grande longueur, et la portion morte est remplacée par une pousse provenant d'un bourgeon situé au-dessous d'elle; dans certains cas, il y a mort de tout ce qui est situé au-dessus du sol, et il y a production d'un rejet comme si le végétal avait été coupé au pied. La feuille la plus large et la plus longue qui ait été observée avait 0ᵐ,20 de longueur sur 0ᵐ,06 de largeur; généralement elles restaient bien en dessous de ces dimensions : elles présentaient d'ailleurs des phénomènes identiques à celles des châtaigniers de la Barrière comme couleurs, avortement à la partie supérieure des pousses, etc. Les résultats constatés ici sont d'autant plus intéressants, qu'on ne saurait, pour les expliquer, recourir à l'intervention de la gelée; elle paraît se faire peu sentir dans cette portion du canton, qui n'a pas souffert de celle du mois d'avril 1873.

Nous avons recueilli les échantillons sur sol siliceux dans le canton de la Remise-aux-Épines, au lieu dit *les Terres*. Nous avons choisi cet endroit, parce qu'il nous offrait des conditions d'âge aussi comparables que nous pouvions les trouver avec celles des châtaigniers du Bas-du-Cellier. Ceux des Terres sont cependant un peu plus jeunes : ils proviennent d'une plantation faite au printemps de 1861 avec des plants de trois à quatre ans, et d'un semis opéré vers la même époque avec des fruits de valeur inférieure, résidu d'une récolte de châtaignes conservées pendant l'hiver. La médiocre qualité de cette graine peut expliquer la croissance relativement moins rapide de quelques pieds. Ce repeuplement a été effectué sur l'emplacement des trous d'extraction et des places de dépôt des terres et sables d'une tuilerie supprimée depuis quelques années. On n'a recépé ni les brins de plantation, ni ceux de semis ; ils ont souffert de la gelée au printemps dernier, ce qui prouve que sous ce rapport ils sont dans des conditions plus défavorables que ceux du Bas-du-Cellier ; malgré cela, le plus grand nombre présente une végétation très-vigoureuse, et aucun n'offre les signes de dépérissement que nous avons constatés sur tous ceux de cette dernière station et de la Barrière. Un des plus grands a 5^m,50 environ de hauteur et 0^m,20 de diamètre à la base ; un des plus petits, si ce n'est le plus petit, a 0^m,30 de hauteur et 0^m,006 de diamètre à la base, mais il est vigoureux ; sa petite taille doit tenir à ce que, venu d'une graine de médiocre qualité, sa croissance pendant les premières années a été très-ralentie. Le feuillage est d'un beau vert, bien égal, abondant ; les feuilles sont très-développées : une des plus grandes avait 0^m,24 de longueur sur 0^m,073 de largeur, et généralement elles sont de dimensions voisines, peut-être supérieures. On peut renouveler à leur sujet toutes les observations que nous avons faites à l'occasion des châtaigniers de la Barrière ayant crû sur sol siliceux. Notons encore la présence du genêt à balais et de la bruyère, comme cela se voit partout où le châtaignier réussit.

Nous avons jugé inutile de faire une seconde fois l'analyse des sols. Pour le Bas-du-Cellier, les châtaigniers ayant été recueillis exactement au même endroit que les pins, nous aurions eu à recommencer une analyse déjà faite ; quant à la Remise-aux-Épines, ce qui rendait cette opération superflue, c'est, d'une part, la grande uniformité des sols provenant du terrain tertiaire de la région, au point de vue de la teneur en principes solubles ; c'est, d'autre part, le très-faible éloignement des Terres (à peine 300 mètres) de l'endroit où avait été pris l'échantillon de terre des Quatre-Arpents.

Les échantillons à incinérer ont été récoltés dans les deux localités le 14 octobre 1873. On a eu soin de les prendre à tous les états de vigueur, afin d'avoir la représentation bien exacte du peuplement. Comme nous voulions, ainsi que cela a été dit plus haut, procéder à l'analyse des feuilles d'une part, des axes aériens de l'autre, nous avons eu soin de ne recueillir que des feuilles encore bien vertes, autant du moins que le permettait la localité. Il est évident qu'au Bas-du-Cellier, où tout le feuillage était et avait toujours été plus ou moins jaune, la teinte seule des feuilles ne pouvait servir de criterium pour rejeter celles qui allaient se détacher de l'arbre par suite de leur dépérissement automnal ; mais ici encore la distinction était très-facile à faire. Dans la catégorie des feuilles bien vivantes, nous ne nous sommes attachés naturellement à aucune grandeur plutôt qu'à une autre ; nous avons cherché à les représenter toutes, et nous avons fait une récolte assez considérable pour être sûrs d'avoir exactement les cendres de la moyenne. Le tableau ci-après présente les résultats de l'analyse centésimale des cendres.

Nous examinerons d'abord, au moyen des données contenues dans ce tableau, la répartition des éléments des cendres dans les végétaux entiers ; nous ferons ensuite une étude plus spéciale des matières salines contenues dans les feuilles, comparées à celles que renferment les axes (tiges et rameaux).

Le taux des cendres est plus élevé chez le châtaignier

mal venant qui a crû sur un sol calcaire. Il n'y a rien là qui doive nous surprendre. Nous constatons une fois de plus que les éléments constitutifs des cendres restent les mêmes au point de vue qualitatif, quelle que soit la composition de la terre végétale : les proportions seules changent; celle de la chaux notamment, malgré le titre d'essence silicicole que porte à bon droit le châtaignier, s'élève au taux énorme de 73 p. 100 dans les cendres de la tige (partie du végétal la plus riche en ce principe), alors qu'elle a crû sur un sol n'en renfermant que 0.2 p. 100 dans son sous-sol.

	FEUILLES.			BOIS.		
	Châtaignier bien venant.	Châtaignier mal venant.	Différence en faveur du châtaignier bien venant.	Châtaignier bien venant.	Châtaignier mal venant.	Différence en faveur du châtaignier bien venant.
Silice	5.79	1.46	+ 4.33	3.08	1.36	+ 1.72
Acide phosphorique	12.32	12.50	— 0.18	4.53	4.27	+ 0.26
Chaux	45.37	4.55	+ 29.18	73.26	87.30	— 14.04
Magnésie.	6.63	3.70	+ 2.93	3.99	2.07	+ 1.92
Potasse.	21.67	5.76	+ 15.91	11.65	2.69	+ 8.96
Soude	3.86	0.66	+ 3.20	0.00	0.28	— 0.28
Sesquioxyde de fer.	1.07	0.83	+ 0.24	2.04	1.27	+ 0.77
Acide sulfurique. .	2.97	0.00	2.97	1.43	0.64	+ 0.79
Chlore.	0.30	0.52	— 0.22	»	0.08	— 0.08
Totaux. . .	99.98	99.98	»	99.98	99.96	»
Taux p. 100 des cendres. .	4.80	7.80	— 3.00	4.74	5.71	— 0.97

Les variations dans les proportions de l'acide phosphorique et du chlore sont insignifiantes; celle relative à la soude, quoique beaucoup plus considérable, ne paraît pas avoir grande signification; quant aux écarts que l'on remarque pour la magnésie et l'acide sulfurique, ils sont assez forts relativement à la quantité de ces corps constatée dans les deux catégories de châtaigniers, et semblent avoir une certaine importance; mais il est assez difficile, quant à présent, d'en déterminer la signification exacte. La silice est notablement moins abondante dans le châtaignier du sol calcaire; cette différence pourrait bien être le résultat plutôt que la cause de sa mauvaise végétation, comme nous chercherons à le montrer un peu plus loin; dans tous les cas, la proportion de cette substance n'est pas élevée, même chez les arbres du sol siliceux.

La différence dans les proportions de sesquioxyde de fer est digne de fixer l'attention, si l'on tient compte de la faible quantité de ce corps contenue normalement dans les cendres et de l'importance du rôle qu'il paraît jouer dans la vie de la plante. Le châtaignier du Bas-du-Cellier en contient 23 p. 100 dans ses feuilles, 37 p. 100 dans les organes axiles, de moins que le châtaignier des Terres. Comme le fer ne manque pas dans le sol calcaire, il faut en conclure que la présence d'un excès de chaux a empêché l'absorption normale de ce corps.

Mais c'est toujours sur les teneurs en chaux et en potasse que portent les différences les plus considérables dans les feuilles, où elles s'accusent d'une façon plus marquée; les cendres du châtaignier bien venant du sol siliceux renferment 29.18, soit 67 p. 100 de chaux en moins, et 15.91, soit 73 p. 100 de potasse en plus. Comme on le voit, à une absorption plus grande de chaux correspond, suivant la loi déjà observée pour le pin maritime, une assimilation beaucoup plus faible de potasse. C'est évidemment dans ce phénomène que gît la cause principale de la déplorable végétation du châtaignier qui a crû sur les sols calcaires.

Voyons maintenant quels enseignements résulteront de l'étude comparative des cendres des feuilles et de celles de l'organe axile. Avant de faire ressortir quelles différences présentent à cet égard les châtaigniers, suivant les sols sur lesquels ils ont végété, nous commencerons par faire, à un point de vue général, une étude de la répartition des éléments des cendres dans les feuilles et dans les organes axiles du châtaignier bien venant. Cette recherche n'a point encore été effectuée pour cette essence; on peut même dire qu'elle ne l'a été pour aucune autre dans les conditions où nous nous sommes placés. En effet, dans les travaux précédents sur la même question, on n'a pas tenu compte de la composition chimique du sol, on n'a pas comparé les cendres de feuilles et d'axes appartenant à la même espèce végétale, ou, pour une même espèce, on a recueilli les feuilles sur un point, les tiges et rameaux sur un autre; enfin, assez souvent, on n'a pas procédé à une analyse complète : on a négligé notamment de doser à part la potasse et la soude. Ces critiques s'appliquent en particulier au travail considérable et rempli de faits intéressants publié par M. Garreau [1] sur la distribution des matières minérales fixes dans les divers organes des plantes. Ces imperfections trouvent leur excuse bien naturelle dans l'état de la science au moment où ce Mémoire a paru, et dans la croyance, à peu près générale alors, à l'équivalence physiologique des divers alcalis.

Dans nos recherches, nous n'avons pas évité une légère cause d'erreur; elle consiste dans l'incinération des bour-

---

1. *Recherches sur la distribution des matières minérales fixes dans les divers organes des plantes*, par M. L. Garreau. (*Annales des Sciences naturelles, Botanique*, 4ᵉ série, t. XIII, p. 145 ; 1860.)

geons avec les axes qui les portaient ; or il paraît résulter du travail de M. Garreau [1] que ces organes, et cela était facile à prévoir d'après leur rôle physiologique, sont très-riches en cendres, et la composition de celles-ci se rapprocherait de celle des feuilles. Cela ne saurait influer d'une façon sensible sur nos conclusions ; car cette erreur tendrait à diminuer plutôt qu'à exagérer les différences que nous constaterons entre les feuilles et les organes axiles.

Au point de vue du taux des cendres, il existe chez le châtaignier bien venant fort peu de différence entre les feuilles et les axes, 0.04 p. 100 ; nous ferons remarquer toutefois que, eu égard à ce qui s'observe habituellement, les feuilles sont peu riches, tandis que les tiges et les rameaux le sont beaucoup. La grande richesse de ces derniers tient en partie à leur jeunesse, mais cette cause ne suffit pas pour l'expliquer, et elle est liée évidemment à la nature de l'espèce. L'analyse qualitative décèle, en général, les mêmes principes de part et d'autre ; cependant deux corps trouvés dans les feuilles font absolument défaut dans la tige : ce sont le chlore et la soude. La proportion assez élevée de la soude, 3.86 p. 100, tendrait à faire admettre pour ce corps une localisation dans les feuilles, utile à la plante, malgré les doutes très-légitimes que nous avons à l'égard de son rôle physiologique. La proportion très-faible du chlore, 0.30, semble lui enlever toute importance.

Quant aux corps qui appartiennent en commun aux deux séries d'organes, ils sont généralement en proportion

---

1. Voir notamment p. 157 et 173.

plus forte dans les feuilles; la chaux et le sesquioxyde de fer font seuls exception. La différence est particulièrement remarquable pour l'acide phosphorique, où elle s'élève à 172 p. 100, et pour la potasse où elle est de 86 p. 100. Il y a là un fait en complet accord avec ce que nous savons du rôle si important joué par le phosphore dans la constitution du protoplasma, et par la potasse dans l'acte de l'assimilation. La teneur beaucoup plus faible des autres corps dont on remarque aussi la prédominance dans les feuilles, l'incertitude presque absolue où nous sommes sur leur rôle physiologique, leur enlèvent beaucoup d'intérêt. Notons cependant que la proportion de silice est aussi beaucoup plus forte dans les feuilles, 88 p. 100 de plus que dans les axes; cela nous paraît dû au rôle joué par la silice dans la consolidation des tissus épidermiques du châtaignier. Des deux corps qui se trouvent en proportion plus faible dans les feuilles, l'un, le sesquioxyde de fer, est peu abondant de part et d'autre; étant données les relations qu'il paraît avoir avec la chlorophylle, il est singulier de le rencontrer en quantité plus forte, 91 p. 100, dans les organes axiles. La chaux semble nécessaire à l'accomplissement des fonctions du végétal, et notamment au travail de l'assimilation, puisqu'elle forme plus de 45 p. 100 des cendres des feuilles sur un sol remarquablement pauvre en cette substance; mais la proportion très-notablement plus forte qu'on en rencontre dans la tige et les rameaux, 61 p. 100 de plus que dans les feuilles, permet de supposer qu'elle se dépose aussi en partie à l'état de matière inerte ou incrustante dans les tissus du bois.

Étudions maintenant en quoi le châtaignier mal venant des terrains calcaires se rapproche ou s'éloigne du châtaignier bien venant des sols siliceux, au point de vue de la comparaison que nous venons de faire. Le taux des cendres de ses feuilles est également supérieur à celui trouvé pour les organes axiles, mais dans une proportion beaucoup plus forte, 2.09 p. 100, de la matière sèche.

Feuilles et axes contiennent aussi, à peu de chose près, les mêmes principes. Un seul n'a point été rencontré dans les feuilles, quoique se trouvant, en très-faible quantité il est vrai, dans la tige et les rameaux : c'est l'acide sulfurique. Ce n'est donc pas un de ceux que nous avons vus offrir la même particularité chez les arbres bien venants ; en outre, ici c'est dans les feuilles et non dans les axes que ce principe semble faire défaut ; en réalité le soufre existe certainement ; sa non-constatation tient à ce qu'il est susceptible de disparaître plus ou moins complétement dans l'incinération, en formant des composés volatils : il y est évidemment peu abondant. La rareté de ce corps dans les feuilles du châtaignier mal venant, rapprochée de la proportion assez forte trouvée dans celles des pieds vigoureux, permet de tirer une seule conclusion, c'est que la teneur en soufre est en relation avec le rôle important qu'il joue dans l'accomplissement des fonctions du végétal.

Tous les autres corps constatés par l'analyse, sauf la chaux et le sesquioxyde de fer, existent en quantité plus considérable dans les cendres des feuilles que dans celles des axes ; l'analogie, comme on le voit, est complète sous ce rapport entre les deux états de végétation ; mais tous les corps, sauf la chaux, sont, aussi bien dans les axes que dans les feuilles, plus abondants dans les cendres des châtaigniers bien venants que dans celles des mal venants. La différence est même considérable, sauf pour l'acide phosphorique, où elle s'élève seulement à 1.4 p. 100 pour les feuilles, à 6 p. 100 pour les axes, ce qui est un fait remarquable.

Quant aux différences de proportion pour chaque corps entre les feuilles ou les tiges ou rameaux, elles ressemblent à ce que nous avons constaté chez les arbres vigoureux. Elles diffèrent cependant notablement pour la silice et la chaux. Les feuilles renferment 7 p. 100 seulement du premier corps, en sus de ce que contiennent les axes. Cette faible teneur en silice tient au peu de développement des feuilles, à leur faible consistance. C'est une preuve de plus à ajouter à celles que l'on possède déjà du rôle probable de ce corps. Il semble, en effet, être une matière d'incrustation des parois des organes élémentaires, particulièrement de ceux constituant les épidermes. A ce titre, chez les végétaux ligneux, les feuilles ayant une grande surface épidermique doivent en contenir une assez forte proportion; cela est vrai surtout des espèces, comme le châtaignier, qui, à l'état normal, ont de grandes feuilles à épiderme bien résistant.

La proportion de chaux contenue dans les axes est de 17 p. 100 seulement plus élevée que celle des feuilles, au lieu des 61 p. 100 trouvés chez les arbres vigoureux. Cela tient surtout à l'énorme quantité de ce principe contenue dans les feuilles, évidemment à l'état de dépôt, en grande partie inerte.

La relation inverse entre la quantité de chaux et celle de potasse contenues dans les cendres est tellement importante, qu'il nous semble utile d'insister ici, avant de terminer l'exposé de la partie chimique de nos recherches, sur les chiffres de nature à la mettre d'une façon remar-

'quable en évidence ; ainsi, désignant les arbres bien venants par A, les mal venants par B, on a, pour les feuilles :

$$\frac{\text{Chaux de A}\ldots}{\text{Chaux de B}\ldots} = \frac{1}{1.64}, \qquad \frac{\text{Potasse de A}\ldots}{\text{Potasse de B}\ldots} = \frac{1}{0.265};$$

pour le bois :

$$\frac{\text{Chaux de A}\ldots}{\text{Chaux de B}\ldots} = \frac{1}{1.19}, \qquad \frac{\text{Potasse de A}\ldots}{\text{Potasse de B}\ldots} = \frac{1}{0.23}.$$

A 100 de chaux correspondent en potasse, pour A,

Feuilles... 47.7,   Bois... 15.9 ;

pour B,

Feuilles... 7.7,   Bois... 3.0.

Pour une même quantité de chaux, les feuilles A renferment 6.19 fois plus de potasse que celles de B ; le bois de A 5.3 fois plus de potasse que celui de B.

Comme nous l'avions fait pour le pin maritime, nous avons soumis à l'examen microscopique les feuilles des deux provenances ; nous avons effectué les mêmes observations sur les jeunes pousses de l'année. Nous avons fait ces études deux fois : la première, le 15 septembre 1873, sur des échantillons recueillis au Bas-du-Cellier et aux Terres ; la seconde, le 26 septembre, sur des rameaux provenant de la Barrière. Les résultats obtenus ayant été sensiblement les mêmes, afin de ne pas allonger sans nécessité ce Mémoire, nous nous bornerons à ceux de la Barrière, qui présentent les garanties plus grandes d'exactitude d'une seconde observation.

Nous regrettons de ne pouvoir, comme nous l'avions fait pour le pin maritime, renvoyer à des figures indiquant la structure anatomique des organes étudiés. Le châtaignier s'écarte d'ailleurs assez peu de la structure générale des dycotylédones angiospermes; on pourra donc avoir recours aux descriptions anatomiques concernant ces végétaux dans l'ouvrage classique de M. P. Duchartre[1], et aux belles figures qui les accompagnent. Bornons-nous à faire observer que la différence entre le parenchyme inférieur de la feuille et le supérieur est ici très-considérable : tandis que le second est absolument sans méats ni lacunes, le premier présente un si grand nombre de ces dernières, et elles sont de dimensions telles, qu'il offre pour ainsi dire l'aspect d'un réseau.

La forme des organes élémentaires reste, chez le châtaignier mal venant, telle qu'on l'observe chez les pieds normaux, ce qui est fort naturel ; quant à leur contenu, il a été traité par l'iode pour déceler la présence de l'amidon. Voici ce que l'observation faite, surtout au point de vue de ce corps et de la chlorophylle, nous a révélé.

Arbres bien venants.

Rameau de l'année pris sur une cépée vigoureuse, coupe transversale : la moelle à contour franchement pentagonal, très-développée, renferme de l'amidon en abondance, 90 p. 100 environ de ce qu'elle pourrait contenir en la supposant pleine ; les rayons médullaires et le parenchyme ligneux en contiennent aussi beaucoup. Il en est de même du liber, sauf dans ses faisceaux fibreux et l'enveloppe herbacée ; dans cette dernière, la fécule est régulièrement, mais non uniformément répartie ; traitée

---

1. P. Duchartre, *Éléments de botanique.* Paris, 1867 et 1875.

par l'iode, elle forme de beaux cordons bleus, couvrant deux tiers environ de la surface totale.

Les feuilles de même provenance sont encore bien vertes, quoique présentant des traces de jaunissement automnal; elles sont un peu plus velues en dessous que celles des pieds chétifs ; celle qui a été particulièrement étudiée présentait une longueur de $0^m,215$ sur une largeur maximum de $0^m,066$. Des coupes perpendiculaires ou tangentielles aux faces montrent que les cellules du parenchyme sont entièrement remplies de chlorophylle, que celle-ci est en grains généralement bien formés ; l'iode y dénote la présence de la fécule en très-grande abondance, surtout dans le parenchyme supérieur ; l'inférieur lacuneux en renferme aussi, mais avec des variations ; cependant plusieurs de ses cellules en sont absolument remplies. On en voit dans la nervure médiane, ainsi que dans le pétiole, surtout autour des faisceaux fibro-vasculaires et à la partie inférieure.

Arbres mal venants.

Rameau pris sur une cépée chétive : la moelle a le contour moins nettement pentagonal ; elle est beaucoup moins développée ; elle est, ainsi que les rayons médullaires, le parenchyme ligneux, à peu près aussi riche en fécule que les mêmes organes chez le précédent ; l'enveloppe herbacée l'est moins, un tiers environ de la surface totale ; la fécule y est aussi moins régulièrement répartie.

Les feuilles sont beaucoup plus petites que celles des pieds vigoureux ; la plus grande de celles qui ont été étudiées a $0^m,085$ de longueur et $0^m,03$ de plus grande largeur ; elles sont plus jaunes. Des coupes perpendiculaires ou tangentielles aux faces montrent que la chlorophylle ne remplit pas complétement toutes les cellules ; elle fait souvent très-grand défaut ; les grains en sont moins réguliers, moins gros, la fécule est en quantité beaucoup moindre, les grains en sont plus petits ; elle est à peu près aussi abondante dans la nervure principale, plus même vers le faisceau central ; mais celle-ci est beaucoup moins développée. Dans le parenchyme adjacent du limbe, elle est beaucoup moins abondante : elle forme seulement des taches bleues à la suite de l'action de l'iode, au lieu de la belle teinte bleue uniforme que l'on observe à l'œil nu dans la même région sur les feuilles des pieds vigoureux. Il est à peine besoin d'ajouter que, dans les cellules des feuilles ou portions de feuilles complétement décolorées, il n'y a ni chlorophylle ni fécule.

Comme on le voit, les faits observés sont de même ordre que ceux constatés par nous chez le pin maritime. Ils sont un peu moins nets toutefois, ce qui tient en partie d'ailleurs à la petitesse des grains de chlorophylle chez le châtaignier, et au grossissement un peu faible que nous avions à notre disposition au moment de l'observation. Il semble cependant y avoir, entre les deux espèces, la différence suivante : tandis que, chez le pin maritime, la petite quantité de potasse absorbée se répartit à peu près également entre des feuilles chétives mais uniformes, chez le châtaignier, elle semble se concentrer plus spécialement dans certaines d'entre elles, qui peuvent même acquérir un certain développement, tandis que les feuilles supérieures, de moins en moins vigoureuses, finissent par devenir très-petites et absolument incapables de fonctionner comme organes d'assimilation.

Résumant les observations contenues dans les pages précédentes, et la discussion à laquelle nous les avons soumises, nous espérons avoir démontré ou confirmé les propositions suivantes :

1° Le châtaignier est une espèce silicicole ou plutôt calcifuge.

2° Néanmoins, il absorbe une quantité considérable de chaux, même sur des sols très-pauvres en cette substance, et il ne paraît pas avoir des exigences exceptionnelles en fait de silice.

3° La présence d'un excès de chaux dans le sol a pour conséquence une augmentation dans le taux de ses cendres ; cette augmentation porte aussi bien sur les feuilles que sur les organes axiles.

4° Sur les sols riches en chaux, il absorbe une quantité notablement plus grande de ce principe que sur les sols siliceux.

5° Cette augmentation a pour conséquence une diminution dans la quantité de presque tous les autres éléments des cendres.

6° C'est cette diminution, celle du fer en particulier, et surtout de la potasse dans une énorme proportion, qui paraît être la cause du mauvais état de végétation de cette espèce sur les sols ainsi constitués.

7° Cette insuffisance dans la quantité de potasse absorbée a pour conséquence une diminution dans la production de l'amidon, une réduction dans la surface des feuilles, une constitution imparfaite du contenu de leurs cellules.

8° Chez les châtaigniers venus sur sol siliceux, feuilles et axes ont des cendres fort analogues au point de vue de la composition qualitative; quantitativement, il y a de grandes différences : la chaux seule est en proportion beaucoup plus forte dans les cendres des axes que dans celles des feuilles.

9° Sous ce rapport, les châtaigniers venus sur sol calcaire se comportent à peu près comme les autres, la différence entre la teneur en chaux des cendres de feuilles et de celles des tiges et rameaux est beaucoup moins considérable.

10° Au point de vue pratique, il résulte des faits exposés plus haut que l'on devra toujours s'abstenir d'employer le châtaignier pour le boisement des sols renfermant, soit naturellement, soit par suite d'introduction artificielle, une quantité notable de carbonate de chaux.

Si l'on compare ces conclusions avec celles que nous avions déduites de notre étude du pin maritime, on verra qu'elles sont tellement semblables, que nous avons pu, dans les deux cas, nous servir, à peu de chose près, des mêmes termes. Nous ne parlons pas, bien entendu, de la comparaison des cendres des feuilles et de celles des axes, qui n'avait point été faite pour le pin. Pour tout le reste, analogie complète sauf sur deux points. Chez le pin maritime, et il paraît en être de même chez les autres pins, la teneur en cendres augmente sur sol calcaire pour les axes, mais diminue pour les feuilles; pour le châtaignier, il y a augmentation pour les deux catégories d'organes; chez le pin venu sur sol calcaire, il y a réduction sur les dimensions des feuilles, production très-imparfaite d'amidon dans leur parenchyme, mais elles sont toutes, à peu de chose près, semblables sous ce double rapport. Le châtaignier qui a crû dans les mêmes conditions présente

des phénomènes analogues, mais il y a de grandes différences entre les feuilles d'un même rameau, les inférieures
et surtout les moyennes étant plus développées et fonction-
nant d'une façon moins défectueuse, tandis que les supérieures se constituent de la façon la plus imparfaite, et ne
sont même pas capables, dans la plus grande partie de leur
étendue, de décomposer l'acide carbonique et de former
de l'amidon.

Ces légères réserves faites, nos résultats sont d'une remarquable concordance; ils acquièrent dès lors un degré
de généralité qui permet de les appliquer avec une certaine
confiance à l'ensemble des plantes silicicoles. Une chose
ajoute encore à la valeur de cette concordance, c'est la
grande différence de structure des deux arbres étudiés:
l'un appartient en effet aux Gymnospermes, l'autre aux
Angiospermes.

TROISIÈME MÉMOIRE

—

Recherches chimiques sur la composition des feuilles d'âge et d'espèce différents

---

Depuis leur sortie du bourgeon au printemps jusqu'au moment de leur chute à l'automne, les feuilles des végétaux ligneux à feuillage caduc subissent d'importantes modifications dans leur aspect extérieur; leur coloration notamment, le plus souvent jaunâtre ou rougeâtre à l'origine, prend une belle teinte verte pour passer ensuite au rouge ou au jaune, puis au brun à l'époque de leur chute. A ces variations correspondent des faits physiologiques du plus haut intérêt. D'abord à l'état de croissance, la feuille, lorsqu'elle a acquis toutes ses dimensions, devient l'organe d'élaboration des principes immédiats qui doivent nourrir toutes les parties du végétal ou se déposer temporairement dans certains de ses tissus pour servir ultérieurement à des actes nutritifs; puis son activité physiologique va en diminuant jusqu'au moment où, devenue inerte, elle tombe sur le sol pour s'y décomposer et concourir à la formation du terreau.

Il est évident que, pendant ces différentes phases de son existence, la feuille doit subir dans sa composition chimique des variations en rapport avec elles. Malgré tout l'intérêt qu'il y a à les étudier, les travaux sur ce sujet sont récents, peu nombreux et limités à quelques espèces ligneuses.

Le premier physiologiste qui se soit occupé de la question est Th. de Saussure dans ses *Recherches chimiques sur la végétation,* qui parurent à Paris en 1804. Les résultats qu'il obtint furent intéressants comme tous ceux qui sont consignés dans cette œuvre remarquable, mais la chimie et la physiologie ont fait depuis l'époque de sa publication de tels progrès que de nouvelles études étaient nécessaires pour compléter la réponse faite à la question par l'éminent physiologiste génevois. En 1862, M. Corenwinder[1] publia un travail important sur le même sujet, mais en se bornant à la recherche du phosphore et en étudiant plus spécialement les végétaux herbacés cultivés ; la question fut reprise à nouveau et pour les végétaux ligneux, par Zöller[2], qui fit des analyses de feuilles de hêtre prises sur un arbre de 20 à 30 ans, planté en sol calcaire médiocre, rarement fumé, dans le Jardin botanique de Munich. Rissmüller[3] répéta, en les complétant, ces recherches et en utilisant également un arbre du Jardin de Munich. Le hêtre a été l'objet de nouvelles études de la part de Weber et de Dulk. On possède, en outre, des analyses de feuilles de chêne, de marronnier d'Inde, de noyer, de mélèze, d'épicéa, de pin sylvestre. Les résultats de tous ces travaux sont

---

1. CORENWINDER, *De la Migration du phosphore dans la nature.* Lille, 1862.

2. ZÖLLER, *Aschenanalysen von Buchenlaub während verschiedener Wachsthumperioden. Nobbe's Landw. Versuchsstationen,* VI, 1864, p. 23.

3. Dr L. RISSMULLER, *Ueber die Stoffwanderung in der Pflanze. Nobbe's Landw. Vers.,* XVII, 1874.

reproduits, rapprochés et discutés dans le remarquable ouvrage[1] publié récemment par le Dr Ebermayer, professeur à l'École forestière d'Aschaffenbourg, qui a dirigé certains d'entre eux. On voit que les matériaux fournis jusqu'à présent sur l'importante question qui nous occupe sont encore fort restreints; ils le sont à ce point que, dans le livre que nous venons de citer[2] le Dr Ebermayer s'exprime ainsi : « Malheureusement les recherches faites jusqu'à ce jour se bornent aux espèces ligneuses citées plus haut. Ce serait certainement une œuvre méritoire pour les stations forestières, de les étendre aux végétaux forestiers et de soumettre à l'analyse la même espèce provenant de hauteurs différentes au-dessus du niveau de la mer. »

Nous n'avons point encore étudié la même espèce à diverses altitudes, mais nous avons recherché les modifications apportées par l'âge dans les feuilles de quatre espèces ligneuses qui n'avaient point jusqu'ici été l'objet d'un semblable travail. Ce sont : le robinier (*Robinia pseudo-acacia* L.), le merisier (*Cerasus avium* Moench.), le châtaignier (*Castanea vulgaris* Lam.) et le bouleau (*Betula alba* Auct.).

En outre, en les recueillant sur des arbres ayant crû sur le même sol, nous avons voulu fournir des éléments à la solution d'une question aussi peu élucidée que celle dont nous venons de parler : à savoir dans quelle mesure les arbres diffèrent en ce qu'ils demandent au sol pour se constituer (azote et éléments des cendres).

---

1. Dr E. Ebermayer, *Die Gesammte Lehre der Waldstreu*. Berlin, 1876. Voir plus loin (*Statique forestière*) l'analyse complète de cet ouvrage

2. Ebermayer, *loc. cit.*, p. 22.

La récolte des feuilles a été faite dans le bois de Champfétu sur lequel nous avons déjà donné, dans le premier Mémoire, tous les détails nécessaires pour l'intelligence des études physiologiques que l'on peut y faire. Elle a eu lieu dans deux cantons situés sur le plateau, sur les limons tertiaires formant un sol siliceux par conséquent. Fort rapprochés l'un de l'autre, ils sont peu éloignés des *Quatre-Arpents* dont le sol a déjà été analysé. Nous avons expliqué, dans le travail que nous venons de rappeler, comment, le sol végétal formé par le terrain tertiaire dans la région qui nous occupe étant d'une remarquable uniformité, on pouvait se contenter d'une seule analyse pour de grandes surfaces. Nous nous sommes donc servis de celle qui a été faite du sol des *Quatre-Arpents*. (Voir premier Mémoire p. 29 et suiv., les résultats de l'analyse et la manière dont la récolte des échantillons de terre a été faite.)

Les feuilles des quatre espèces étudiées ont été récoltées du printemps à l'automne de 1874. Celles de merisier, de châtaignier et de bouleau ont été prises dans le canton du Cellier, sur les rejets d'un taillis en bon état, dans sa neuvième année. Celles de robinier ont été prélevées au canton de la Grande-Madeleine, sur les rejets d'un taillis vigoureux, dans sa cinquième année (quelques pieds âgés de dix ans). Toutefois l'espèce drageonnant abondamment, nous avons pu en recueillir aussi sur des drageons plus jeunes, mais en négligeant tous ceux qui n'avaient pas au moins deux ans. Nous aurions désiré prendre les feuilles des quatre espèces dans un taillis de même âge : la composition des peuplements ne nous l'a pas permis. Mais nous ne pensons pas qu'il y ait lieu de faire une grande différence entre les feuilles d'un taillis de neuf ans et celles d'un taillis de cinq ans. La récolte s'est faite au bord et à peu de distance d'un chemin de **7** mètres de largeur, sur des sujets bien éclairés par conséquent. Nous avons eu soin en outre de les choisir assez nombreux, assez variés pour éviter de tomber sur quelque cas particulier. La feuille a toujours été récoltée avec son pétiole aussi entier que possible; quant aux stipules, elles ont été négligées; elles se sont trouvées mélangées accidentellement parfois aux limbes et aux pétioles.

Nous allons donner les époques de récolte pour chaque espèce et décrire l'état présenté alors par le végétal et spécialement par ses feuilles.

1. *Robinier.*

2 mai 1874. — Temps sec; plusieurs des rejets sur lesquels sont prises les feuilles ont de nombreux boutons à fleur; les nouvelles pousses sont très-molles, en voie d'allongement, les feuilles le sont également; elles présentent une coloration verte, généralement jaunâtre ou rougeâtre; les plus grandes atteignent à peine leur taille normale; une de celles-ci a $0^m,115$ de longueur, et sa plus grande foliole $0^m,031$ de longueur sur $0^m,012$ de largeur. Nous avons recueilli des feuilles de toutes dimensions sans descendre au-dessous de celles qui avaient **15** millimètres de longueur.

3 juillet. — Temps sec, clair et très-chaud. Les pousses ont rarement achevé leur végétation, cela est vrai des plus vigoureuses surtout; cependant l'extrémité de plusieurs d'entre elles est près de se détacher et pour quelques-unes cette chute a déjà eu lieu; les feuilles sont inégalement développées, mais d'un beau vert; quelques-unes commencent à jaunir. Il en est qui, par suite sans doute de la sécheresse de la saison, ont à peine atteint la moitié de leur taille normale, mais, pour le plus grand nombre, il en est autrement; l'une d'elles qui présente des dimensions moyennes un peu fortes a $0^m,29$ de longueur; ses folioles ont $0^m,036$ de longueur sur $0^m,019$ de largeur. Les fruits, assez nombreux, sont en voie d'accroissement.

8 septembre. — Temps sec, clair et chaud. Les pousses ont en général achevé leur végétation, les feuilles sont complétement normales, d'un beau vert, mais un peu mates et molles, ce qui est caractéristique de l'espèce. L'excessive sécheresse en a fait tomber un certain nombre; les fruits ont atteint leurs dimensions normales, mais ils ne sont pas encore mûrs.

13 octobre. —Temps sec, mais rosées abondantes le matin; la récolte a été faite seulement après midi, afin d'éviter de récolter des feuilles mouillées. Quelques feuilles sont encore vertes, le plus grand nombre devient d'un beau jaune ou d'un jaune sale, un peu verdâtre, et tombe assez activement. Les fruits sont arrivés à complète maturité. La récolte a porté exclusivement sur des feuilles mortes, mais afin d'avoir seulement celles-ci, et sans qu'elles aient subi aucune perte de matière, on a eu soin de ne prendre que celles tombées dans la journée, ou qu'une très-légère secousse imprimée au rameau amenait à s'en détacher. Cette observation s'applique à la dernière récolte des trois autres espèces étudiées.

2. *Merisier.*

28-29 avril. — L'accroissement en longueur des pousses n'est point encore terminé. Les feuilles ont à peu près atteint tout leur développement; une des plus longues a $0^m,127$ de longueur y compris le pétiole (23 millimètres) et $0^m,056$ de largeur. Elles sont déjà bien vertes, mais elles ont une teinte beaucoup moins foncée que celles arrivées à l'état adulte. Quant aux organes de reproduction, ils sont à tous les états, depuis des fleurs qui s'épanouissent jusqu'à des fruits ayant la grosseur d'un pois moyen. Nous avons recueilli des feuilles de toutes dimensions en négligeant celles de longueur inférieure à 1 centimètre.

3 juillet. — L'accroissement en longueur des pousses est terminé, elles commencent à s'aoûter; les bourgeons sont bien constitués, le terminal paraît caduc. Les fruits sont en général tombés ou récoltés. Les feuilles, d'un vert aussi foncé que le comporte l'espèce, sont fermes; l'une, prise parmi les plus belles, a $0^m,144$ de longueur, pétiole compris (33 millimètres), et $0^m,063$ de largeur maximum.

7 septembre. — Quelques feuilles inférieures ont séché par suite de l'excessive sécheresse, mais celles qui persistent sont fermes, d'un beau vert. Ces dernières seules ont été recueillies.

2 octobre. — Quelques feuilles sont encore à peu près entièrement vertes; l'immense majorité devient jaune mat ou rougeâtre, plusieurs présentent des taches brunes plus ou moins étendues. Elles tombent abondamment.

3. *Bouleau.*

30 avril. — Les pousses ont, en général, fourni leur bourgeon terminal et elles présentent déjà une certaine rigidité. Les fleurs ont été médiocrement abondantes, quel-

ques pieds cependant sont assez chargés de jeunes fruits. Les feuilles ont atteint leur taille; elles sont fermes, moins cependant qu'elles le seront plus tard, d'un beau vert; des glandes résineuses sur les nervures, surtout à la face inférieure, les rendent un peu poissantes.

14 septembre. — La grande sécheressé a fait tomber plus de feuilles chez cet arbre que chez les autres; les feuilles qui ont persisté sont d'un beau vert, luisantes, fermes, les glandes sont moins actives; fruits à maturité.

9-15 octobre. — La récolte a duré plusieurs jours à cause des petites dimensions des feuilles de cette espèce qui n'a permis d'en récolter qu'un poids faible chaque jour en s'astreignant aux conditions indiquées plus haut. Les fruits étaient, en général, disséminés; les feuilles vertes en totalité ou en partie devenues rares, les autres d'un beau jaune légèrement brun avec les dents souvent un peu plus foncées; elles étaient fermes, et les glandes desséchées.

4. *Châtaignier.*

1er mai. — Les jeunes pousses n'ont généralement pas terminé leur accroissement en longueur, aucune d'elles ne porte de fleurs. Les feuilles de dimensions variables ne sont pas à leur taille : une des plus grandes a $0^m,152$ de longueur sur $0^m,058$ de largeur; elles sont molles, d'un vert jaunâtre, peut-être un peu plus velues qu'à l'automne, mais surtout elles portent un nombre considérable de petites glandes jaunâtres pluricellulaires, sécrétant une matière résineuse qui les rend facilement adhérentes; celles-ci sont situées sur les deux faces, mais spécialement sur l'inférieure qui en est couverte. On a recueilli seulement les feuilles ayant plus de 3 centimètres de longueur.

16 septembre. — **Les châtaigniers** ont perdu peu de feuilles par suite de la sécheresse, mais ils ont souffert de la gelée qui les a atteints peu de temps après la récolte du mois de mai; des feuilles de seconde génération se sont développées en plus ou moins grande quantité sur presque tous les pieds. On a eu soin d'en récolter seulement parmi celles provenant de la première végétation et nullement atteintes par la gelée. Elles étaient le plus souvent très-faciles à distinguer, fermes, d'un beau vert, et présentant encore, surtout à la face inférieure, de nombreuses glandes en activité.

12 octobre. — Presque toutes les feuilles sont tombées ou devenues complétement jaunes, même en partie brunes et sèches; encore luisantes dans les régions jaunes, elles sont mates dans les autres, elles ont perdu de leur fermeté, et les glandes sont devenues très-rares.

On voit qu'il y a eu quatre récoltes pour le robinier et le merisier; on s'est borné à trois pour les deux autres espèces : pour le bouleau, parce que le temps a manqué pour faire celle du mois de juillet; pour le châtaignier, parce que cette date était trop rapprochée de la gelée qui avait agi d'une façon si fâcheuse sur lui.

Nous n'avons pas fait l'analyse quantitative de l'ensemble des principes immédiats non azotés autres que la cellulose; il nous a semblé plus intéressant d'étudier au microscope, en nous servant de l'iode, la répartition du plus important d'entre eux, la fécule; en même temps nous avons examiné l'état de la chlorophylle. Nous allons donner le résultat de nos observations pour chaque espèce.

EXAMEN MICROSCOPIQUE DES FEUILLES.

A. *Robinier.*

2 mai. — La chlorophylle est déjà bien constituée; la fécule, abondante, remplit la plupart des cellules; elle est très-visible, même à l'œil nu.

3 juillet. — La chlorophylle est en grains d'un très-beau vert; on remarque seulement des traces de fécule dans le parenchyme, la quantité est plus forte dans la nervure principale de chaque foliole sans être bien grande; elle augmente dans le pétiolule autour du faisceau libérien.

7 septembre. — La chlorophylle reste normale; la fécule manque dans les petites nervures, on en trouve peu dans la nervure principale et dans le pétiolule; elle est abondante au contraire dans le parenchyme, surtout auprès des nervures; le parenchyme serré de la face supérieure en renferme aussi une plus grande quantité que le tissu lacunaire inférieur. Dans l'ensemble, le parenchyme renfermait à peu près les deux tiers de ce qu'il pourrait contenir en le supposant plein.

13 octobre. — La chlorophylle est complétement altérée et remplacée par une substance jaune; il en reste peut-être un peu, mais cela est douteux, dans les feuilles qui sont d'un jaune légèrement verdâtre; la fécule fait complétement défaut dans les nervures : on en trouve seulement quelques grains difficiles à rencontrer dans les feuilles complétement jaunes; elle est un peu plus abondante dans les autres, où l'on trouve même quelques cellules pleines, mais elle y est encore très-rare.

B. *Merisier.*

20-29 avril. — La chlorophylle est belle; il y a des traces importantes de fécule; quelques cellules sont pleines de cette substance, elle y est en petits grains; mais on n'aperçoit pas à l'œil nu, ni même à la loupe, le résultat du traitement par l'iode.

3 juillet. — La chlorophylle est en beaux grains; le pétiole et la nervure principale sont assez riches en fécule; il y en a un peu jusque dans les nervilles. Le parenchyme est tellement riche en matières azotées que cela gêne un peu l'observation; cependant on peut constater des traces très-nettes, mais faibles de fécule.

7 septembre. — Chlorophylle encore bien organisée. Il y a de la fécule en petite quantité dans le pétiole; elle est plus abondante dans la nervure principale où elle est, du reste, irrégulièrement répartie; mais elle est surtout en amas considérables dans le parenchyme, de préférence dans l'inférieur et auprès des nervures que la coloration de ces dépôts par l'iode fait ressortir; dans l'ensemble de la feuille il en renferme au moins la moitié de ce qu'il pourrait contenir.

2 octobre. — Chlorophylle désorganisée. Traces de fécule dans le pétiole, les nervures et le parenchyme, mais encore plus faibles que chez les autres espèces et absolument insignifiantes; comme toujours elles sont fort irrégulièrement réparties.

C. *Bouleau.*

30 avril. — La chlorophylle est belle, il y a des traces de fécule en gros grains.

14 septembre. — La chlorophylle reste bien constituée. La fécule est abondante dans le pétiole; on en trouve un peu moins, mais toujours beaucoup dans la nervure principale et jusque dans les nervilles; le parenchyme est riche surtout auprès des nervures, où la fécule colorée par l'iode forme de belles bordures bleues absolument pleines. Dans l'ensemble il en contient au moins la moitié de ce qu'il pourrait renfermer.

9-15 octobre. — Chlorophylle désorganisée, remplacée par une substance jaune. Le pétiole est encore riche en fécule; les nervures également, mais d'autant moins qu'on s'éloigne plus de la nervure principale. On en trouve aussi un peu dans le parenchyme, surtout auprès des nervures; elle est en grains irréguliers, petits ou très-petits, et très-inégalement répartis; tandis qu'elle manque généralement, on trouve des groupes de cellules qui sont encore presque pleines. Les nervures et quelquefois le parenchyme adjacent forment à la suite du traitement par l'iode un réseau bleu visible à la rigueur à l'œil nu et nettement à la loupe.

D. *Châtaignier.*

1ᵉʳ mai. — Chlorophylle bien organisée ; traces de fécule assez abondantes pour que le résultat du traitement par l'iode soit un peu visible à la loupe.

16 septembre. — Chlorophylle toujours bien constituée.

La fécule n'existe à peu près pas dans les très-fines ner-villes; il y en a d'autant plus que les nervures sont plus fortes; la nervure principale en renferme beaucoup et le pétiole davantage encore; son parenchyme est absolument plein; les grains sont inégaux, mais généralement forts. Le parenchyme foliaire est également riche, le supérieur plus que l'inférieur; ce dernier présente de nombreuses cellules n'en contenant pas, tandis que chez le premier beaucoup sont complétement bleues après le traitement par l'iode. On constate aisément à l'œil nu le résultat obtenu par l'emploi de ce réactif.

12 octobre. — Chlorophylle complétement détruite, remplacée par une matière brun jaunâtre; traces de fécule dans le pétiole, les nervures sont plus riches et en raison inverse de leur grosseur; on en trouve encore assez abon-damment dans le parenchyme, sans distinction entre la couche supérieure et l'inférieure; mais, comme pour les espèces précédentes récoltées à la même époque, la distri-bution en est fort irrégulière. Elle se rencontre cependant plus spécialement auprès des nervures. Dans l'ensemble, la feuille en contient encore près d'un sixième de ce qu'elle pourrait renfermer, mais ceci ne s'applique qu'aux régions de la feuille encore jaunes; dans celles qui sont d'un brun mat il n'y a que des traces de fécule.

De tout ce qui vient d'être exposé il résulte que la chlo-rophylle se constituant chez la jeune feuille dès que celle-ci se trouve exposée à l'action de la lumière, la fécule apparaît aussi de très-bonne heure. Il peut même arriver (le robinier est remarquable sous ce rapport) que, celle-ci n'étant pas employée assez vite par le végétal, elle reste en dépôt dans la feuille; mais, dès que cet organe est normalement développé et que la végétation devient très-active, la fécule est détruite au fur et à mesure de sa formation pour être utilisée par l'arbre. Puis au commencement de l'automne, l'emploi de ce principe immédiat se faisant sans doute moins rapidement, il reste en partie accumulé dans les organes élémentaires de la feuille, où il est plus abondant, dans les nervures et les cellules parenchymateuses qui avoisinent ces voies de transport. Enfin, à mesure que la vitalité de la feuille décroît, que la chlorophylle s'altère, la fécule déjà formée est transportée dans les rameaux et dans la tige, il ne s'en produit plus de nouvelle, et, lorsque ces organes tombent, ils n'en contiennent plus qu'une fort petite quantité. Il est bon de remarquer que nous en avons constamment trouvé dans les feuilles arrivées à cette dernière phase de leur existence; les traces pouvaient en être insignifiantes, mais elles existaient toujours. Nos résultats diffèrent un peu sous ce rapport de ceux du Dr Ebermayer[1] qui, dans ce cas, n'a plus trouvé de fécule que dans les cellules formant les lèvres des stomates. Ce désaccord peut tenir à ce que nous avons étudié des espèces différentes de celles qui ont servi aux travaux du physiologiste allemand ou à ce qu'il a opéré sur des feuilles tombées depuis quelque temps, dans lesquelles la fécule avait pu disparaître. Les différences que nous avons constatées entre les quatre espèces, entre les deux régions des feuilles de châtaignier, prouveraient en faveur de cette double hypothèse.

Après avoir effectué l'examen des feuilles dont nous venons de donner les résultats, nous avons recherché pour

---

1. O. c., p. 11.

chacune des espèces et pour chaque récolte, la teneur en eau, le taux des cendres, celui de l'azote; les résultats de ces déterminations sont consignés dans le tableau ci-après. Le taux des cendres a été déduit du poids de la matière desséchée à 100 degrés et rapporté aux feuilles fraîches; celui de l'azote, du poids des feuilles soumises seulement à une dessiccation à l'air libre.

TABLEAU I.

Teneur en eau, cendres et azote des feuilles récoltées à diverses époques.

	Espèce.	Date de la récolte.	Eau p. 100.	Cendres rapportées à la matière fraîche.	Azote.	Taux. Cendres p. 100 [1].
I.	Robinier. . .	2 mai.	73.5	2.33	3.59	6.25
II.	id.	3 juillet. . . .	64.1	2.76	2.81	7.75
III.	id.	7 septembre .	55.7	4.15	1.68	8.22
IV.	id.	13 octobre. . .	55.4	5.16	0.70	11.74
V.	Merisier . . .	28-29 avril. . .	70.0	2.32	2.00	7.80
VI.	id.	3 juillet. . . .	60.23	2.77	0.95	7.30
VII.	id.	7 septembre. .	54.4	2.89	0.84	6.39
VIII.	id.	2 octobre. . .	54.2	3.28	0.11	7.24
IX.	Bouleau . . .	30 avril.	67.5	1.24	2.51	3.84
X.	id.	14 septembre. .	54.0	1.95	1.28	4.30
XI.	id.	9-15 octobre. .	50.25	2.28	0.49	4.68
XII.	Châtaignier. .	1er mai	72.0	1.28	2.12	4.60
XIII.	id.	16 septembre .	57.0	2.00	0.70	4.75
XIV.	id.	12 octobre . . .	44.8	2.38	0.62	4.55

Les cendres ont été soumises à une analyse centésimale dont le tableau suivant donne les résultats :

---

1. Rapportées à la substance sèche.

TABLEAU II.

Composition des cendres de feuilles de robinier, merisier, bouleau et châtaignier, récoltées à diverses époques.

Espèce.	Acide phosphorique.	Chaux.	Magnésie.	Potasse.	Soude.	Sesquioxyde de fer.	Sesquioxyde de manganèse.	Silice.	Acide sulfurique.	Chlore.	Acide carbonique.
I. Robinier	21.16	20.82	9.67	30.60	6.37	0.91	Traces	3.72	7.39	Traces	5.08
II. id.	8.69	48.64	11.02	19.20	5.71	1.43	id.	1.67	3.63	id.	21.62
III. id.	5.31	72.97	5.50	6.62	3.91	1.21	id.	2.05	2.42	id.	31.65
IV. id.	1.90	72.00	6.16	3.25	1.34	1.46	10.64	1.68	2.13	id.	28.30
V. Merisier	15.80	30.57	7.82	32.78	1.89	0.95	4.42	1.41	4.34	id.	17.60
VI. id.	8.20	38.06	18.38	17.80	6.44	1.29	5.62	1.76	2.46	id.	20.07
VII. id.	5.93	44.70	14.29	12.15	9.33	1.17	7.39	2.72	1.36	id.	20.48
VIII. id.	3.81	44.05	17.79	11.82	5.00	1.19	13.25	2.30	0.79	id.	23.88
IX. Bouleau	17.46	28.72	4.40	25.54	0.43	0.72	15.87	1.73	5.19	id.	7.92
X. id.	10.99	40.03	11.68	7.22	1.89	1.20	21.48	2.75	2.75	id.	16.9
XI. id.	8.63	50.76	16.41	2.88	4.57	1.18	9.81	2.54	3.21	id.	18.2
XII. Châtaignier.	19.31	18.41	9.16	31.85	2.39	0.50	11.84	1.59	4.98	id.	7.34
XIII. id.	9.22	39.06	7.11	16,95	5.31	1.33	16.64	1.95	2.42	id.	10.05
XIV. id.	8.35	49.50	6.90	10.52	2.59	2.17	12.52	4.67	2.75	id.	13.22

On n'a pas jugé utile de reproduire dans ce tableau les dates de récolte, les chiffres romains de la première colonne correspondant à ceux du précédent.

Nous allons examiner quelles conclusions on peut tirer de l'étude de ces deux tableaux au point de vue de la composition chimique des feuilles à diverses époques de la saison de végétation; nous verrons ensuite les conclusions à en déduire relativement aux exigences des quatre espèces par rapport au sol.

Remarquons d'abord que les variations pour les chiffres du premier tableau ont lieu dans le même sens pour les quatre espèces; elles sont aussi d'accord avec les écarts rapportés dans l'ouvrage du Dr Ebermayer pour d'autres végétaux ligneux, ce qui permet de considérer comme très-générales les lois que nous en déduirons.

L'eau entre toujours pour une part considérable dans la constitution des feuilles, puisque, même au moment de leur chute, époque où elles en renferment le moins, ce liquide forme généralement moitié au moins de leur poids; mais sa teneur décroît progressivement. Toutefois, entre l'époque de ralentissement de la végétation marqué par un dépôt de fécule dans les tissus de la feuille et la chute de cet organe, la quantité d'eau resterait le plus souvent à peu près stationnaire, le châtaignier formant néanmoins une notable exception.

L'azote diminue aussi quantitativement depuis le commencement de la végétation jusqu'à la mort de la feuille; la décroissance est à la fois plus forte et plus régulière que pour l'eau. Il est bon toutefois de se rappeler que, la proportion de matière sèche augmentant parallèlement à cette diminution de la teneur en azote, celle-ci se trouve un peu atténuée. La feuille, au moment où elle tombe, n'en est pas moins pauvre en cette substance qui a été résorbée par la plante pour être emmagasinée sous forme de réserve alimentaire pendant l'hiver et servir l'année suivante au développement des jeunes pousses.

Les cendres suivent une marche inverse de celle de l'eau et de l'azote, elles augmentent constamment et régulièrement, mais à raison surtout de l'accroissement de la matière sèche; pour un même poids de celle-ci, le taux est en général beaucoup plus constant, sauf pour le robinier, exception due très-probablement à la quantité considérable de chaux qui se dépose dans les tissus foliacés de cet arbre.

Si nous examinons les résultats fournis par l'analyse de ces cendres, tels qu'ils sont présentés dans le tableau II, nous voyons qu'en faisant abstraction du chlore, dont on ne trouve que des traces, et de l'acide carbonique, qui est un produit de la combustion, les corps qu'elles renferment peuvent se grouper en trois catégories : ceux dont la proportion diminue du printemps à l'automne; ceux pour lesquels elle augmente; ceux enfin dans la répartition desquels il est impossible de saisir aucune loi.

Ces derniers comprennent la magnésie, la soude, le sesquioxyde de manganèse. La quantité de ces corps contenue dans les cendres est quelquefois plus forte dans les récoltes moyennes, comme cela a lieu pour le manganèse chez le châtaignier, par exemple; mais elle peut augmenter assez régulièrement, comme le même corps chez le merisier, ou diminuer régulièrement telle que la magnésie chez le châtaignier, par exemple. On sait que le rôle physiologique de ces corps est jusqu'à présent fort problématique. On admet cependant, en raison de la présence constante, en assez forte proportion, de la magnésie dans les cendres, et par suite des essais de culture dans l'eau que cette substance est indispensable à l'alimentation végétale. Nos analyses confirment cette opinion. Le rôle de la soude, sauf pour certaines plantes spéciales, comme les salsolacées, est bien plus douteux. Quant au manganèse, rien ne prouve encore sa nécessité pour les végétaux ; nos analyses montrent que la proportion de cet oxyde contenue dans les feuilles varie beaucoup suivant les époques de végétation, mais en même temps elles montrent que celles-ci en contiennent souvent beaucoup et qu'il a quelque tendance à s'accumuler dans ces organes, comme le fer.

Les corps dont la quantité diminue du printemps à l'automne sont la potasse, l'acide phosphorique et l'acide sulfurique ; ils comptent au premier rang, parmi les éléments nécessaires aux plantes, la potasse à cause du rôle qu'elle joue dans la formation de l'amidon, le phosphore et le soufre par leurs relations avec les substances albuminoïdes. La résorption de ces deux corps est donc en relation parfaitement naturelle avec celle de l'azote.

La potasse est primitivement le corps le plus abondant dans les cendres des feuilles, puisqu'il forme de un quart à un tiers de leur poids total ; elle reste en forte proportion pendant l'été, mais en automne, au moment où la végétation se ralentit, elle se résorbe et, au moment où la feuille tombe, celle-ci n'en renferme plus qu'une proportion assez ou même très-faible, puisque la potasse ne forme parfois plus que trois centièmes environ du poids total.

L'acide phosphorique entre aussi à l'origine pour une part importante dans la composition des cendres, un cinquième environ; la proportion en diminue plus vite que pour la potasse, mais elle reste plus stationnaire; toutefois les feuilles sont pauvres aussi en ce corps au moment de leur chute, car elles peuvent n'en renfermer que 2 à 4 p. 100 du poids total des cendres.

Le soufre suit à peu près la même loi que le phosphore, la proportion en est plus faible à l'origine, mais la résorption moins complète. Il est bon de se rappeler toutefois que pour ce corps les chiffres portés au tableau n'ont pas une valeur absolue, puisque une partie du soufre disparaît dans la combustion sous forme de principes volatils; l'incinération ayant été opérée dans les mêmes conditions, pour toutes les espèces et pour toutes les récoltes, les quantités indiquées n'en conservent pas moins une valeur relative à laquelle on peut accorder toute confiance.

Les corps dont le taux augmente du printemps à l'automne sont la chaux, le sesquioxyde de fer et la silice. Pour les deux derniers, les proportions centésimales des cendres de la dernière récolte sont quelquefois un peu plus faibles que celles de l'avant-dernière, mais la différence est si légère que, en tenant compte de l'accroissement du poids de la matière sèche et du taux des cendres, on voit que la quantité contenue dans les feuilles a en réalité beaucoup augmenté.

La chaux est un corps dont la nécessité pour l'organisme végétal est surabondamment démontrée, bien qu'on ne se rende pas encore parfaitement compte de son rôle. La quantité considérable de cette base contenue dès l'origine dans les feuilles (un cinquième à près d'un tiers du poids de leurs cendres) prouve qu'elle est indispensable aux réactions qui se passent dans les organes élémentaires. Mais l'augmentation considérable qu'elle présente à mesure que la feuille vieillit (la feuille du robinier au moment où elle tombe peut en renfermer dans ses cendres l'énorme proportion de 72 p. 100) montre aussi qu'elle doit jouer dans l'organisme un rôle important d'incrustation, prouvé du reste par d'autres faits, notamment par son dépôt en quantité considérable dans la tige et les rameaux des végétaux ligneux. Les taux de chaux augmentent parallèlement à la décroissance des taux de potasse, comme nous l'avons déjà constaté précédemment.

Le fer présente cette particularité curieuse d'être toujours en très-faible quantité dans les végétaux, d'y jouer un rôle important dans la constitution de la chlorophylle et, malgré cela, de s'y présenter souvent, comme les substances d'incrustation, en quantité d'autant plus forte qu'un organe est plus âgé. Ce fait se dégage d'une façon fort remarquable des chiffres portés au tableau II. Les travaux de Zöller sur les feuilles de hêtre, les nôtres sur les feuilles et les axes du châtaignier (V. pages 54 et suiv. Mémoire sur le châtaignier) les confirment.

La silice paraît servir seulement à incruster les tissus, particulièrement l'épiderme; la faible quantité contenue dans les cendres, l'augmentation régulière de proportion jusqu'au moment de la chute des feuilles justifient entièrement cette manière de voir.

Les résultats que nous venons d'exposer sont très-généralement d'accord avec ceux des travaux antérieurs que nous avons rappelés au commencement de ce Mémoire, ce qui permet d'accorder une grande confiance aux conclusions que l'on peut déduire des uns et des autres.

Si maintenant nous examinons les deux tableaux au point de vue des exigences des quatre espèces étudiées, nous constatons d'abord que la quantité d'eau contenue dans leurs feuilles est à peu près la même aux diverses époques de l'année. Elle est un peu plus forte chez les espèces à feuilles molles (robinier et merisier), mais cet excès est trop faible pour nous rendre raison de la différence de consistance qui existe entre elles et celles du bouleau et du châtaignier. La structure et probablement les substances incrustantes jouent dans la rigidité ou la mollesse des feuilles de nos végétaux forestiers un rôle beaucoup plus considérable que l'eau. Ce résultat a d'autant plus d'intérêt que nous comparons des feuilles aussi dissemblables que possible, celles du châtaignier roides, dures, immobiles, et celles du robinier molles et douées d'une certaine motilité.

La proportion d'azote ne diffère pas beaucoup pour le merisier, le bouleau et le châtaignier, bien qu'ils appartiennent à des familles fort différentes et que le merisier soit d'une organisation plus élevée que les deux autres espèces ; seul le robinier diffère beaucoup sous ce rapport, puisque, au commencement de mai, il renferme 1.08 pour 100 d'azote de plus que le bouleau, qui est le plus riche après lui, c'est-à-dire près de moitié en sus. Au moment de la chute des feuilles, la différence est moins accentuée vis-à-vis du châtaignier et du bouleau, mais elle l'est plus encore en regard du merisier, le robinier étant six fois plus riche que celui-ci.

La grande quantité d'azote contenue dans les feuilles de

cet arbre n'a rien qui doive étonner, puisqu'il appartient à la famille des Papilionacées, qui renferme nos plantes fourragères les plus importantes, trèfle, luzerne, sainfoin, et dont la richesse en ce principe est bien connue.

Quant à la teneur en cendres, les quatre espèces se divisent en deux groupes, le bouleau et le châtaignier d'une part, le robinier et le merisier de l'autre. Ces deux derniers sont beaucoup plus riches que les premiers, dont les feuilles contiennent une quantité de cendres à peu près égale. Sans que nous attachions une importance exagérée à cette relation, nous croyons bon de faire observer que ces deux espèces appartiennent à des familles voisines, et qu'elles sont l'une et l'autre d'organisation plus élevée que le châtaignier et surtout le bouleau. Le robinier tient d'ailleurs ici la tête comme pour l'azote, et en moyenne il contient à peu de chose près deux fois autant de cendres que le bouleau, l'espèce qui en contient le moins. La croissance des matières minérales du printemps à l'automne suit d'ailleurs chez les quatre espèces une marche sensiblement identique.

L'inspection du tableau II nous montre que sur un même sol les cendres de feuilles d'arbres différents renferment les mêmes substances, résultat facile à prévoir, et déjà constaté par toutes les analyses; mais les proportions sont fort différentes, et la quantité d'un corps fixée pour un poids donné de feuilles, en tenant compte du taux des cendres, l'est encore davantage. Pour en donner un exemple, nous pouvons choisir la chaux et la comparer chez le robinier et le bouleau pour les récoltes n° 4 et n° 11, faites l'une et l'autre au mois d'otobre. Les cendres chez le premier en renferment 72 p. 100, chez le second

50.76 p. 100 seulement. 1,000 kilogrammes de feuilles fraîches de robinier en contiennent 37.15; 1,000 kilogrammes de feuilles fraîches de bouleau 11.57. La proportion croissante ou décroissante d'un corps pendant la durée de la végétation ne suit pas non plus la même marche chez toutes les espèces : ainsi le bouleau et le merisier contiennent dans leurs cendres, à la fin d'avril, à peu près la même proportion d'acide phosphorique, tandis que, au mois d'octobre, le bouleau en renferme plus du double de ce qu'on en trouve chez le merisier; la résorption de ce principe s'est donc faite chez lui d'une façon beaucoup moins parfaite.

Si nous passons en revue chacun des corps dont l'existence a été constatée dans les cendres, nous pouvons tirer quelques conclusions intéressantes, non-seulement sur les exigences variées des arbres, mais encore sur le rôle de ces substances dans l'organisme végétal.

L'acide phosphorique ne varie pas dans des proportions très-considérables, mais les différences qu'il présente sont en relation assez rigoureuse avec les teneurs en azote; ainsi le robinier présente le taux le plus élevé, le merisier le plus faible. C'est un fait auquel on pouvait s'attendre et qui confirme ce qu'on sait des rapports du phosphore avec les substances albuminoïdes.

La chaux n'est en proportion beaucoup plus forte que chez le robinier; mais elle atteint chez lui, au moment de la chute des feuilles, le taux énorme (surtout si l'on se rappelle combien le sol est pauvre en cette substance) de 72 p. 100. Le robinier appartient à une famille dont l'immense majorité des espèces recherche les sols calcaires.

La magnésie n'est en proportion notablement plus forte

que chez le merisier; elle y augmente en outre, de même que chez le bouleau, assez régulièrement du printemps à l'automne. Faut-il voir là des indices d'une substitution à la chaux que la magnésie remplacerait chez ces deux espèces, comme base destinée à se combiner aux acides organiques et comme substance incrustante?

La potasse est en quantité à peu près égale chez les quatre espèces, comme pouvait le faire prévoir l'importance de son rôle; le bouleau en renferme toujours un peu moins cependant que les trois autres : elle se résorbe en outre beaucoup plus imparfaitement chez le châtaignier et le merisier qui, par leurs feuilles mortes, en restituent beaucoup plus au sol que le robinier et le bouleau.

Il est impossible de rien conclure des proportions de soude.

Le fer existe en quantité faible, mais peu différente chez les quatre espèces.

Le manganèse est en proportion assez notablement plus forte dans les cendres des premières récoltes de bouleau et de châtaignier pour en modifier la coloration lorsqu'on la compare à celle des cendres de merisier et de robinier de même âge; il augmente beaucoup dans les feuilles de ces deux derniers au moment de la chute des feuilles. Ces faits tendraient à prouver qu'il ne pénètre pas seulement d'une façon accidentelle dans les plantes, mais ils nous éclairent toujours fort peu sur le rôle qu'il pourrait y jouer.

La silice n'est en proportion un peu forte que dans les feuilles très-adultes du châtaignier. Elle ne paraît avoir chez les quatre espèces qu'un rôle entièrement subordonné, et elle doit servir seulement à l'incrustation des tissus de l'épiderme en particulier.

Les variations de l'acide sulfurique sont en rapport rigoureusement exact avec celles de la teneur en azote; elles se relient, par suite, aussi à celles de l'acide phosphorique : cela est en parfait accord avec ce que l'on sait des relations étroites de l'azote, du soufre et du phosphore dans l'organisme végétal.

En résumé, nous voyons que les arbres croissant ensemble sur un même sol ont des exigences fort différentes. Parmi ceux que nous avons étudiés, le robinier demande au sol plus que tous les autres; il lui faut pour constituer ses feuilles beaucoup plus d'azote, beaucoup plus de cendres, et dans celles-ci des proportions élevées des corps les moins abondants dans le sol : acide phosphorique, potasse, acide sulfurique. Le bouleau est au contraire le moins exigeant; il exige un peu plus d'azote et par suite de soufre que le châtaignier, mais sa teneur en cendres est moindre, et dans celles-ci l'acide phosphorique et la potasse entrent pour une plus faible part.

Ces exigences différentes sont certainement pour quelque chose dans la distribution des arbres dans les forêts, dans l'abondance de certaines espèces sur les sols riches, leur rareté sur les sols pauvres où d'autres au contraire, le bouleau chez les bois feuillus, le pin chez les conifères, peuvent encore prospérer [1]. D'autres conditions, un couvert épais, par exemple, qui favorise la production et le maintien en bon état de la terre végétale, peuvent permettre la végétation d'espèces exigeantes sur des sols relativement pauvres. C'est ce qu'on observe, par exemple, pour le hêtre.

---

1. Cf. plus loin les recherches chimiques sur la forêt de Haye.

Des faits qui viennent d'être exposés découlent quelques conclusions pratiques que nous allons énumérer.

La grande richesse des feuilles au printemps et au commencement de l'été rend compte en partie des effets désastreux résultant de la perte de ces organes, dans ces saisons, par suite de gelées et de dégâts d'insectes; non-seulement l'arbre s'en trouve privé au moment où ils pourraient fonctionner avec le plus d'activité, non-seulement tous les principes hydrocarbonés qui ont servi à les constituer sont anéantis, mais encore il perd des quantités considérables d'azote et des principes minéraux les plus rares qu'il devra puiser à nouveau dans le sol. En automne, au contraire, la perte des feuilles avant le moment de leur chute naturelle est moins dommageable. On peut se rendre compte aussi de tout ce que demande au sol une culture qui utilise les jeunes feuilles des arbres, comme c'est le cas pour celle du mûrier.

Les feuilles ne restituent pas aussi complétement au sol qu'on l'avait cru pendant longtemps les corps qu'elles lui ont empruntés pour se constituer; cette restitution est rendue moins nécessaire par la résorption de ces substances dans le corps de l'arbre.

Les feuilles sont par suite un médiocre engrais agricole; mais leur enlèvement, cette plaie de la sylviculture allemande, heureusement à peu près inconnue en France, cause un très-grand dommage au sol forestier. Non-seulement il se trouve privé de cette couverture si utile à la formation de la terre végétale, de ces matières organiques noires, réservoir et véhicule des substances assimilables[1], mais encore

---

1. Cf. Recherches sur le rôle des matières organiques du sol.

les quantités d'azote, de principes constitutifs des cendres qui lui sont ainsi soustraites, n'en constituent pas moins une perte considérable qu'il lui est souvent fort difficile de réparer. Pour certains corps, la chaux par exemple, la quantité enlevée peut même être énorme, comparée surtout à ce qu'en renferme le sol. Les feuilles des différents arbres restituent des quantités fort différentes d'azote et de cendres; celles du robinier, du hêtre par exemple, beaucoup plus que celles du bouleau ou du pin sylvestre.

Les exigences différentes des arbres montrent que, si la culture forestière s'accommode mieux que l'agriculture de sols médicores, il est des essences demandant à la terre qui les porte une certaine richesse en principes assimilables; des propriétés physiques très-favorables ne leur suffiraient pas.

Résumant notre travail, nous pensons que l'on peut formuler les propositions suivantes:

1° De l'époque d'épanouissement des bourgeons au moment de leur chute les feuilles des arbres s'enrichissent en substance sèche.

2° Elles perdent une partie de leur azote qui est résorbé; la proportion des cendres s'accroît.

3° La proportion d'acide phosphorique, d'acide sulfurique et de potasse diminue dans les cendres.

4° Celle de la chaux, du fer et de la silice augmente.

5° Il est impossible d'établir une loi pour la magnésie, la soude et le manganèse.

6° Les feuilles d'arbres d'espèces différentes exigent des quantités d'eau à peu près égales pour se constituer.

7° Elles demandent des quantités inégales d'azote et surtout de principes minéraux.

8° Les proportions des éléments des cendres varient d'espèce à autre.

9° Des trois dernières propositions résulte que certains arbres demandent beaucoup plus au sol que d'autres,

10° Les feuilles mortes constituent un médiocre engrais agricole, mais leur enlèvement est aussi funeste que possible pour les forêts.

QUATRIÈME MÉMOIRE

—

Recherches chimiques sur la composition des feuilles du pin noir d'Autriche

———

Nous avons exposé, dans le précédent Mémoire, nos recherches relatives à la composition chimique des feuilles des végétaux ligneux. Nous avons pu, entre autres résultats, montrer que de nos analyses et des travaux antérieurs sur le même sujet découlent des lois très-constantes, relatives à l'influence exercée par l'âge de ces organes sur leur composition. Les faits relatés dans ces Mémoires ne concernent que les arbres à feuillage caduc. Dans celui-ci, nous faisons une étude semblable sur un arbre à feuilles persistantes de la classe des conifères et nous pensons qu'elle pourra avoir quelque intérêt, d'autant plus que cette branche de la question a été plus imparfaitement étudiée encore que la première.

En effet, jusqu'à présent nous ne connaissons sur ce sujet qu'une analyse comparée des jeunes feuilles d'épicéa recueillies au mois de juin, et des aiguilles de la même espèce prélevées après leur chute, faite par M. R. Weber, à Aschaffenbourg, et une analyse de cendres de feuilles de pin sylvestre, faite par le Dr J. Schrœder, à Tharand [1]. Pour ce dernier travail la récolte des aiguilles a été faite au mois d'octobre, dans un jeune massif portant encore le feuillage de trois années ; le plus ancien toutefois, bien qu'encore adhérent aux rameaux, était complétement desséché. On peut remarquer que dans ces diverses recherches on n'a pas suivi la feuille pendant toute la durée de son évolution. Nous avons essayé d'arriver à des résultats plus rigoureux et surtout plus complets en faisant une série de récoltes depuis le printemps, avant le développement des bourgeons, jusqu'à la fin de l'automne, au moment de la suspension presque complète de la végétation. Afin aussi d'apporter la plus grande somme de documents nouveaux, nous avons choisi une espèce différente de celles qui ont servi aux travaux de nos prédécesseurs, et nous l'avons étudiée sur un sol fortement calcaire, MM. Weber et Schrœder ayant opéré sur des sols siliceux.

L'espèce dont nous avons recueilli les feuilles est le pin laricio, de la race connue sous le nom de *pin noir* ou *pin d'Autriche* (*Pinus laricio austriaca*, Endl.). La récolte a été faite comme les autres dans le bois de Champfétu. Elle a eu lieu au canton du Bas-du-Cellier, à l'endroit dont nous avons analysé le sol. (Voir premier Mémoire, p. 29.)

La récolte des feuilles a été faite du printemps à l'automne de 1875 sur des sujets provenant de plantations et âgés de 15 ans environ, en massif peu serré, de telle sorte que toutes leurs feuilles, même les plus inférieures, reçoivent en général une lumière très-suffisante pour l'accomplissement de leurs fonctions. Les arbres, très-vigou-

---

1. Les résultats de ces analyses sont reproduits dans EBERMAYER, *Die gesammte Lehre der Waldstreu.* Berlin, 1876.

reux, n'ont point encore fructifié. On a recueilli les feuilles sur plusieurs individus, afin de se placer dans des conditions aussi moyennes que possible ; les mêmes sujets ont servi pour toutes les récoltes. Les feuilles ont été prises exclusivement sur des rameaux : on n'a fait d'exception que pour les feuilles de quatre ans, à cause de leur nombre beaucoup plus faible. Les feuilles ont été récoltées en totalité avec le petit axe qui les porte et la gaîne qui en enveloppe la base.

Nous allons donner les époques de récolte en décrivant pour chacune d'elles l'état du végétal et spécialement celui des feuilles.

3-4 mai 1875. — Le temps a été sec le premier jour ; pendant la nuit il est tombé une pluie très-légère, à peine équivalente d'une rosée. On a attendu que les feuilles fussent parfaitement sèches avant de continuer la récolte. Les bourgeons ne se sont point encore développés pour donner de nouvelles pousses, mais ils commencent à s'allonger : un des plus grands atteint une longueur de 2 centimètres. La pousse de l'année dernière est en général plus courte que la précédente. On trouve encore sur les arbres les feuilles de quatre années. Celles d'un an (1874) sont plus courtes que les autres, elles n'atteignent guère que 7 centimètres en moyenne ; elles sont d'un beau vert. Celles de deux ans (1873), longues de 85 millimètres en moyenne, sont encore belles, mais d'un vert moins vif. Celles de trois ans (1872), longues de 9 centimètres en moyenne, commencent à jaunir, à se piquer de brun et quelquefois à tomber. Celles de quatre ans (1871) sont en très-grande partie tombées ; elles sont ou sèches ou d'un vert tournant fortement au jaune ou même au brun.

26-28 *juin*. — La récolte a été faite presque exclusivement le 28 juin. Les feuilles de quatre ans (1871) sont presque toutes tombées; il en reste exceptionnellement sur quelques arbres. Celles de trois ans (1872) commencent à sécher et à tomber, souvent en assez grande quantité; dans tous les cas, elles sont d'un vert sale, piquées de brun. Celles de deux ans (1873) et d'un an (1874) sont encore belles. Les feuilles de l'année sont déjà bien vertes, plus claires cependant que celles de l'année dernière, surtout à leur base et vers l'extrémité de la pousse. Elles sont déjà vulnérantes, mais leur pointe est jaunâtre, tandis qu'elle est brunâtre chez les plus âgées. Les écailles qui remplacent les feuilles normales ne sont pas persistantes. Ces jeunes feuilles n'ont point encore leur longueur; à la base de la pousse elles atteignent 53 millimètres, au sommet 38 seulement. Elles sont encore serrées l'une contre l'autre et rapprochées de la pousse; celle-ci paraît avoir atteint à peu près sa longueur normale; le bourgeon terminal est formé et bien constitué, ceux qui l'entourent sont petits. Si l'on prend en considération le poids des feuilles, on voit que ce sont les feuilles d'un an (1874) et de deux ans (1873) qui l'emportent de beaucoup.

4-6 *septembre*. — Temps beau et sec, il n'est pas tombé d'eau depuis le 29 août. Les feuilles de l'année ont atteint leur longueur normale, 74 à 78 millimètres, exceptionnellement 98; elles sont bien vertes, vulnérantes, mais à un moindre degré que les anciennes; celles d'un an sont belles, un peu moins vertes que les précédentes. Celles de deux ans (1873), à peu près dans le même état, sont d'un vert encore un peu moins pur; celles de trois ans

(1872) sont en partie tombées, encore assez abondantes; elles sont un peu jaunes, piquées de brun lorsqu'elles ne sont pas absolument desséchées. Quant aux feuilles de quatre ans (1871), elles sont devenues très-rares. Les pousses ont déjà une forte consistance; les bourgeons sont tous bien formés.

22-23 *octobre*. — Le premier jour a été très-beau; il avait été précédé de deux journées semblables succédant à un temps pluvieux. Les feuilles destinées au dosage de l'eau et de l'azote ont été prélevées sur la récolte de ce jour. On a dû toutefois ajouter à celles de trois ans (1872) 100 grammes de feuilles recueillies le 23. La matinée de ce dernier jour a été pluvieuse, on n'a commencé la récolte qu'après cessation de la pluie et égouttement à peu près complet des arbres. Les pousses de l'année présentent une rigidité à peu près aussi forte que celles de l'année dernière. Les feuilles de l'année sont d'un vert aussi foncé que celles de 1874, elles sont sensiblement aussi rigides. Celles de deux ans (1873) sont encore bien vertes, parfois tachées; exceptionnellement elles commencent à sécher. Les feuilles de trois ans (1872) sont généralement jaunes ou d'un brun-rouge, tantôt complétement sèches, tantôt en voie de le devenir; dans tous les cas, elles sont très-tachées, les feuilles non encore sèches sont confusément mêlées avec les autres.

Nous aurions voulu indiquer, ainsi que nous l'avons fait pour les végétaux à feuilles caduques, la répartition de l'amidon dans les aiguilles du pin d'Autriche aux différentes époques de récolte, mais nous n'aurions pu employer pour l'étudier que des feuilles desséchées; or, tout le monde sait combien la dessiccation des feuilles des conifères est lente, même en été, et les recherches de plusieurs physiologistes, de **M. E. Mer**[1] notamment, ont démontré que dans de semblables conditions les feuilles perdent une partie notable de leur amidon, quelquefois même la totalité. Toutefois nous nous sommes livrés antérieurement à des recherches assez nombreuses sur la distribution de l'amidon aux diverses époques de l'année chez les conifères. Nos résultats, en ce qui concerne les espèces à feuillage persistant, et particulièrement le pin d'Autriche, sont généralement d'accord avec ceux des autres physiologistes qui se sont occupés de la question[2]. Voici ce qu'ils nous apprennent. L'amidon fait complétement défaut dans les feuilles pendant l'hiver. On le voit apparaître au printemps, généralement vers la moitié de mars sous le climat de Paris; il augmente en quantité jusqu'au moment où commence le développement des bourgeons; les feuilles en sont alors gorgées; à mesure que les jeunes pousses s'accroissent et que la nouvelle couche de bois commence à se former, la quantité en diminue, lentement d'abord, puis assez activement sans qu'il disparaisse jamais complétement. Lorsque les jeunes pousses sont complétement constituées, vers le milieu ou la fin de l'été, l'amidon redevient plus abondant dans les feuilles, puis la quantité en diminue et il finit par disparaître vers la fin d'octobre en général. Ce principe immédiat persiste très-longtemps dans les vieilles

---

1. E. Mer, *la Glycogénèse dans le règne végétal* (*Bull. Soc. bot.*, 1873, t. XX, p. 204).

2. Voir notamment E. Mer, divers Mémoires dans le *Bulletin de la Société botanique de France*, et Willkomm, *Die mikroskopischen Feinde des Waldes.* Dresden, 1866.

feuilles, et l'on en trouve généralement des traces encore importantes, même dans ceux de ces organes qui, jaunis, sont sur le point de tomber. Dans les jeunes feuilles, l'amidon apparaît de très-bonne heure, dès que la chlorophylle est bien constituée, mais d'abord en petite quantité et surtout dans les cellules des stomates. Il devient abondant seulement lorsque la feuille a atteint toute sa taille et a commencé à prendre sa teinte et sa rigidité normales, au moment où ce corps commence aussi à se déposer en quantité notable dans les feuilles des années précédentes. Il disparaît dans les unes et dans les autres à la même époque, vers la fin d'octobre, comme nous le disons plus haut.

Nous avons recherché, pour les feuilles de chaque année et pour chaque récolte, la teneur en eau et principes volatils, le taux des cendres, celui de l'azote; les résultats de ces déterminations sont consignés dans le tableau ci-après. Le taux des cendres a été déduit du poids de la matière desséchée à 100 degrés; celui de l'azote, du poids des feuilles soumises seulement à une dessiccation à l'air libre. Chez les végétaux à feuilles caduques étudiés dans notre précédent Mémoire, les principes volatils étaient assez peu abondants pour pouvoir être négligés. On a considéré, par suite, comme étant de l'eau tout ce que les feuilles ont perdu par la dessiccation; chez les pins il n'en est pas de même, la térébenthine qui existe en abondance, disparaît en grande partie par évaporation. Nous avons dû par suite, à raison des conditions dans lesquelles nous étions placés, évaluer en bloc la teneur en eau et térébenthine, celle-ci entrant, pour une part qui n'est pas négligeable, dans le chiffre total. Nous estimons toutefois que les chiffres fournis par nous, s'ils ne donnent pas la teneur absolue en eau, permettent de se faire une idée très-juste de l'importance relative de ce liquide dans la constitution des feuilles suivant leur âge. La térébenthine, en effet, y est toujours en quantité beaucoup moindre que lui ; elle doit en outre y être soumise à des variations assez faibles.

Les chiffres inscrits dans la seconde ligne horizontale indiquent les années dans lesquelles ont été produites les feuilles de chaque catégorie.

Le taux des cendres brutes a été pris par rapport à la substance sèche, comme il a été dit plus haut. Les cendres sont réputées pures lorsqu'elles sont débarrassées de l'acide carbonique et du sable.

Les chiffres inscrits dans la ligne horizontale, intitulée *acide carbonique,* représentent les quantités centésimales de cette substance contenues dans les cendres brutes.

Les cendres pures ont été soumises à une analyse centésimale dont le tableau suivant donne les résultats. Le manganèse n'a pas été séparé de la magnésie, parce que les quantités en ont été jugées complétement insignifiantes.

Nous allons examiner quels enseignements ressortent des tableaux d'analyses (voir pages 106 et 107) ; nous comparerons ensuite les résultats obtenus aux faits déjà connus relativement au pin sylvestre, puis nous rapprocherons la composition des feuilles persistantes des conifères de celle des feuilles caduques des végétaux angiospermes (bois feuillus des forestiers).

L'eau entre toujours pour une part très-considérable dans la constitution des aiguilles du pin d'Autriche ; elle y subit toutefois des variations remarquables. En quantité sensiblement constante pendant la presque totalité de la première saison de végétation, elle subit une forte diminution à la fin d'octobre. Elle reste ensuite, à peu de chose près, stationnaire pendant la seconde et la troisième année, pour subir une nouvelle diminution au commencement de la quatrième année; enfin, au moment de leur chute, les feuilles deviennent plus sèches qu'à toute autre époque de leur existence, puisqu'elles ne contiennent plus guère que les six dixièmes environ de l'eau qu'elles renfermaient pendant leur développement.

L'azote diminue depuis la jeunesse de la feuille jusqu'à son dépérissement. Pendant la première saison de végétation, la teneur en reste sensiblement constante. Le taux de cette substance devient un peu moins abondant, mais sans suivre une décroissance bien régulière pendant la seconde et la troisième année. C'est seulement au commencement de la quatrième année que la teneur en azote diminue notablement pour s'abaisser encore fortement jusqu'à l'époque de la chute, où les feuilles n'en renferment plus que moitié au plus de ce qu'elles en contenaient pendant la première année. Cette substance est évidemment résorbée par le végétal pour être emmagasinée par lui dans sa réserve alimentaire ou employée immédiatement à la constitution de nouveaux tissus. Il importe de remarquer toutefois que l'augmentation dans la proportion de matière sèche de la feuille vient notablement atténuer cette résorption.

Le tableau I donne la teneur des feuilles en eau, cendres et azote. Le tableau II, la composition des cendres des feuilles.

TABLEAU I.

ANALYSE DES FEUILLES

TENEUR DES FEUILLES en eau, térébenthine, cendres, azote et acide carbonique.	DE L'ANNÉE. 1875.				D'UN AN. 1874.				DE DEUX ANS. 1873.				DE TROIS ANS. 1872.				DE QUATRE ANS. 1871.			
	3-4 mai.	26-28 juin.	4-6 sept.	22-23 octobre.	3-4 mai.	26-28 juin.	4-6 sept.	22-23 octobre.	3-4 mai.	26-28 juin.	4-6 sept.	22-23 octobre.	3-4 mai.	26-28 juin.	4-6 sept.	22-23 octobre.	3-4 mai.	26-28 juin.	4-6 sept.	22-23 octobre.
	I.	II.	III.	IV.	V.	VI.	VII.	VIII.	IX.	X.	XI.	XII.	XIII.	XIV.	XV.	XVI.	XVII.	XVIII.	XIX.	XX.
Eau et térébenthine p. 100.	»	70.61	71.70	57.58	55.10	58.48	60.66	58.93	53.80	55.29	58.40	57.57	49.80	50.69	55.31	44.47	40.00	»	»	»
Cendres brutes p. 100.	»	1.73	2.05	2.25	2.22	2.32	2.90	2.87	3.42	3.00	3.66	3.33	4.10	3.17	4.90	4.72	6.13	»	»	»
Cendres pures p. 100.	»	1.63	1.84	1.91	1.81	1.85	2.16	2.30	2.72	2.30	2.86	2.59	3.12	2.62	3.82	3.28	4.55	»	»	»
Azote p. 100.	»	1.20	1.11	1.33	2.13	1.02	0.94	1.11	1.04	0.98	0.85	1.02	0.78	0.71	0.49	0.53	0.61	»	»	»
Acide carbonique.	»	4.92	10.00	13.97	15.51	19.42	25.27	19.28	20.51	23.23	21.88	22.14	23.78	21.56	21.94	29.77	25.00	»	»	»

TABLEAU II.

CENDRES DES FEUILLES

PRINCIPES CONSTITUANTS DES CENDRES.	DE L'ANNÉE. 1875.				D'UN AN. 1874.				DE DEUX ANS. 1873.				DE TROIS ANS. 1872.				DE QUATRE ANS. 1871.			
	3-4 mai.	26-28 juin.	4-6 sept.	22-23 octobre.	3-4 mai.	26-28 juin.	4-6 sept.	22-23 octobre.	3-4 mai.	26-28 juin.	4-6 sept.	22-23 octobre.	3-4 mai.	26-28 juin.	4-6 sept.	22-23 octobre.	3-4 mai.	26-28 juin.	4-6 sept.	22-23 octobre.
	I.	II.	III.	IV.	V.	VI.	VII.	VIII.	IX.	X.	XI.	XII.	XIII.	XIV.	XV.	XVI.	XVII.	XVIII.	XIX.	XX.
Acide phosphorique.	»	27.89	11.99	14.15	14.39	10.88	8.28	13.12	8.73	9.50	11.63	10.12	7.19	8.95	10.24	10.51	ç94	»	»	»
Sesquioxyde de fer.	»	1.84	1.09	1.38	1.84	1.60	1.86	1.07	1.94	1.19	2.22	1.43	0.72	2.24	1.95	0.68	1.98	»	»	»
Chaux.	»	15.53	27.52	44.79	53.50	55.15	60.66	56.99	53.40	63.89	60.38	61.73	64.74	63.43	63.37	70.47	69.32	»	»	»
Magnésie et oxyde de manganèse.	»	18.42	25.89	6.48	6.27	9.43	8.28	5.81	9.71	11.87	9.70	10.86	9.36	16.79	14.62	11.18	8.91	»	»	»
Potasse.	»	26.32	20.16	19.05	10.70	12.77	9.52	11.40	12.62	3.33	6.09	3.95	5.03	Traces	Traces	Traces	1.98	»	»	»
Soude.	»	3.68	3.27	3.73	2.58	1.45	1.45	1.72	3.88	1.66	1.11	1.74	3.59	Traces	Traces	Traces	Traces	»	»	»
Acide sulfurique.	»	5.00	6.27	5.70	7.01	4.79	4.57	5.59	7.76	5.23	4.99	5.18	7.19	4.85	3.48	3.80	7.42	»	»	»
Acide silicique.	»	1.32	3.81	2.95	3.71	2.61	3.93	3.23	1.94	3.33	3.88	4.94	2.19	3.74	6.34	3.36	4.45	»	»	»
Chlore.	»	n. dosé	n. dosé	1.77	n. dosé	1.32	1.45	1.07	n. dosé	n. dosé	n. dosé	n. dosé	n. dosé	n. dosé	Traces	Traces	n. dosé	»	»	»
Totaux.	»	100	100	100	100	100	100	100	100	100	100	100	100	100	100	100	100	»	»	»

Les cendres suivent une marche inverse de celle de l'eau et de l'azote; elles augmentent fortement de la naissance de la feuille à sa chute, et cela d'une façon assez constante et régulière pour un même poids de matière sèche. Au moment où elles tombent, les feuilles de pin d'Autriche peuvent contenir 2.79, autant de cendres pures que pendant leur développement (comparer les colonnes II et XVII du premier tableau).

Les teneurs des cendres brutes en acide carbonique prouvent aussi qu'à l'origine les bases sont en grande partie unies à des acides inorganiques, tandis que plus tard les acides organiques (détruits par la combustion) dominent de plus en plus.

Si nous examinons les résultats fournis par l'analyse des cendres, tels qu'ils sont présentés dans le tableau II, nous voyons que les corps dont elles se composent peuvent se grouper en trois catégories. Ceux dont la proportion diminue depuis le développement de la feuille jusqu'à sa chute; ceux pour lesquels on constate une augmentation; ceux enfin dans la répartition desquels il est impossible de saisir aucune loi.

Ces derniers comprennent le chlore, la soude, la magnésie et le sesquioxyde de fer. On sait combien il est douteux que le chlore et la soude jouent un rôle physiologique chez les végétaux autres que ceux spéciaux à la flore des terrains salants. Le pin d'Autriche ne contredit en rien cette manière de voir. La magnésie, bien qu'on ne puisse encore s'expliquer son rôle, est certainement nécessaire aux végétaux. La teneur assez forte des cendres que nous étudions, en ce principe, prouve une fois de plus son utilité; il est même à remarquer qu'il est fort abondant pendant presque toute la première saison de végétation de la feuille, puisqu'il forme 20 à 25 p. 100 du poids total des cendres, et qu'il reste ensuite en proportion assez constante pour un même poids de matière sèche, avec tendance assez marquée à se relever. Quant au fer, il appartient à peine à cette catégorie; en réalité la quantité fixée par les feuilles augmente, surtout si l'on tient compte de l'accroissement en matière sèche.

Les corps dont la quantité diminue de l'époque du développement des feuilles à celle de leur mort sont l'acide phosphorique, l'acide sulfurique et la potasse. On sait, sans qu'il soit utile d'entrer dans aucun détail, combien ces corps sont importants pour la végétation.

Le phosphore et le soufre ayant des relations intimes avec l'azote pour la constitution des matières albuminoïdes, il n'est pas étonnant de voir l'acide phosphorique et l'acide sulfurique varier à peu près suivant la même loi que cet élément. Si le fait est un peu moins évident pour l'acide sulfurique, c'est que le soufre peut disparaître en partie sous forme de produits volatils, pendant la combustion. De légères différences dans la façon dont se fait l'incinération peuvent se traduire par des variations assez notables dans la quantité d'acide sulfurique trouvée dans les cendres. C'est même très-certainement à une cause de ce genre qu'il faut attribuer, au moins en partie, la teneur, au premier abord anormale, constatée pour ce corps, dans la colonne XVII du second tableau.

Quant à l'acide phosphorique, très-abondant d'abord, puisqu'il forme plus du quart du poids total des cendres, il diminue brusquement dès le commencement de l'automne, puis il reste assez stationnaire, à quelques variations près, pour se résorber ensuite en grande partie avant la chute des feuilles, celles-ci en contenant cependant toujours une proportion assez notable : 6 p. 100 environ du poids de leurs cendres.

La potasse joue primitivement avec l'acide phosphorique le rôle le plus important dans la constitution des cendres, puisqu'elle forme plus du quart de leur poids total. Elle diminue un peu lorsque la feuille a atteint tout son développement, mais elle reste assez stationnaire pendant toute la première année. Au début de la seconde, la teneur baisse de moitié, pour rester de nouveau à peu près semblable jusqu'au milieu de la troisième année, elle baisse alors beaucoup et, dès le milieu de la quatrième année, il n'en reste plus que des traces. Étant donné le rôle si important de la potasse dans l'assimilation, il résulte de ce qui vient d'être exposé que cette fonction n'a toute son activité que pendant la première année de la feuille, qu'elle se ralentit singulièrement dès le commencement de la seconde, et que, pendant la troisième et la quatrième, elle commence à devenir à peu près nulle, pour arriver à cesser presque complétement. La fécule qui se rencontre encore en abondance dans les feuilles à cet âge, surtout au commencement du printemps, n'y est certainement pas, pour la plus grande partie au moins, formée sur place : elle vient s'y accumuler comme dans les tissus de réserve de la tige.

Les corps dont la quantité augmente de l'époque du développement des feuilles à celle de leur mort sont la silice et la chaux.

Le premier n'est jamais très-abondant; il augmente, mais d'une façon un peu irrégulière, et tout confirme ici encore son rôle de simple incrustant des tissus.

Quant à la chaux, elle a certainement une grande importance physiologique dès le début, puisque les cendres en contiennent environ un sixième de leur poids. La proportion augmente ensuite très-régulièrement pour arriver, au moment de la chute des feuilles, au taux énorme de 70 p. 100 environ. Cette marche est, comme toujours, assez exactement inverse de celle de la potasse; cependant on peut remarquer ce fait intéressant, que pendant la première année (période d'activité de la feuille), une forte proportion de chaux ne fait pas obstacle à la présence d'une quantité considérable de potasse. Ce phénomène, contraire à ce qui s'observe chez les espèces silicicoles ou mieux calcifuges, explique comment le pin d'Autriche croît parfaitement sur des sols riches en chaux, qui sont très-défavorables pour d'autres arbres, le pin maritime par exemple. L'augmentation de la teneur en chaux, de l'origine à la mort de la feuille, prouve une fois de plus que cette base sert au moins en partie à neutraliser les acides nuisibles à la végétation et à incruster les tissus.

Si nous comparons nos résultats avec ceux consignés dans l'ouvrage d'Ebermayer, que nous avons cité plus haut, et particulièrement aux analyses de feuilles de pin sylvestre, faites par Schrœder à Tharand[1], nous voyons qu'ils sont généralement concordants : il n'est pas jusqu'à cette singulière teneur en acide sulfurique consignée dans la colonne XVII de notre second tableau qui n'y trouve sa confirmation. Cependant il est quelques points sur lesquels il y a des différences qui méritent d'attirer l'attention : elles tiennent à la nature des espèces, et

---

1. Ebermayer, ouvrage cité, p. 19.

avant tout aux sols sur lesquels elles ont végété, Schrœder ayant opéré, croyons-nous, en sol siliceux. Ainsi la proportion des cendres est moindre chez la feuille du pin sylvestre, surtout au terme de son existence. La teneur en chaux, bien que suivant chez le pin sylvestre la même marche que chez le pin d'Autriche, n'atteint pas cependant chez la feuille morte le taux énorme que nous avons constaté chez ce dernier : elle ne dépasse pas 28 p. 100. La potasse, au contraire, ne disparaît pas aussi complétement; le fer augmente très-régulièrement, ce qui confirme l'observation, déjà faite par nous et consignée dans nos précédents travaux, de l'obstacle apporté par un excès de chaux à l'absorption de ce corps. Enfin la silice est bien plus abondante dans les tissus de la feuille âgée du pin sylvestre, puisqu'elle peut dépasser 17 p. 100 du poids des cendres. Il est bon de noter aussi que, chez les pins étudiés par le Dr Schrœder, la feuille était morte au bout de trois ans.

La comparaison des résultats de notre étude sur le pin d'Autriche avec ceux que nous avons obtenus pour les angiospermes à feuilles caduques, et qui sont consignés dans le Mémoire rappelé au commencement de ce travail, montre que, dans l'ensemble, les phénomènes sont les mêmes de la naissance de la feuille à sa mort, qu'elle appartienne aux gymnospermes (conifères) ou aux angiospermes (bois feuillus), qu'elle vive plusieurs années ou une seule. Il y a cependant quelques particularités qui méritent d'être signalées. La feuille du pin d'Autriche est toujours plus sèche que celle des autres espèces étudiées par nous. Cette différence s'accentue à mesure que cet organe vieillit et surtout au moment de sa chute.

La proportion d'azote, moins forte à l'origine chez le pin d'Autriche, ne s'abaisse pas autant proportionnelle- ment que chez les bois à feuilles caduques. Ce fait est confirmé par Ebermayer pour le pin sylvestre, mais il ne paraît pas s'étendre aux autres conifères. Les pins, par suite, emprunteraient moins d'azote au sol et le lui res- titueraient plus complétement par leurs feuilles que les bois feuillus.

Le taux des cendres dans les feuilles est beaucoup plus faible chez les pins et en général chez les conifères que chez les autres arbres. Ce fait important, déjà signalé par Th. de Saussure[1] au commencement du siècle et con- firmé par toutes les analyses, est donc vrai aussi pour les espèces les plus franchement calcicoles. La seule diffé- rence apportée par la nature du sol sur lequel croît une espèce consiste dans l'augmentation constante de ce taux jusqu'à la mort de la feuille. Il peut alors atteindre une valeur égale à celle constatée chez le châtaignier, la plus pauvre des espèces étudiées par nous sur sol siliceux.

L'analyse quantitative des cendres ne révèle pas de bien grandes différences, et celles qui existent doivent tenir surtout à la nature du sol, ainsi que cela résulte des rapprochements que nous avons faits plus haut avec le pin sylvestre. Ainsi, chez les feuillus sur sol siliceux, on cons- tate l'augmentation plus régulière du fer, de la silice, la disparition moins complète de la potasse, peut-être aussi la proportion toujours notablement moins forte de l'acide phosphorique; mais en même temps quelques autres

---

1. TH. DE SAUSSURE, *Recherches chimiques sur la végétation*. Paris, 1804; p. 276.

différences, ne pouvant guère s'expliquer par le sol, semblent même être en contradiction avec lui. Ainsi, au début, les feuilles des angiospermes sur sol siliceux contiennent non-seulement plus de potasse que celles du pin d'Autriche sur sol calcaire, mais encore plus de chaux : le merisier, par exemple, en contient le double environ. Ainsi la potasse encore disparaît moins complétement de la feuille morte, même chez le robinier, qui contient cependant à ce moment 72 p. 100 de chaux, 2 p. 100 de plus que le pin d'Autriche. La présence d'une plus grande quantité d'acide phosphorique et aussi, semble-t-il, d'acide sulfurique dans les cendres du pin d'Autriche paraît, au premier abord, en contradiction avec la teneur moins forte en azote des feuilles de cette espèce. Cela s'explique, croyons-nous, par la faiblesse du taux total des cendres.

Au point de vue pratique, il résulte de notre travail quelques conséquences que nous croyons utile de mettre en lumière : nos recherches rendent parfaitement compte des faibles dommages causés par les insectes qui vivent exclusivement des vieilles aiguilles des pins ; elles expliquent les désastres occasionnés souvent par ceux qui s'attaquent aux aiguilles de tout âge ou même spécialement à celles de l'année.

L'enlèvement des feuilles n'est pas moins nuisible dans les pineraies que dans les autres forêts ; on retire au sol forestier, en le pratiquant, des quantités considérables non-seulement de corps constitutifs des cendres, mais encore d'azote. Les feuilles de pin d'Autriche en particulier ne peuvent d'ailleurs fournir à l'agriculture les sels de potasse qui lui sont si nécessaires.

Les faibles exigences des conifères en azote et surtout en cendres montrent combien est légitime l'emploi de ces végétaux pour le boisement des sols pauvres, indépendamment des autres raisons qui militent en leur faveur. Nos analyses montrent aussi pourquoi le pin d'Autriche convient parfaitement pour les sols calcaires. Ce serait une grande erreur en pareil cas de lui substituer des espèces moins bien organisées pour vivre dans ces sols, comme le pin sylvestre, ou même les redoutant, comme le pin maritime. Des essais de ce genre vont audevant d'un insuccès à peu près certain, sans qu'on puisse invoquer aucune bonne raison pour les tenter.

Résumant notre travail, nous espérons avoir démontré les propositions suivantes :

1° De l'époque d'épanouissement des bourgeons au moment de leur chute, les feuilles persistantes des conifères s'enrichissent en substance sèche.

2° Elles perdent une partie de leur azote qui est résorbé; la proportion des cendres s'accroît.

3° La proportion d'acide phosphorique, d'acide sulfurique et de potasse diminue dans les cendres.

4° Celle de la chaux, du fer et de la silice augmente.

5° Il nous est impossible d'établir une loi pour la magnésie, la soude et le fer [1].

6° L'assimilation, très-active chez les feuilles persistantes des conifères pendant leur première année, se ralentit beaucoup au début de leur seconde année, pour cesser ensuite à peu près complétement. Les feuilles

---

1. Relativement à ce dernier corps, la nature du sol où croît l'espèce étudiée a pu avoir de l'influence, et en général il doit plutôt rentrer dans la catégorie précédente.

doivent alors jouer un rôle fort analogue à celui des tissus de réserve des axes aériens et souterrains.

7° La nature chimique du sol a une influence considérable sur le taux des cendres des feuilles de conifères ainsi que sur leur composition, mais dans une moindre mesure, lorsque ces arbres sont en bon état de végétation.

8° Les feuilles persistantes des conifères se comportent à peu près comme les feuilles caduques des angiospermes (bois feuillus). Cependant elles sont toujours un peu plus sèches, moins riches en azote, au moins pendant leur période active, et beaucoup plus pauvres en cendres, la composition centésimale de celles-ci présentant, en outre, quelques différences.

9° L'enlèvement des feuilles mortes n'est pas moins nuisible dans les forêts de conifères que dans les autres.

10° Les conifères sont supérieurs à tous autres arbres pour le boisement des sols pauvres; le pin d'Autriche mérite la préférence lorsqu'il s'agit de boiser des terrains calcaires sous un climat qui permet seulement, parmi les conifères, l'emploi des pins.

P. FLICHE, L. GRANDEAU.

SUR LES EXIGENCES

DES

DIVERSES ESSENCES FORESTIÈRES

—

**Étude chimique
sur les essences principales de la forêt de Haye
et sur leurs cendres.**

———

On possède actuellement un grand nombre d'analyses de cendres de végétaux agricoles, faites en vue d'étudier l'épuisement du sol par chacun d'eux, leur préférence pour certains élements fertilisants et, par suite, la nature des principes qu'on doit apporter au sol, suivant lès récoltes qu'on en veut tirer. Dans les tables de Wolff (*Aschenanalysen von landwirthschaftlichen Producten, Fabrikabfällen und wildwachsenden Pflanzen*, von Dr Emil Wolff; Berlin, 1871), où il a recueilli toutes les analyses de cendres faites jusqu'à ce jour et méritant créance, on trouve à peine quelques chiffres se rapportant aux végétaux forestiers les plus importants.

Les analyses des plantes agricoles y sont, au contraire, assez nombreuses pour qu'on ait pu en déduire la composition moyenne de leurs cendres, et cela d'une façon très-suffisamment exacte, car leur composition varie assez peu pour une même espèce suivant les sols, grâce aux

*

engrais qu'on apporte généralement sur les terres et qui rendent constamment au sol ce que la plante lui enlève.

La composition des cendres des essences forestières est beaucoup plus dépendante de la nature chimique du sol, puisqu'on n'y a jamais apporté d'engrais et que les bois ont dû se contenter des principes minéraux contenus primitivement dans le sol et restitués en partie par la chute annuelle des feuilles et des fruits.

Or, comme les sols forestiers diffèrent extrêmement les uns des autres, il est très-intéressant de rechercher comment varient les principes minéraux, d'abord pour différentes essences croissant sur le même sol, ensuite pour ces mêmes essences végétant sur des sols différents. S'il est vrai, en effet, que les propriétés physiques du sol, telles que la profondeur, l'humidité, la perméabilité, etc., jouent le rôle prédominant dans la question de l'appropriation des essences aux sols, il est cependant des cas assez fréquents où la connaissance de ces qualités purement physiques ne suffit pas à faire prévoir la réussite ou l'insuccès de certaines espèces et où il faut avoir recours à la composition chimique du sol pour trouver la véritable explication du fait.

Ainsi tous les forestiers savaient que le pin maritime et le châtaignier réussissent très-bien sur les sols siliceux et point du tout sur les terrains calcaires ; mais on se bornait à constater le fait sans pouvoir l'expliquer. Ce sont les recherches de MM. Fliche et Grandeau sur la végétation de ces deux essences qui ont mis ce point en lumière.

Ils ont analysé des pins maritimes et des châtaigniers croissant sur des sols absolument identiques au point de vue des propriétés physiques, mais de composition chimique différente, qu'ils analysèrent aussi. Ils ont montré que la non-réussite du pin maritime et du châtaignier sur les sols calcaires était due non à l'absence de silice dans ces sols, comme tendrait à le faire croire le nom de *plantes silicicoles* qu'on leur a donné, mais bien à ce que la présence d'un excès de chaux dans le sol agit sur ces deux essences comme un véritable poison, en s'opposant à l'assimilation de la potasse en particulier, et par suite à la production de l'amidon (voir les Mémoires sur le châtaignier et sur le pin maritime).

Des faits de cet ordre ne peuvent être révélés que par l'analyse comparative des plantes et du sol qui les porte, et leur importance n'échappe aux yeux de personne. Ils font ressortir toute l'influence de la composition chimique du sol sur la végétation des différentes espèces et l'intérêt qu'il y a à poursuivre des recherches dans une voie à peine frayée. Sur ce point en effet, presque tout est encore à faire, parceque les analyses que nous possédons sont presque toujours incomplètes et ne peuvent dès lors servir de base à des déductions rigoureuses, soit qu'on n'ait pas tenu compte de la composition chimique du sol, soit qu'on n'ait pas comparé les cendres de feuilles et d'axes appartenant à la même espèce végétale, ou que, pour une même espèce, on ait recueilli les feuilles sur un point, les tiges sur un autre, soit que les méthodes employées n'aient pas été les mêmes partout ; en un mot, que les circonstances de la prise et de l'analyse des échantillons n'aient pas été suffisamment indiquées.

Ce sont ces considérations qui m'ont déterminé à entreprendre, dans le laboratoire et d'après les conseils de mon savant maître M. L. Grandeau, l'analyse du sol et des essences principales de la forêt de Haye.

La forêt de Haye, près Nancy, constitue un massif de 6,500 hectares qui repose sur l'oolithe inférieure. Ces bancs épais de calcaire fissuré sont recouverts par une couche plus ou moins épaisse d'argile. Sur une certaine partie de la forêt où cette couche est assez profonde, elle est mélangée de cailloux roulés, ce qui indique une origine diluvienne ; mais dans la partie où a été pris l'échantillon, cette couche est mince, sans cailloux, de hauteur uniforme, et semble provenir de la désagrégation de la roche sousjacente ; le carbonate de chaux aura été entraîné par les eaux, et les minéraux accessoires, plus insolubles, se seront déposés. Le sous-sol calcaire donne, en effet, à l'analyse, un résidu assez considérable qui renferme tous les éléments du sol superficiel. Celui-ci, quoique riche en acide phosphorique et en potasse, ne donne que des terres arables très-médiocres, à cause de son peu d'épaisseur et de la grande perméabilité du sous-sol. La végétation forestière est la seule qui convienne aux terrains de cette nature parce qu'elle entretient par son couvert l'humidité nécessaire et que les puissantes racines des arbres peuvent aller puiser leur nourriture dans les fissures à des profondeurs inaccessibles aux plantes agricoles en général.

C'est dans la parcelle M^3 de la série de Grande-Haye, canton de Croix-Mitta, représentant à peu près la végétation moyenne de la forêt, qu'on a recueilli le sol et les essences.

Avant de prendre l'échantillon de sol, on a débarrassé la surface des herbes, mousses, feuilles, etc. ; puis on a creusé un trou à parois aussi verticales que possible, en rejetant au dehors la terre qu'on extrayait de cette petite fosse. Quand elle a été bien nettoyée, on a enlevé par tranches, à la bêche, des couches verticales, en pratiquant un nombre suffisant de sections perpendiculaires pour extraire environ 5 à 6 kilogrammes de terre. On n'a prélevé de sol qu'à un endroit seulement, parce qu'il a sur toute la parcelle la même profondeur et qu'il est identique sous tous les rapports.

Le cube de terre a été enlevé sur une hauteur de $0^m,20$, mais la terre végétale n'a en réalité que $0^m,15$ de profondeur ; les cinq derniers centimètres sont formés de fragments de pierre plus ou moins gros, dont les intervalles sont remplis par l'argile. Au-dessous, c'est-à-dire à $0^m,20$, on trouve déjà la roche calcaire en place, mais très-fissurée, de façon que les racines peuvent s'y enfoncer profondément et s'y nourrir.

On n'a analysé que la couche supérieure, le sous-sol étant du calcaire à peu près pur.

Après quatre jours de dessiccation à l'air libre, on trouve dans $5^l,750$ de terre prise jusqu'à $0^m,20$, $3^k,836$, soit 62.4 p. 100 de terre fine obtenue par le passage au tamis de 1 millimètre de section; $2^k,253$, soit 36.6 p. 100 de pierres calcaires ; $0^k,067$, soit 1.1 p. 100 de débris de racines. Total, $6^k,156$.

1 litre de sol pèse donc $1^k,070$.

Le litre de terre fine desséchée à l'air pèse $1^k,005$.

L'analyse mécanique de cette couche superficielle de $0^m,15$ à $0^m,20$ a été faite d'après la méthode imaginée par M. Schlœsing[1], qui permet seule de séparer le sable

---

1. Voir *Traité d'analyse des matières agricoles*, par M. L. GRANDEAU, in-8°. Librairie agricole et Berger-Levrault et Cie. Paris, 1877.

de l'argile. Elle est fondée sur la propriété qu'a l'argile de rester indéfiniment en suspension dans l'eau *distillée*, tandis qu'elle se coagule et se dépose par l'addition de faibles quantités de sel calcaire.

Cette analyse a donné les résultats suivants :

Eau.	22.200
Débris organiques.	3.240
Sable.	42.840
Argile.	28.830
Matière noire.	0.550
Matière enlevée à froid par l'eau acidulée.	2.220
	99.880

Par débris organiques, il faut entendre les racines et détritus végétaux de toutes sortes ; ils ont été séparés du sable et pesés.

La matière noire n'est autre chose que la matière organique appelée généralement *humus,* c'est-à-dire celle qui se trouve en combinaison avec la chaux principalement et les autres bases des sols. M. L. Grandeau a montré qu'elle était pour la plante le principal véhicule des aliments minéraux, et que la fertilité d'un sol pouvait se mesurer, toutes choses égales d'ailleurs, par le rapport existant entre la quantité d'acide phosphorique total et la quantité d'acide phosphorique engagé en combinaison avec la matière organique[1]. Il est donc important de doser cette matière noire.

Quant aux principes enlevés à froid par l'eau acidulée, ils se subdivisent ainsi :

---

1. Voir le Mémoire sur le rôle des matières organiques du sol.

Sesquioxyde de fer et alumine. 1.33
Acide phosphorique 0.06
Chaux 0.45
Magnésie 0.08
Potasse 0.13
Soude 0.17
                                         ———
                                         2.22

La méthode suivie dans l'analyse chimique consiste à attaquer à chaud 100 grammes de terre fine par de l'acide nitrique pur et concentré, à déterminer le résidu insoluble dans l'acide, et, dans la liqueur, à doser les éléments dissous.

On a précipité ensemble le fer et l'alumine par l'ammoniaque. La chaux a été séparée à l'état d'oxalate de chaux et pesée après la transformation de ce dernier en chaux vive. La magnésie a été dosée à l'état de magnésie caustique, et les sels alcalins, pesés à l'état de chlorures, ont été séparés à l'aide du bichlorure de platine. L'acide phosphorique a été séparé par le molybdate d'ammoniaque et dosé sous forme de phosphate ammoniaco-magnésien.

On a déterminé l'acide sulfurique avec le nitrate de baryte, le chlore avec le nitrate d'argent, et l'acide carbonique par une pesée directe.

L'eau a été obtenue par dessiccation à 110 degrés et la matière organique par incinération; seulement, avant de peser après l'incinération, on ajoutait un peu de carbonate d'ammoniaque destiné à régénérer les carbonates de chaux et de magnésie qui auraient pu être décomposés; malgré cette précaution, le taux de matières combustibles doit être regardé comme un maximum, parce que toute l'eau du sol n'est pas chassée à 110 degrés.

L'attaque de la terre par l'acide nitrique était effectuée au bain de sable, dont on élevait graduellement la température jusqu'à l'ébullition de l'acide; on la continuait jusqu'à cessation des vapeurs nitreuses dues à la réaction de la matière organique sur l'acide.

L'analyse chimique a fourni les résultats suivants :

Eau volatile à 110 degrés	22.200
Matières organiques	12.800
Alumine et sesquioxyde de fer	10.900
Chaux	0.600
Magnésie	0.356
Manganèse (sesquioxyde)	0.220
Potasse	0.248
Soude	0.160
Acide phosphorique	0.180
Acide sulfurique	0.248
Chlore	traces.
Acide carbonique	0.270
Résidu insoluble	52.420
	100.612

Quant à l'azote combiné aux matières organiques, il a été déterminé par la chaux sodée dans le sol desséché à l'air libre. On a trouvé 0.25 p. 100 d'azote organique.

Il est remarquable que la chaux existe en si faible quantité dans le sol quand le sous-sol est complétement calcaire.

L'analyse mécanique montre que le sol de cette parcelle est très-fortement argileux (29 p. 100 d'argile), et l'analyse chimique, qu'il renferme beaucoup de fer, comme l'indique sa coloration; c'est ce qui explique pourquoi on a trouvé dans les cendres notablement plus de fer que n'en indiquent les analyses insérées dans le recueil de Wolff.

Quant aux autres principes, leur teneur ne s'éloigne pas beaucoup des nombres trouvés par M. L. Grandeau pour la plupart des sols forestiers qu'il a analysés (voir plus loin : *Recherches sur le rôle des matières organiques du sol dans les phénomènes de la nutrition*).

Les chiffres relatifs à la potasse et à l'acide phosphorique sont même plus élevés que dans mainte forêt où la végétation est beaucoup plus belle et plus vigoureuse.

Ainsi le poids de la couche de $0^m,15$ de profondeur étant à l'hectare de 1,507 tonnes, le poids de l'acide phosphorique total sur cette couche est de 2,700 kilogrammes, tandis que la moyenne trouvée pour 13 sols forestiers (voir Mémoire précité) n'a été que de 2,212 kilogrammes. La forêt de Villers-Cotterets qui, comme celle de Haye, est peuplée surtout en hêtres et renferme les plus beaux massifs de France, ne contient que 1,035 kilogrammes d'acide phosphorique à l'hectare sur une couche de $0^m,15$ de profondeur; la forêt de Compiègne, 1,120 kilogrammes seulement. La grande différence qu'on constate entre la végétation luxuriante du hêtre dans ces deux forêts et ses dimensions médiocres, surtout comme hauteur, dans la forêt de Haye, tient donc probablement surtout aux propriétés physiques du terrain, principalement à la profondeur et à l'humidité; car le sol de la forêt de Haye, un peu plus pauvre, il est vrai, en matière noire, contient encore deux fois plus de potasse que celui de Compiègne, trois fois plus que celui de Villers-Cotterets.

Le sol et les essences ont été prélevés le 16 juin 1875 dans la parcelle M^3 de la série de Grande-Haye. Cette parcelle est située à peu près au point culminant de la forêt, à 380 mètres d'altitude environ, sur le grand plateau qui supporte la majeure partie de ce massif boisé de 6,500 hectares, et dont les bords sont entaillés par de petites vallées à pente roide.

Elle a été exploitée pour la dernière fois en taillis, en 1838; le peuplement est donc âgé de trente-sept ans; il a été éclairci en 1863 et en 1873. C'est un perchis complet presque pur en charmes, avec peu de réserves. La végétation est médiocre et représente à peine sous ce rapport la moyenne de la forêt.

Il faut en rechercher la cause dans le peu de profondeur du sol et dans les nombreuses fissures du banc calcaire sous-jacent qui permettent la prompte infiltration des eaux et facilitent le desséchement de la surface.

Le peuplement est uniforme, et les arbres désignés pour l'analyse ont été pris, autant que possible, dans les mêmes conditions de végétation, c'est-à-dire qu'on a choisi ceux qui avaient pu croître librement, sans être dominés, qui présentaient une surface de feuillage en rapport avec leur diamètre et qui avaient toutes les apparences d'une végétation vigoureuse. Il eût été bon de prendre des tiges d'un même diamètre afin de se placer toujours dans les mêmes conditions; mais ce desideratum n'a pu être complétement rempli, à cause de la rareté de certaines essences dans la parcelle et de l'obligation où on était de les prendre près du lieu où on avait prélevé la terre.

Les analyses ont porté sur les onze essences les plus importantes de celles qui croissent spontanément dans la forêt de Haye. Ce sont:

1° Le hêtre commun (*Fagus sylvatica*); 2° le chêne rouvre (*Quercus robur*); 3° le charme commun (*Carpinus betulus*); 4° le coudrier (*Corylus avellana*); 5° le frêne commun

(*Fraxinus excelsior*); 6° l'orme de montagne (*Ulmus montana*); 7° l'érable champêtre (*Acer campestre*); 8° l'alisier torminal (*Sorbus torminalis*); 9° le cerisier merisier (*Cerasus avium*); 10° le pommier sauvage (*Malus acerba*); 11° le tremble (*Populus tremula*).

Les tiges ont été soigneusement coupées rez de terre et débitées en billes de 2 mètres jusqu'à $0^m,05$ et $0^m,06$ de diamètre; elles ont été comptées comme tiges jusqu'à cette dimension et pesées fraîches. On a pesé aussi les branches garnies de leurs feuilles, puis les branches sans leurs feuilles, et on a ainsi obtenu le poids frais des branches et des feuilles.

Pour obtenir le rapport en poids du bois vert à l'écorce verte, on a détaché de la plus grosse bille un morceau de $0^m,50$ de longueur à partir de $1^m,50$ du pied et on a pesé le bois et l'écorce.

En les desséchant à l'étuve, ainsi qu'un échantillon de branches et de feuillage, jusqu'à ce que deux pesées consécutives accusent le même poids, on obtient la proportion d'eau existant dans la tige, l'écorce, les branches et les feuilles. Par *tige* nous entendons le bois recouvert de son écorce. Ainsi le taux d'eau de la tige se rapporte à la tige garnie de son écorce, tandis que le taux de cendres a été fait sur le bois seul.

On a ensuite incinéré ces échantillons secs et pesé les cendres, ce qui a donné le taux de cendres brutes pour les quatre parties de chaque essence. En en déduisant l'acide carbonique et les impuretés, telles que charbon et sable insoluble dans l'acide fluorhydrique, on a eu le taux de cendres pures pour 100 de matière sèche.

Voici les résultats de ces pesées :

Proportion en poids de tige, de branches et de feuilles (à l'état frais) dans chaque essence.
Taux d'eau, de cendres brutes, de cendres pures dans la tige, l'écorce, les branches et les feuilles.

POIDS VERT.	Alisier terminal.		Pommier sauvage.		Cerisier merisier.		Coudrier.	
	Diam. ct.	Poids k.	Diam. ct.	Poids k.	Diam. ct.	Poids k.	Diam. ct.	Poids k.
Tige. — 1re bille	11.0	60.500	9.5	33.500	7.5	20.800	7	13.700
2e bille	9.5		8.0		6.5		6	
3e bille	8.5		5.5		6.0			
4e bille	6.5		4.5					
Branches.		19.350		14.800		9.950		9.950
Feuilles.		4.600		4.250		1.200		2.600
Total.		84.430		52.550		31.650		25.250
Taux pour 100.								
Tige.		71.6		63.8		65.7		52.2
Branches.		22.9		28.1		30.5		37.9
Feuilles.		5.5		8.1		3.8		9.9
Total.		100.0		100.0		100.0		100.0
Tige — Eau (bois avec l'écorce)		41.00		45.45		38.93		42.82
Cendres brutes (bois seul)		0.43		0.43		0.45		0.61
— pures (bois seul)		0.298		0.328		0.333		0.423
Écorce — Eau		44.62		50.63		43.24		36.25
Cendres brutes		6.76		11.27		3.29		13.13
— pures		5.248		8.154		2.181		8.934
Branches — Eau		36.66		40.39		32.96		33.80
Cendres brutes		2.78		3.46		1.95		2.61
— pures		2.194		2.656		1.365		1.957
Feuilles — Eau		56.83		47.64		63.05		44.36
Cendres brutes		8.03		10.00		8.98		8.45
— pures		6.418		7.770		6.700		6.653

POIDS VERT.	Charme.		Tremble.		Orme de montagne.		Érable champêtre.		Hêtre.		Chêne rouvre.		Frêne.	
	Diam. ct.	Poids k.	Diam. ct.	Poids k.	Diam. ct.	Poids k.	Diam. ct.	Poids k.	Diam. ct.	Poids k.	Diam. ct.	Poids k.	Diam. ct.	Poids k.
Tige. — 1re bille	9.0	40.00	10	36.500	9.0	31.100	12.0	53.200	10.5	50.700	12	54.500	12.5	52.200
2e bille	8.0		9		8.0		9.5		9.5		10		10.0	
3e bille	7.0		8		6.5		8.5		7.5		9		8.0	
4e bille	4.5		7				7.0		6.5		7		6.0	
Branches.		17.050		10.600		10.250		18.250		13.850		13.570		16.950
Feuilles.		6.900		2.950		3.600		6.100		4.800		5.680		10.700
Total.		63.950		50.050		44.950		77.550		69.350		73.750		79.850
Taux pour 100.														
Tige.		62.5		72.9		69.2		68.6		73.1		73.9		65.4
Branches.		26.7		21.2		22.8		23.5		19.9		18.4		21.2
Feuilles.		10.8		5.9		8.		7.9		7.		7.		13.4
Total.		100.0		100.0		100.0		100.0		100.0		100.0		100.0
Tige — Eau (bois avec l'écorce)		41.23		41.72		41.54		19.14		38.07		38.31		32.16
Cendres brutes (bois seul)		0.53		0.55		0.61		0.44		0.49		0.44		0.48
— pures (bois seul)		0.371		0.398		0.451		0·322		0.355		0.311		0.361
Écorce — Eau		34.92		38.47		44.29		44.18		46.69		40.66		47.05
Cendres brutes		13.52		5.12		14.25		12.03		7.75		8.97		5.43
— pures		8.773		3.334		9.262		8.343		5.857		5.575		4.114
Branches — Eau		38.22		37.49		39.07		35.55		38.16		37.35		37.62
Cendres brutes		—		3.81		3.67		2.15		2.16		3.37		2.41
— pures		—		2.275		2.528		1.601		1.590		2.426		1.831
Feuilles — Eau		56.16		48.12		68.29		49.20		56.60		57.03		64.30
Cendres brutes		6.38		11.30		7.75		5.48		5.84		6.45		8.03
— pures		5.208		8.865		6.824		4.682		5.142		4.508		7.001

Ces nombres montrent que, sauf pour le coudrier, dont les chiffres sont anormaux à cause de la faible dimension de la tige, le poids de la tige dans l'arbre vert varie entre 63 et 73 p. 100, celui des branches entre 19 et 29 p. 100, celui des feuilles entre 5 et 13 p. 100.

La teneur moyenne en eau est :

Dans la tige. . . . .   49.00 p. 100
Dans l'écorce 41.82
Dans les branches 37.00
Dans les feuilles 55.60

Les taux d'eau donnés pour les feuilles sont un peu trop faibles à cause de l'évaporation de l'eau pendant le transport ; c'est surtout vrai pour les feuilles de tremble, d'érable, de coudrier et de pommier qui n'ont pu être détachées et pesées qu'un jour après les autres et qui avaient déjà perdu une partie de leur eau. Pour la tige, l'écorce et les branches, on voit que les écarts maxima dans la teneur en eau sont très-faibles.

Il en est de même pour le taux de cendres pures dans le bois des tiges, taux qui ne varie qu'entre 0.30 p. 100 et 0.45 p. 100. Pour les branches, les différences sont déjà plus sensibles ; mais elles s'accentuent surtout dans les feuilles, où le taux varie du simple au double, et dans l'écorce, où l'écart maximum est de 2 à 9. La proportion de cendres dans l'écorce est de 2.2 à 5.8 p. 100 pour une moitié des essences, puis saute brusquement de 8.2 à 9.2 pour l'autre moitié.

La teneur moyenne en cendres pures est :

Dans la tige . . . .   0.36 p. 100
Dans les branches. 2.04
Dans l'écorce. 6.34
Dans les feuilles. 6.34

Un accident a empêché d'avoir le taux de cendres des branches de charme.

Le tableau suivant donne le rapport du bois à l'écorce dans une tige de $0^m,09$ à $0^m,11$ de diamètre.

Taux pour 100.	Alisier.	Pom- mier.	Ceri- sier.	Cou- drier.	Charme.	Tremble.	Orme.	Érable.	Hêtre	Chêne.	Frêne.
Bois vert. . . .	87.1	86.1	84.8	89.6	94.3	76.7	86.7	87.2	92.9	86	88.3
Écorce fraîche .	12.9	13.9	15.2	20.4	5.7	23.3	13.3	12.8	7.1	14	11.7
	100	100	100	100	100	100	100	100	100	100	100

C'est le charme et le hêtre qui ont la plus faible proportion d'écorce. Toutes les autres essences oscillent entre 12 et 14 p. 100, excepté le cerisier et le coudrier qui ont un taux beaucoup trop fort, dû au faible diamètre des tiges considérées, et le tremble, dont l'écorce est très-épaisse et s'élève à un taux double de celui des autres essences.

Dans chacune de ces onze essences, on a ensuite analysé :

1° Les cendres de la tige avec son écorce; 2° les cendres de l'écorce seule; 3° les cendres des branches; 4° les cendres des feuilles.

Le taux centésimal est rapporté à 100 de cendres pures, c'est-à-dire débarrassées de leur acide carbonique et des impuretés, telles que sable, charbon, etc. C'est ainsi que Wolff a disposé les analyses dans son recueil et cette similitude dans le calcul des analyses rendra les comparaisons plus faciles.

De l'ensemble de tous les faits positifs recueillis depuis trente ans il résulte que tous les végétaux sont formés de dix corps simples, indispensables et suffisants à leur développement, savoir : carbone, oxygène, hydrogène, azote, soufre, phosphore, potassium, calcium, magnésium et fer. Les trois premiers, seuls ou associés à l'azote, forment, par leurs combinaisons, les principes immédiats des végétaux, dans un certain nombre desquels (matières albuminoïdes) entrent aussi le soufre et le phosphore. Ce sont les éléments de la matière combustible dont nous n'avons pas à nous occuper ici. Les autres sont les éléments essentiels des cendres où ils se trouvent combinés sous forme d'acide sulfurique, acide phosphorique, potasse, chaux, magnésie, oxyde de fer.

On trouve encore souvent dans les cendres d'autres corps, tels que le silicium, le manganèse, le sodium, le chlore, qui ne paraissent pas physiologiquement indispensables. Les essais de culture dans l'eau ont montré qu'on pouvait élever des plantes jusqu'à leur entier développement, sans le secours de ces quatre derniers corps. Mais les six composés précédents, auxquels il faut naturellement ajouter les sources des principes immédiats (acide carbonique, eau, acide nitrique, ammoniaque), sont absolument nécessaires.

On a recherché dans les cendres :

L'acide phosphorique, l'acide sulfurique, la chaux, la magnésie, la potasse, le fer, la soude, le manganèse, le chlore, l'acide silicique, l'acide carbonique, et, de plus, dans les feuilles, *l'azote.*

Mais avant d'exposer la méthode suivie pour doser ces éléments, disons un mot de la façon dont on a procédé à l'incinération. Pour pouvoir disposer d'une assez grande quantité de cendres, on a été obligé d'incinérer à l'air libre et d'élever la température assez haut pour brûler presque tout le charbon et obtenir des cendres suffisamment blanches. Cette façon de procéder a, entre autres inconvénients, celui de volatiliser une partie des chlorures, corps dont nous n'avons trouvé que des traces dans nos cendres, mais qui existent probablement dans la matière première en quantités dosables. La température a été suffisante pour atteindre ce résultat, puisqu'une partie du carbonate de chaux des cendres a pu être transformée en chaux vive.

Le seul moyen de parer à ces inconvénients aurait été d'incinérer, à basse température, dans un courant d'oxygène; ce n'est qu'en opérant ainsi qu'on peut avoir des cendres bien blanches renfermant tous les principes facilement volatils.

Malheureusement ce procédé eût été trop long et difficile à appliquer dans le cas présent, où il fallait incinérer assez de matière végétale pour avoir une quantité de cendres représentant bien la composition moyenne des échantillons en principes minéraux.

Quant à la méthode d'analyse suivie, nous allons la décrire brièvement pour qu'on puisse mieux contrôler nos résultats et obtenir, si l'on fait d'autres analyses par la même méthode, des chiffres aussi comparables que possible.

On prend 10 grammes de cendres desséchées à 110 degrés, qu'on humecte d'eau distillée et qu'on attaque par l'acide nitrique pur. On ne verse l'acide que peu à peu pour éviter le dégagement trop rapide d'acide carbonique et pour ne pas acidifier inutilement la liqueur. On s'arrête quand il n'y a plus de dégagement d'acide carbonique. On chauffe graduellement au bain de sable jusqu'à cessation des vapeurs nitreuses (une demi-heure suffit). On filtre et on étend à 250 ou 500 centimètres cubes, s'il est besoin. Le résidu contient la silice et les impuretés. On pèse le résidu incinéré et on attaque par l'acide fluorhydrique qui dissout la silice; on pèse le résidu insoluble dans l'acide et l'on a ainsi, par différence, la silice et les impuretés.

On prend 50 centimètres cubes de la liqueur; on y dose le phosphate de fer, en précipitant par l'ammoniaque et en reprenant par l'acide acétique, où le phosphate de fer seul est insoluble. Dans la liqueur acétique, on précipite la chaux par l'oxalate d'ammoniaque, on calcine et on pèse à l'état de chaux vive. Enfin on précipite dans la liqueur filtrée l'excès d'acide phosphorique qui n'est pas uni au fer, par le mélange magnésien; on forme ainsi du phosphate ammoniaco-magnésien qui, par la calcination, devient du pyrophosphate de magnésie (PhO^5 $2MgO$), forme sous laquelle on pèse l'acide phosphorique.

Dans une autre portion de 50 centimètres cubes, on dose le chlore par le nitrate d'argent, l'acide sulfurique par le nitrate de baryte, puis on précipite tout l'acide phosphorique par l'ammoniaque, la chaux ainsi que les excès d'argent et de baryte employés par l'oxalate d'ammoniaque, de façon à ne plus avoir dans la liqueur filtrée que des nitrates de magnésie, de potasse, de soude et d'ammoniaque, celui-ci provenant de l'excès de réactif employé. On évapore avec précaution; quand on est arrivé à siccité, on calcine en ajoutant un peu d'acide oxalique en cristaux pour transformer les nitrates en carbonates.

Le carbonate de magnésie se décompose par la chaleur en magnésie caustique insoluble. On reprend par un peu d'eau et on filtre. La magnésie reste sur le filtre et les carbonates de potasse et de soude passent dans la liqueur.

On les transforme en chlorures par un peu d'acide chlorhydrique; on pèse le chlorure double de potassium et de sodium, on reprend par un peu d'eau et on précipite la potasse par le bichlorure de platine ; on pèse le chlorure double de platine et de potassium et on déduit de ces deux pesées les poids de potasse et de soude.

On n'a pas recherché le manganèse, quand le produit de la calcination était d'un beau blanc ; lorsqu'il présentait la couleur verte caractéristique de l'acide manganique, on séparait le manganèse par le nitrate d'ammoniaque qui dissout la magnésie à l'état de nitrate et laisse le manganèse inattaqué.

Quant à l'acide carbonique, on l'obtenait par une pesée directe. L'azote des feuilles a été dosé par la chaux sodée.

Les résultats obtenus sont consignés dans le tableau suivant.

Si l'on considère attentivement ce tableau, il nous semble qu'on peut en faire ressortir quelques faits intéressants :

1° D'abord on n'aperçoit pas de différences excessives dans les teneurs respectives des diverses tiges, écorces, branches, feuilles, en chacun des éléments, et on devait s'y attendre. Car s'il avait existé dans la forêt une essence dont le tempérament répugnât à s'assimiler les principes minéraux mis à sa disposition, cette essence se fût trouvée dans de mauvaises conditions de végétation et forcément appelée à disparaître dans la lutte pour l'existence qu'elle aurait eu à soutenir contre des espèces mieux appropriées au sol. Les essences qui croissent spontanément dans la forêt de Haye assimilent toutes tous les principes qu'on rencontre dans le sol.

Si l'on suppose un arbre fictif, dont chaque principe

COMPOSITION DES CENDRES DES DIVERSES ESSENCES.

ESSENCES.	ACIDE PHOSPHORIQUE.				SESQUIOXYDE DE FER.				POTASSE.				MAGNÉSIE ET MANGANÈSE.				SOUDE.			
	Tige.	Branches.	Écorce.	Feuilles.	Tige.	Branches.	Écorce.	Feuilles.	Tige.	Branches.	Écorce.	Feuilles.	Tige.	Branches.	Écorce.	Feuilles.	Tige.	Branches.	Écorce.	Feuilles.
Alisier terminal . .	4.385	3.924	2.255	7.007	3.235	2.873	0.838	0.947	5.536	9.601	5.928	24.495	6.830	7.288	6.443	9.976	0.503	0.421	1.353	11.048
Pommier sauvage.	3.172	3.403	1.869	6.710	2.000	1.448	0.575	1.082	8.345	5.214	3.738	24.747	4.759	4.707	3.666	5.556	0.822	1.159	1.797	2.670
Cerisier merisier .	4.786	3.675	2.850	6.360	2.214	2.527	1.080	0.908	5.071	8.729	3.930	23.232	13.857	5.743	4.970	12.330	1.287	2.227	1.920	9.6·4
Coudrier noisetier.	5.464	5.470	3.087	7.915	1.797	1.232	0.979	3.591	8.986	7.293	1.657	18.322	2.229	5.610	3.539	*4.727 / 2.345	2.804	2.244	0.301	1.758
Charme.	4.107	7.192	1.733	8.832	1.419	1.940	0.992	2.748	4.929	5.137	2.228	12.071	*2.359 / 3.734	2.854	2.970	*2.453 / 3.140	4.780	1.370	0.866	1.865
Tremble	4.402	3.101	3.083	8.794	1.238	1.135	3.008	2.057	11.829	9.027	7.744	18.369	3.783	5.275	7.143	3.972	3.782	Traces.	1.653	6.809
Orme de montagne.	3.084	4.182	1.491	7.633	0.892	1.046	1.727	6.858	6.237	6.929	2.669	23.673	5.278	11.766	3.532	8.407	3.084	3.138	0.785	2.158
Érable champêtre.	3.382	4.714	3.259	9.557	1.584	2.191	2.815	1.981	9.138	7.902	4.229	25.408	5.613	8.632	3.926	10.489	1.080	1.659	1.035	0.933
Hêtre.	2.789	6.172	2.097	7.829	2.301	1.617	0.723	2.372	14.575	11.830	5.134	21.827	4.533	5.364	3.615	7.295	1.953	0.808	0.145	3.262
Chêne rouvre . . .	3.578	4.607	2.876	12.394	1.506	0.542	0.986	3.099	9.793	14.228	2.958	22.394	3.578	6.369	2.054	2.958	0.943	1.625	0.739	3.944
Frêne.	6.787	8.394	3.870	22.618	1 810	1.664	1.244	1.110	13.197	17.583	8.362	18.702	5.883	3.111	2.350	8.132	5.739	1.085	1.037	0.992
Moyenne. . .	4.176	4.985	2.588	9.604	1.819	1.665	1.360	2.614	7.967	9.407	4.415	21.204	5.692	6.065	4.019	7.434	2.434	1.458	1 057	4.031

ESSENCES.	CHAUX.				ACIDE CARBONIQUE.				ACIDE SILICIQUE.				ACIDE SULFURIQUE.				AZOTE.
	Tige.	Branches.	Écorce.	Feuilles.	Tige.	Branches.	Écorce.	Feuilles.	Tige.	Branches.	Écorce.	Feuilles.	Tige.	Branches.	Écorce.	Feuilles.	Feuilles.
Alisier terminal. .	76.125	70.497	81.057	42.676	30.18	20.13	21.66	19.32	2.876	3.434	1.031	2.336	1.510	1.962	1.095	1.515	1.80
Pommier sauvage.	75.793	80.738	86.263	53.391	21.84	22.48	27.15	22.02	3.310	1.738	0.720	2.309	1.790	1.593	1.366	3.319	1.98
Cerisier merisier .	66.071	71.516	82.550	42.635	34.83	28.08	32.81	23.29	4.643	2.680	1.390	2.725	2.071	1.838	1.310	2.206	2.14
Coudrier noisetier.	73.329	73.633	87.501	52.766	30.16	24.33	31.76	20.32	4.313	3.156	1.355	5.790	1.078	1.262	1.581	2.786	2.14
Charme.	73.937	76.484	87.623	61.138	29.35	30.45	35.11	18.37	2.240	2.055	1.237	5.790	2.315	1.376	2.351	1.963	2.48
Tremble.	71.183	77.860	72.782	49.645	26.91	26.43	34.19	20.45	2.751	2.225	2.256	7.518	1.032	1.838	2.331	2.837	1.89
Orme de montagne.	77.313	67.449	83.987	29.314	25.69	30.32	35.66	11.38	3.358	3.268	4.553	19.911	0.754	2.222	1.256	2.046	2.14
Érable champêtre.	74.308	70.717	81.852	30.886	25.70	24.54	30.76	14.08	2.952	1.793	1.333	11.072	1.943	2.390	1.556	9.674	2.14
Hêtre.	60.251	66.568	83.441	44.365	24.51	25.36	24.17	11.59	10.042	5.584	3.760	10.558	3.556	2.057	1.085	2.492	1.42
Chêne rouvre. . .	76.271	69.241	87.921	47.042	28.50	28.00	37.85	29.46	2.354	1.626	0.822	5.211	1.977	1.762	1.644	2.958	2.29
Frêne.	62.142	64.399	80.166	39.451	23.59	23.27	23.93	12.21	2.187	1.809	1.451	2.632	2.262	1.955	1.520	7.013	2.11
Moyenne. . .	71.430	71.736	83.195	44.847	26.48	25.76	30.46	18.41	3.730	2.670	1.810	7.895	1.814	1.853	1.554	3.528	2.04

*Des deux nombres réunis par une accolade dans la colonne *Magnésie et Manganèse,* le premier indique la magnésie ; le deuxième, le manganèse.

NOTA. — On n'a trouvé que des traces de chlore ; les feuilles qui en contenaient le plus, celles de pommier, n'en renfermaient que 0,216 p. 100.

soit la moyenne des chiffres obtenus pour les onze essences, il aura la composition suivante :

	Écorces.	Tiges.	Branches.	Feuilles.
Acide phosphorique .	2,588	4,176	4,985	9,604
Sesquioxyde de fer.	1,360	1,819	1,665	2,614
Chaux	83,195	71,436	71,736	44,847
Magnésie	4,019	5,692	6,065	7,434
Potasse	4,445	7,967	9,407	21,204
Soude.	1,057	2,434	1,458	4,031
Acide sulfurique . .	1,554	1,844	1,853	3,528
Acide silicique. . .	1,810	3,730	2,670	6,895
	99,998	98,092	99,839	100,157

2° Les moyennes ci-dessus, rapprochées du grand tableau, montrent que la composition des cendres des tiges et des branches est sensiblement la même. La différence d'âge n'est pas, en effet, assez considérable pour entraîner une grande variété de composition, et ces tiges de $0^m,07$ à $0^m,12$ de diamètre peuvent être regardées comme des branches.

L'écart le plus grand est relatif à la potasse, dont la teneur moyenne est de 1.5 p. 100 plus forte dans les branches que dans la tige. On sait que la potasse et l'acide phosphorique, ces deux éléments nutritifs par excellence, émigrent des parties vieilles et inertes vers les parties jeunes et vivaces jusque dans les feuilles, où ils s'accumulent en grande quantité pour servir à la formation de la chlorophylle, de l'amidon, etc. Les branches devaient donc en renfermer plus que les tiges. C'est l'inverse pour la silice, et ce fait est aussi d'accord avec le rôle que les physiologistes lui attribuent.

D'après Jul. Sachs, cet élément, qui existe à peine dans les organes jeunes, s'y accumule à mesure qu'ils vieillissent, de telle sorte que son abondance est en raison inverse de l'activité vitale de l'organe.

3° Nous voyons la confirmation de ce fait connu, à savoir que l'acide phosphorique, l'acide sulfurique, la potasse et la magnésie (éléments essentiels avec la chaux) sont contenus en plus grande quantité dans les feuilles que dans les branches, qui en renferment plus que la tige, celle-ci étant elle-même plus riche que l'écorce.

Quant aux principes secondaires, tels que fer, soude, silice, il ne semble pas y avoir de loi dans leur distribution. La moyenne suit la progression décroissante : feuilles, tige, branches, écorce; mais si on regarde le tableau général, on voit que le même principe est tantôt plus abondant dans la feuille, tantôt dans la tige ou dans l'écorce. Cela tient à leur rôle inerte·dans les phénomènes d'assimilation.

Si nous avons rangé le fer parmi les principes secondaires, bien qu'il soit absolument nécessaire pour la formation de la chlorophylle, c'est que le sol renferme des quantités tellement surabondantes de ce principe qu'il ne se distribue plus suivant ses fonctions physiologiques.

La chaux suit un ordre inverse de celui de la potasse et de l'acide phosphorique. Tandis que l'écorce en renferme en moyenne l'énorme proportion de 83 p. 100, la tige et les branches 71 p. 100, les feuilles n'en contiennent que 45 p. 100. C'est ce principe qui présente les moindres variations; les chiffres extrêmes sont : pour l'écorce, 72 et 87; pour la tige, 62 et 77; pour les branches, 64 et 80.

Si, au lieu de considérer le taux des éléments constitutifs des cendres dans les quatre parties du végétal, on compare leurs variations, essence à essence, on constate :

4° La concordance remarquable des taux de l'alisier, du cerisier et du pommier, espèces très-voisines au point de vue botanique. Seulement l'alisier et le cerisier, espèces indifférentes, absorbent beaucoup moins de chaux que le pommier, espèce calcicole. Remarquons que cette forte teneur en chaux n'est pas, pour ce dernier, un obstacle à l'assimilation de la potasse dont il contient autant que ses deux voisins. C'est un fait analogue à celui qui a été signalé par MM. Fliche et Grandeau à propos du pin maritime et du pin d'Autriche venus en sol calcaire. Ce dernier contenait presque autant de chaux que le pin maritime et absorbait néanmoins 13.6 p. 100 de potasse quand le pin maritime n'en contenait que 4.9 p. 100;

5° Le taux élevé du hêtre en potasse comparé aux faibles exigences du charme.

6° La forte teneur du chêne en acide phosphorique et en potasse.

7° Celle du tremble en potasse.

Tous ces faits sont d'accord avec ce qu'on observe en sylviculture.

Tout le monde sait que le chêne vient bien surtout dans les sols argileux, qui sont riches en potasse, que le tremble veut des sols fertiles, et que ces deux essences réussissent peu ou pas dans des terrains où le hêtre et le charme ont encore une belle végétation.

8° La préférence marquée du hêtre et surtout du charme pour le manganèse. Leurs cendres étaient franchement colorées en vert par les manganates.

9° Le taux énorme d'acide phosphorique dans le bois et surtout les feuilles de frêne, correspondant à une augmentation notable dans le chiffre de l'acide sulfurique, indique que cette essence a des exigences spéciales sous ce rapport. Les observations des praticiens prouvent que cette essence est très-capricieuse et échoue sur certains sols sans qu'on puisse s'expliquer pourquoi. Ce fait trouverait peut-être son explication dans la teneur insuffisante du sol en acide phosphorique; en tous cas, il serait bon de le vérifier.

10° L'orme a des teneurs moyennes, sauf en silice, dont ses feuilles contiennent 20 p. 100 de leur poids de cendres. On sait, en effet, que les feuilles de l'orme sont rugueuses au toucher, ce qui est dû à la silice qui incruste l'épiderme.

11° L'érable offre en acide phosphorique, potasse et acide sulfurique, des taux considérables. Les érables sont des espèces très-exigeantes qui épuisent rapidement le sol, et il est probable que les causes chimiques doivent être pour beaucoup dans la distribution de cette essence qu'on ne rencontre, on le sait, qu'à l'état disséminé, jamais en massif pur.

Telles sont les conclusions qui nous paraissent ressortir de ces analyses; mais pour pouvoir les affirmer avec plus d'autorité et arriver à bien connaître les préférences de chaque essence, il serait utile d'analyser ces mêmes espèces croissant sur des sols chimiquement différents et de conditions physiques identiques. De ces analyses et de celles des sols rapprochées des chiffres consignés plus haut, on pourrait alors tirer des conclusions pratiques d'un haut intérêt qui, en renseignant sur les conditions physiologiques de chaque essence, éviteraient beaucoup de tâtonnements et de mécomptes.

Comme le taux de cendres n'est pas le même pour toutes les essences, qu'il varie assez largement dans les feuilles, qui sont les organes les plus riches en acide phosphorique et en potasse, nous allons calculer ce que l'arbre tout entier a enlevé au sol en principes minéraux.

Essences.	Poids vert.	Poids sec.	Poids total de cendres pures.	Taux de cendres pures pour 100 de matière sèche.
Alisier . . .	84^k,15	49^k,65	0^k,717	1,444
Pommier . .	52 ,55	29 ,08	0 ,603	2,073
Cerisier. . .	31 ,65	19 ,45	0 ,193	0,992
Coudrier. . .	26 ,25	16 ,06	0 ,411	2,557
Charme. . .	63 ,95	37 ,23	0 ,550	1,477
Tremble . .	50 ,05	29 ,70	0 ,526	1,771
Orme. . . .	44 ,95	25 ,46	0 ,520	2,042
Érable . . .	77,,55	46 ,49	0 ,741	1,594
Hêtre. . . .	69 ,35	41 ,71	0 ,458	1,098
Chêne . . .	73 ,75	44 ,39	0 ,658	1,483
Frêne. . . .	79 ,85	48 ,91	0 ,707	1,446

Ce tableau montre que le taux de cendres de l'arbre tout entier peut très-bien varier du simple au double, d'une essence à l'autre, et qu'il faut en tenir compte si l'on veut se renseigner exactement sur l'épuisement du sol par chaque essence. — C'est ce que nous avons fait dans le tableau suivant, où nous avons calculé les poids d'acide phosphorique, de potasse et de chaux enlevés au sol par 100 parties d'arbre à l'état sec.

ESSENCES.	Poids de l'arbre sec.	Poids de l'acide phosphorique.	Poids de la potasse	Poids de la chaux.	Taux % de l'acide phosphorique.	Taux % de la potasse	Taux % de la chaux.
Alisier.	49^k,65	28^{gr},72	75^g,78	497^g,4	0,058	0,152	1,001
Pommier. . . .	29 ,08	23 ,95	64 ,88	445 ,2	0,082	0,223	1,531
Cerisier. . . .	19 ,45	7 ,98	18 ,04	131 ,7	0,041	0,093	0,677
Coudrier. . . .	16 ,06	21 ,03	32 ,07	304 ,1	0,131	0,200	1,893
Charme	37 ,23	32 ,37	35 ,11	408 ,7	0,087	0.094	1,097
Tremble. . . .	29 ,70	24 ,90	59 ,68	358 ,2	0,084	0,209	1,206
Orme	25 ,46	17 ,91	39 ,48	363 ,1	0,070	0,155	1,426
Érable.	46 ,49	36 ,12	156 ,16	504 ,8	0,078	0,336	1,085
Hêtre	41 ,71	21 ,95	59 ,79	293 ,5	0,052	0,143	0,703
Chêne.	44 ,39	33 ,61	70 ,24	484 ,9	0,076	0,158	1,092
Frêne	48 ,91	88 ,56	110 ,11	407 ,1	0,183	0,225	0,832

Les trois dernières colonnes de ce tableau montrent les exigences des essences étudiées en chaux, acide phosphorique et potasse, et en combinant les taux de ces deux derniers éléments, de beaucoup les plus importants, on arrive à ranger ces onze essences forestières, d'après leur ordre d'épuisement, de la manière suivante, en commençant par les moins exigeantes :

1° *Cerisier, charme, hêtre*, qui n'enlèvent au sol que 0,134 à 0,195 d'acide phosphorique et de potasse p. 100 de matière sèche ;

2° *Alisier, orme, chêne* (0,210-0,234) ;

3° *Tremble, pommier, coudrier* (0,293-0,331) ;

4° *Érable, frêne* (0,392-0,408).

Cet ordre que l'analyse chimique nous révèle est tout à fait conforme aux faits naturels et pouvait en quelque sorte se prévoir d'après les observations culturales relatives aux essences dont nous parlons.

Le charme et le hêtre végètent dans les sols les plus médiocres, et, grâce à leurs faibles exigences, peuvent très-bien croître en massif. Le tremble épuise autant le sol en acide phosphorique que le charme et lui enlève deux fois plus de potasse, tandis que l'érable lui en prend jusqu'à trois fois autant que le charme. Mais le taux le plus remarquable est celui du frêne, qui exige trois fois plus d'acide phosphorique que le hêtre et deux fois plus de potasse. On sait, depuis les expériences résumées par Ebermayer, que la substance sèche organique (bois et feuilles) produite annuellement par un hectare de forêt s'élève à 6,300 kilogr. environ, quelle que soit la nature du peuplement. Il en résulte qu'un massif de hêtres d'un hectare enlève au sol annuellement $3^k,2$ d'acide phosphorique, et un massif de frênes de même surface 11^k,5. La quantité d'acide phosphorique totale étant par hectare de 2,700 kilogr., il faudrait donc, pour l'épuisement complet du sol par une forêt de hêtres, 844 ans et 235 seulement pour une forêt de frênes, en admettant, bien entendu, qu'on enlève annuellement la couverture et que tout l'acide phosphorique soit à l'état assimilable.

Quant à la chaux, on voit que son taux ne varie qu'entre 1 et 1.5 p. 100, sauf pour le cerisier et le hêtre, qui ne se montrent pas plus exigeants pour ce principe que pour les deux autres, et pour le coudrier, qui a une teneur en chaux remarquablement élevée.

Si on range les essences d'après leur faculté épuisante, en donnant le numéro 1 à celle qui exige la moindre quantité de principes considérés, on obtient les résultats suivants :

	Acide phosphorique.	Potasse.	Chaux.
Cerisier	1	1	1
Hêtre	2	3	2
Alisier.	3	4	4
Orme	4	5	9
Chêne.	5	6	6
Érable.	6	11	5
Pommier.	7	9	10
Tremble.	8	8	8
Charme	9	2	7
Coudrier.	10	7	11
Frêne	11	10	3

On voit que les taux d'acide phosphorique et de potasse suivent à peu près le même ordre ; il n'y a d'exception que pour l'érable et le charme.

E. HENRY,

Garde général attaché à l'École forestière.

LA STATIQUE CHIMIQUE DES FORÊTS [1]

Les forêts dont la production annuelle ne semble pas subir de diminution, bien que la restitution des matières exportées par les coupes périodiques n'ait jamais lieu de main d'homme, offrent pour l'étude de la statique chimique du sol un intérêt considérable. Quelle quantité de matière organique un sol couvert de végétation spontanée et ne recevant pas de fumure peut-il produire par année? Quels rapports présentent entre eux l'emprunt fait à l'atmosphère et au sol par les arbres et les poids et volumes de substances minérales et organiques qui constituent la forêt? Comment se maintient l'équilibre chimique entre l'exportation périodique du bois et la production forestière? Telles sont autant de questions dont la solution importe au premier chef à la théorie de la nutrition végétale, et qui

---

1. *Étude d'ensemble sur la couverture des forêts, et statique chimique forestière d'après les expériences instituées dans les stations des forêts domaniales de Bavière,* par le Dr Ernest Ebermayer, professeur de chimie agricole et de géognosie à l'École royale centrale forestière d'Aschaffenbourg. Berlin, 1876. (*Die gesammte Lehre der Waldstreu mit Rücksicht auf die chemische Statik des Waldbaues, unter Zugrundlegung der in den kœnigl. Staatsforsten Bayerns angestellten Untersuchungen,* bearbeitet von Dr Ernst Ebermayer. In-8°. Berlin, 1876.)

L'intérêt considérable, pour les forestiers, de cette œuvre importante qui n'a pas été traduite encore, m'engage à en donner une analyse détaillée et à reproduire les principaux résultats numériques auxquels l'auteur a été conduit.

peuvent, par analogie, jeter un jour considérable sur la statique chimique des végétaux agricoles proprement dits.

Nous ne possédions jusqu'à ce jour que des renseignements très-insuffisants sur la production forestière. A peine avions-nous à notre disposition quelques résultats d'expériences isolées sur le poids des feuilles et du bois croissant annuellement sur un hectare de forêts. Encore ces données se rapportaient-elles à une ou deux années seulement, sans indication précise de l'influence des conditions chimiques et physiques des sols sur l'accroissement annuel, ou pour mieux dire sur le rendement.

La publication de M. Ebermayer comble, en grande partie, les lacunes que je viens de rappeler et nous apporte un ensemble de documents du plus haut intérêt.

Il y a dix à douze ans environ, le ministère des finances bavarois a organisé des *Stations forestières expérimentales,* à la disposition desquelles furent mises 87 parcelles de forêts choisies dans les conditions diverses d'altitude, de sol, de peuplement, d'essences, etc., c'est-à-dire représentant, par leur diversité, la constitution moyenne des forêts de la Bavière. M. le professeur Ebermayer s'est imposé la lourde tâche de concentrer les observations météorologiques faites dans ces stations, ainsi que les résultats des cubages et des pesées exécutés avec tous les soins désirables par les agents forestiers chargés de la direction des stations, de discuter ces documents qui se comptent par milliers, et d'en déduire des conclusions relativement à deux points fondamentaux : 1° l'influence des forêts sur la climatologie du pays ; 2° la nature, la composition et les variations de la couverture des forêts.

Par *couverture des forêts,* il faut entendre les feuilles,

les aiguilles des résineux, les branchettes, fruits, etc., en un mot, tous les détritus forestiers qui tombent sur le sol et ne sont pas exportés lors de l'exploitation.

La première partie de cette longue et minutieuse étude est consignée dans l'ouvrage publié en 1873 par l'auteur, sous le titre : *Action physique des forêts sur l'air et sur le sol*[1]. C'est l'examen de la seconde qui fait l'objet du volumineux travail dont **M. Ebermayer** vient d'enrichir la littérature agricole.

Le livre de **M. Ebermayer** est conçu très-méthodiquement, écrit avec sobriété et clarté; la lecture en est facile et attrayante, malgré ou plutôt en raison des nombreuses données statistiques et analytiques qu'il renferme. Sa place est marquée au premier rang des publications forestières de notre temps. On me permettra donc d'en présenter une analyse détaillée dans l'ordre même adopté pour les grandes divisions de l'ouvrage.

L'auteur commence par étudier la manière dont se forme la *couverture*, c'est-à-dire les conditions de la chute des feuilles, causes, époque, importance numérique, suivant les essences, les altitudes, etc. Dans un second chapitre, il résume les documents analytiques relatifs à la composition chimique de la couverture et du bois, et établit la statique chimique de la forêt. Le troisième est consacré aux propriétés physiques de la couverture et à l'influence que cette dernière exerce sur les propriétés physiques du sol. Dans le quatrième, **M. Ebermayer** étudie les modifications chimiques que subit la couverture des forêts et leur

---

1. *Die physikalischen Einwirkungen des Waldes auf Luft und Boden*. Gr. in 8° avec atlas.

action chimique sur le sol. Dans le cinquième et dernier chapitre est examinée l'influence de l'enlèvement des feuilles et débris sur la forêt elle-même.

Un appendice consacré à la comparaison statique des cultures agricoles et sylvicoles et des tableaux comprenant toutes les données numériques qui servent de base aux études de l'auteur, terminent l'ouvrage.

I. — FORMATION DE LA COUVERTURE DES FORÊTS PAR LA CHUTE DES FEUILLES ET DES AIGUILLES DES ARBRES.

Les feuilles qui ont acquis leur développement complet ne peuvent continuer à vivre qu'à trois conditions réunies. Il faut : 1° que l'alimentation (par la séve) leur arrive; 2° que la température soit suffisamment élevée ; 3° que la lumière ait une intensité convenable. — Sinon elles périssent et tombent. L'abaissement rapide de la température en octobre, la diminution de l'intensité lumineuse et l'affaiblissement simultané dans le processus alimentaire sont les causes de la chute des feuilles en automne.

La température moyenne d'octobre est généralement inférieure de 6 degrés R. à celle de septembre. La température du sol s'abaisse de 4 degrés à 1 degré R. à 4 pieds de profondeur : la transpiration, l'alimentation, les fonctions des feuilles et des racines sont enrayées en automne; en même temps se produisent dans les feuilles mêmes des altérations dont nous allons rappeler les principaux traits.

1° *Transformations chimiques des feuilles avant leur chute. — Coloration d'automne des feuilles.* — La coloration d'automne des feuilles est toujours un signe de diminution de la vitalité de ces organes. Avec la destruction de la couleur verte (chlorophylle) cesse complétement l'assimilation dans les feuilles : la production de nouveaux principes organisés s'arrête; la décomposition de l'acide carbonique n'a plus lieu; les feuilles colorées par l'automne absorbent, au contraire, de l'oxygène et expirent de l'acide carbonique. Dans cette respiration automnale, la glucose, la fécule, la chlorophylle sont détruites par l'oxydation, et il y a production d'acide carbonique. L'arbre cesse également de croître. Les plantes qui vivent dans un climat où la température et l'intensité lumineuse ne diminuent pas sensiblement en automne, ne perdent leurs feuilles que par suite de vieillesse; la chute a lieu, dans ce cas, à des époques irrégulières, indéterminées.

La coloration d'automne, dans notre climat, commence ordinairement en septembre, après la maturation des graines (époque variable avec les lieux). Les feuilles les plus anciennes jaunissent en premier lieu : par la pointe (*Larix europæa*, *Ulmus campester*, saules), par les bords (*Carpinus betulus*).

Wiesner (*Sitz.-Ber. der Wiener Acad.* 9 octobre 1871) a constaté que les tissus qui transportent l'eau (nervures) restent en général plus longtemps verts, et que les bords, soumis à une transpiration plus active, deviennent rouges ou verts les premiers. Une gelée blanche fait tomber, *encore vertes*, les feuilles de certaines essences (platane, châtaignier, lilas). La chute normale (en l'absence de gelée) de feuilles encore vertes est rare.

Les colorations diverses des feuilles d'automne sont imparfaitement expliquées malgré les travaux auxquels elles ont donné lieu.

La coloration *jaune* (*xanthophylle*) résulte certainement

de l'altération de la chlorophylle. Kraus donne l'explication suivante à ce sujet : « Quand, à l'automne, disparaît l'activité du protoplasma, l'oxygène qui se trouve diffusé dans les cellules n'est plus employé par l'assimilation; il oxyde alors les éléments organiques des feuilles et détruit (décolore) la chlorophylle. » Le même phénomène se produit, en toute saison, lorsque, pour une cause quelconque, la feuille perd sa faculté d'assimilation.

Sachs admet que les grains de chlorophylle se détruisent et sont remplacés par de petites masses brillantes jaunes.

Coloration rouge (erythrophylle). — D'après Kraus, elle résulte d'une oxydation plus avancée de la matière jaune; probablement par l'action de l'acide oxyphénique, — les plantes acides se colorent de préférence en rouge. En général, les plantes à fruits bleus ou rouges se colorent (feuilles) en rouge; — les feuilles des cépages du raisin blanc prennent une teinte jaune. Les aunes, érables, platanes, acacias, peupliers, tulipiers, ne se colorent jamais en rouge, toujours en jaune.

Coloration brune ou rouge-brun. — Due à une matière colorante particulière, elle est toujours un signe de mort comp'ète de la feuille; souvent c'est la coloration des feuilles tuées par la gelée. (Très-fréquente chez le frêne.) Toutes les feuilles rouges ou jaunes tombées absorbent l'oxygène de l'air; leurs hydrocarbures se décomposent, il se produit des acides humiques, ulmiques, etc.; elles deviennent brun sale.

D'après Kraus, trois matières colorantes, unies en proportions variables, donnent aux feuilles d'automne leurs diverses colorations.

Coloration d'hiver des feuilles persistantes. — Les feuilles et les aiguilles des arbres à feuillage persistant deviennent souvent brun sale pendant l'hiver, principalement celles des branches exposées au rayonnement direct. Kraus a constaté que les grains de chlorophylle ne sont pas détruits, mais seulement déformés. Au printemps, la coloration verte reparaît. Les feuilles des rameaux abrités contre le froid et la gelée ne subissent pas cette modification passagère. Pour Kraus, la cause du changement de coloration réside uniquement dans l'abaissement de température.

Batalin est d'un autre avis : il considère l'action directe des rayons solaires sur la chlorophylle comme la cause des altérations de cette dernière. Nos connaissances sur ce point physiologique laissent, on le voit, beaucoup à faire encore. Quelle que soit la cause immédiate des changements de coloration des feuilles, il est certain que la destruction ou les altérations profondes de la chlorophylle qu'ils indiquent amènent la cessation de l'assimilation dans le parenchyme et bientôt la mort de l'organe.

Migration des principes immédiats des feuilles dans les branches. — Ces altérations dans la coloration sont accompagnées, à l'automne, d'une notable perte de poids, due à la diffusion de certains principes organiques et minéraux qui, de la feuille, passent dans les branches et dans le tronc de l'arbre pour y constituer la réserve alimentaire destinée à la formation des bourgeons et des feuilles de l'année suivante. L'amidon, la fécule, la glucose parmi les principes immédiats organiques, la potasse et l'acide phosphorique parmi les éléments minéraux, abandonnent en grande partie la feuille avant sa chute pour s'emmagasiner, en

quelque sorte, dans les branches et dans le tronc de l'arbre[1];
la chaux et la silice, au contraire, s'accumulent dans la
feuille. Or, ces divers principes, tant organiques que minéraux, sont précisément les éléments fondamentaux des
animaux et des végétaux. Il résulte de ce phénomène que
les feuilles mortes ont, comme aliment et comme engrais,
une valeur bien moindre que les feuilles vivantes.

Ce qui se passe pour les feuilles arrivées à leur maturité
se produit également pour le bois. D'après les analyses
comparatives faites à Tharand, en 1873, par le docteur
Schröder, sur deux rameaux de même grosseur, prélevés
sur le même arbre, mais dont l'un était vivant tandis que
l'autre était mort, la potasse et l'acide phosphorique existent en bien plus grande quantité dans le bois vivant que
dans le bois mort. La même observation s'applique encore aux écorces caduques (*rhytidome*), beaucoup moins
riches en ces deux principes minéraux que les écorces
vivantes.

De l'ensemble de tous ces faits résulte une loi générale
qui présente un grand intérêt au point de vue de l'économie
forestière, et qui se peut énoncer ainsi : Toutes les parties
ou organes des arbres dans lesquels l'activité vitale a disparu (feuilles, aiguilles, branches, tiges, écorces mortes),
sont moins riches en potasse et en acide phosphorique que
les mêmes parties vivantes, où ces composés chimiques
(quelquefois si peu abondants dans le sol) vont se concentrer avant la mortification des divers organes. Quelques
chiffres vont mettre en évidence les faits sur lesquels repose
cette loi.

---

1. Voir les *Recherches sur la composition des feuilles.*

I. Composition des cendres de feuilles de mélèze, chêne, épicéa, hêtre, avant et après l'époque de la chute[1].

En centièmes des cendres.	Mélèze.		Chêne.		Épicéa.		Hêtre.	
Potasse	23,55	4,57	33,14	3,35	44,21	1,86	37,81	5,36
Soude.	1,73	1,36	»	0,61	2,90	1,38	2,05	0,33
Chaux.	14,65	21,98	26,09	48,63	10,39	31,74	18,74	30,63
Magnésie . . .	8,50	6,91	13,53	3,96	7,00	3,29	6,89	3,04
Oxyde de fer. .	3,06	2,80	1,18	0,64	5,31	1,59	0,96	2,22
Acide phosphor.	23,70	3,74	12,19	8,08	22,22	2,65	23,89	5,90
Acide sulfurique	3,15	1,62	2,71	4,42	3,92	1,16	4,54	1,26
Silice.	21,66	57,02	4,41	30,95	4,05	56,33	5,12	51,26

II. Composition des aiguilles de pin.

En centièmes des cendres.	De l'année.	De deux ans.	Mortes.
Potasse	40,01	22,00	9,45
Soude.	2,72	3,00	1,52
Chaux.	12,07	25,95	28,65
Magnésie.	8,56	7,79	9,67
Oxyde de fer.	2,21	2,70	3,56
Oxyde de manganèse .	2,83	5,41	5,39
Acide phosphorique.	19,06	12,71	3,94
Acide sulfurique . . .	4,14	4,44	6,48
Silice.	3,26	5,80	17,93

III. Composition des rhytidomes (épicéas).

En centièmes des cendres.	Écorces caduques. Pour 100.	Écorces internes. Pour 100.
Potasse.	2,71	12,20
Soude	0,38	1,57
Chaux	35,57	38,18
Magnésie	2,32	5,66
Oxyde de fer	3,06	1,39
Oxyde de manganèse .	5,35	12,61
Acide phosphorique. .	1,30	1,33
Acide sulfurique . . .	4,95	0,51
Silice.	25,87	2,52

---

1. La première colonne indique, pour chacune des espèces, la composition des cendres des feuilles vivantes; la deuxième, celles des feuilles mortes.

Ces analyses confirment l'exactitude de la loi énoncée plus haut. Elles établissent nettement la migration de l'acide phosphorique et de la potasse à l'automne, la pauvreté relative, en ces matières, des feuilles, brindilles et écorces sèches qui tombent sur le sol et leur enrichissement en chaux et silice.

Causes de la chute des feuilles à l'automne. — La feuille vivante est fixée si solidement à l'arbre qu'il faut, comme chacun sait, employer une certaine force pour l'en détacher. A l'automne, il se forme, d'après H. de Mohl, à la base du pétiole, un tissu particulier très-tendre, à cellules à parois minces, qui se rompt très-facilement et permet la chute de la feuille. Les observations de H. de Mohl ont été reprises, en 1871, par le professeur Wiesner, de Vienne, qui a constaté non-seulement la diminution notable de la teneur en eau des feuilles d'automne comparées aux feuilles vertes, mais aussi un ralentissement considérable dans la fonction de transpiration de la feuille qui sèche, ralentissement qui favoriserait la production du tissu étudié par H. de Mohl et contribuerait ainsi à la chute des feuilles.

Mais les conditions climatériques sont les causes les plus positives de la séparation du pétiole des feuilles du rameau qui les porte. Les variations brusques de température, une gelée soudaine, les altérations chimiques du tissu cellulaire aidant, provoquent rapidement le dépouillement des arbres.

II. — ÉPOQUE DE LA CHUTE DES FEUILLES.

La durée de la vie des feuilles et l'époque de leur chute ne varient pas seulement avec les essences, mais elles sont liées à de nombreuses causes déterminantes, dont les principales sont : les conditions climatériques générales, surtout le refroidissement et l'humidité de l'air en automne ; l'altitude, l'état hygrométrique, la nature du sol et la température, l'obscurité plus ou moins grande de la forêt, la violence des vents, etc. Voici, pour quelques essences forestières, les données fournies par les stations bavaroises sur l'époque de la défoliation des arbres et l'indication de l'influence exercée, par l'altitude, sur le phénomène, en Bavière, en Suisse et en Autriche :

ESSENCES.	LIEUX D'OBSERVATION	MOYENNE de	DATE DE L'EFFEUILLEMENT COMPLET DES ARBRES			Par chaque 100 mètres de plus d'altitude l'effeuillement devance l'époque de
			au plus tôt.	au plus tard.	en moyenne normale [1].	
Fagus *sylvatica* (Hêtre).	Bavière..	4 ans.	6 oct.	21 nov.	3 nov.	4.2 jours.
	Suisse ...	4 ans.	15 id.	18 id.	7 id.	2.5 id.
	Vienne..	9 ans.	5 nov.	22 id.	13 id.	
Quercus *pedunculatus* (Chêne).	Bavière..	4 ans.	11 oct.	29 id.	8 id.	4.5 id.
	Suisse ...	4 ans.	15 id.	25 id.	7 id.	
	Vienne..	9 ans.	18 id.	10 id.	31 oct.	
Acer pseudo-platanus (Erable).	Bavière..	4 ans.	5 id.	15 id.	27 id.	4.1 id.
	Suisse ...	4 ans.	5 id.	11 id.	2 nov.	2.1 id.
	Vienne..	9 ans.	1er nov.	22 id.	11 id.	
Betula alba (Bouleau).	Bavière..	4 ans.	4 oct.	21 id.	1er id.	3.0 id.
	Suisse...	4 ans.	14 id.	19 id.	8 id.	1.9 id.
	Vienne.:	9 ans.	25 id.	8 id.	30 oct.	3.8 id.
Fraxinus *excelsior* (Frêne).	Bavière..	4 ans.	14 id.	18 id.	24 id.	2.5 id.
	Suisse ...	4 ans.	10 id.	7 id.	1er nov.	
	Vienne..	9 ans.	17 id.	3 id.	28 oct.	3.9 id.
Alnus *glutinosa* (Aune).	Bavière..	4 ans.	7 id.	17 id.	27 id.	2.3 id.
	Suisse ...	4 ans.	14 id.	11 id.	30 id.	
	Vienne..	9 ans.	13 nov.	28 id.	23 nov.	4.3 id.
Tilia *parviflora* (Tilleul).	Bavière..	4 ans.	4 oct.	5 id.	24 oct.	3.2 id.
	Suisse ...	4 ans.	12 id.	21 id.	7 nov.	
	Vienne..	9 ans.	31 id.	17 id.	4 id.	
Larix europæa (Mélèze).	Bavière..	4 ans.	14 id.	4 déc.	11 id.	4.9 id.

[1] La moyenne normale correspond aux altitudes suivantes : 350 mètres pour la Bavière, 450 mètres pour la Suisse (au-dessus de la mer).

Sous le climat de la Bavière, l'effeuillement complet des arbres se fait, pour les différentes espèces, dans l'ordre suivant : tilleul, frêne, érable et aune, puis viennent le bouleau, le hêtre, le chêne pédonculé et le mélèze.

Durée des aiguilles des conifères. — Elle varie de un à dix ans. Le mélèze est le seul résineux qui perde ses aiguilles chaque année. Presque tous les résineux perdent quelques aiguilles de l'année. Le sapin est l'essence qui conserve ses feuilles le plus longtemps (pour la majeure partie de sept à neuf ans), on en trouve souvent qui ont de dix à onze ans.

L'épicéa conserve la plupart de ses aiguilles de quatre à sept ans; les pins de deux à trois ans; le pin noir d'Autriche entre trois et quatre ans. Comme le buis, le weymouth les garde à peine deux ans.

La chute des aiguilles des résineux se produit en toute saison, elle commence en général, pour les jeunes rameaux, par les feuilles basses ou les plus âgées; chez les vieux arbres, elle se produit sans distinction d'âge des branches.

III. — POIDS DES FEUILLES ET AIGUILLES CONSTITUANT LA COUVERTURE DES FORÊTS.

L'importance de la couverture dépend avant tout de la quantité de feuilles et d'aiguilles qui tombent annuellement, en d'autres termes du nombre et de la grandeur des feuilles caduques. L'épaisseur du couvert des forêts est variable avec les essences, les sols, les climats, l'âge des taillis en futaie, etc. La dimension superficielle des feuilles varie, pour une même essence, d'une manière très-remarquable avec l'altitude, comme le montrent les chiffres obtenus par

M. R. Weber dans les déterminations directes faites en 1873 au laboratoire d'Aschaffenbourg. L'essence choisie pour ces mensurations est le hêtre, les feuilles ont été prélevées sur des arbres qui ont poussé dans des conditions identiques de sol et de végétation, sauf les différences résultant de l'altitude.

Localités.	Hauteur au-dessus du niveau de la mer. Mètres.	La surface totale de 1000 feuilles est exprimée en mètres carrés. Mètres q.
Aschaffenbourg	133	3,414
Odenwald.	237	2,128
Guttenbergerwalde	324	2,112
Id.	438	1,822
Buchberg	500	1,843
Melibocus (Odenwald)	514	1,674
Unterhüttenwald	685	1,500
Blasslberg	700	1,472
Hexenriegel	1,043	1,083
Tummelplatz	1,182	1,351 [1]
Lusengipfel (limite sup^{re} du hêtre) .	1,344	0,910

Les figures 1, 2 et 3 rendent plus saisissantes encore les différences dans la taille des feuilles, signalées par Ebermayer.

La couverture des forêts ne consiste pas seulement en feuilles mortes, elle est formée aussi, on le sait, par des mousses et par d'autres productions du sol, dont l'importance varie avec les lieux, suivant le plus ou moins d'aération, d'insolation et d'humidité des points des forêts qu'on examine. Lorsqu'on vient à enlever ces tapis de mousse, il faut un temps plus ou moins long pour qu'ils se reprodui-

---

1. Cette anomalie s'explique par la fumure exceptionnelle de cette parcelle, due au séjour longtemps prolongé du bétail. La teneur en acide phosphorique et en potasse de ces feuilles est aussi extraordinaire que leur dimension.

sent. D'après Ebermayer, dans les terres fortes de Bavière, exposées au nord ou à l'est, ces tapis se reforment au bout de cinq à six ans; dans les sols légers, secs et exposés au sud, il s'écoule dix à quinze ans avant que la mousse ait de nouveau couvert la terre.

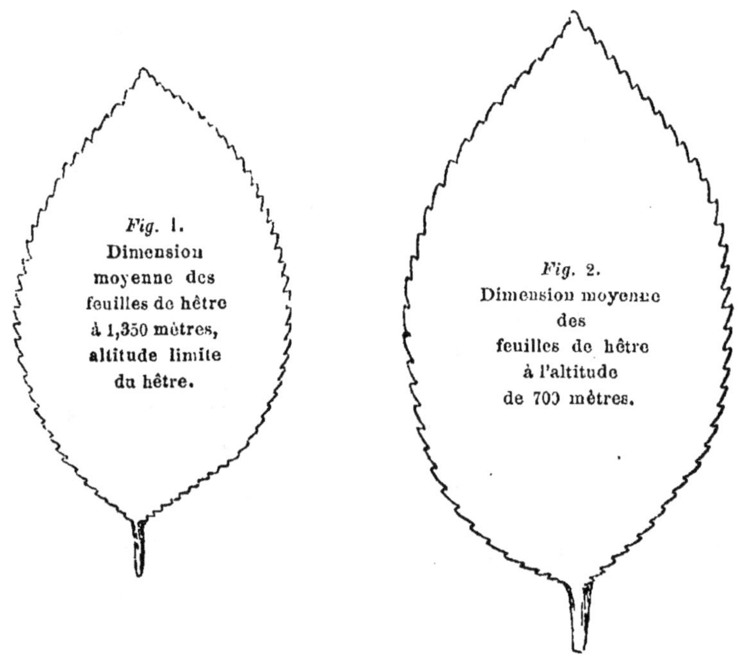

Résultats des expériences sur le volume de la couverture. — On vient de voir que la chute plus ou moins considérable de feuilles et d'aiguilles, ainsi que la production de mousse dans les forêts, résultent de l'action simultanée de divers facteurs.

D'après cela, le rendement absolu en *couverture* dans les différents massifs doit être très-variable avec l'essence, le mode d'exploitation et les localités. Il doit varier également, pour une même forêt, avec les années.

On ne peut donc avoir de *nombres moyens* que par des

évaluations exactes (par pesées) portant sur une longue série d'années et effectuées dans des conditions différentes.

Depuis douze ans l'on fait, en Bavière, dans 87 stations spéciales, des déterminations numériques à ce sujet[1].

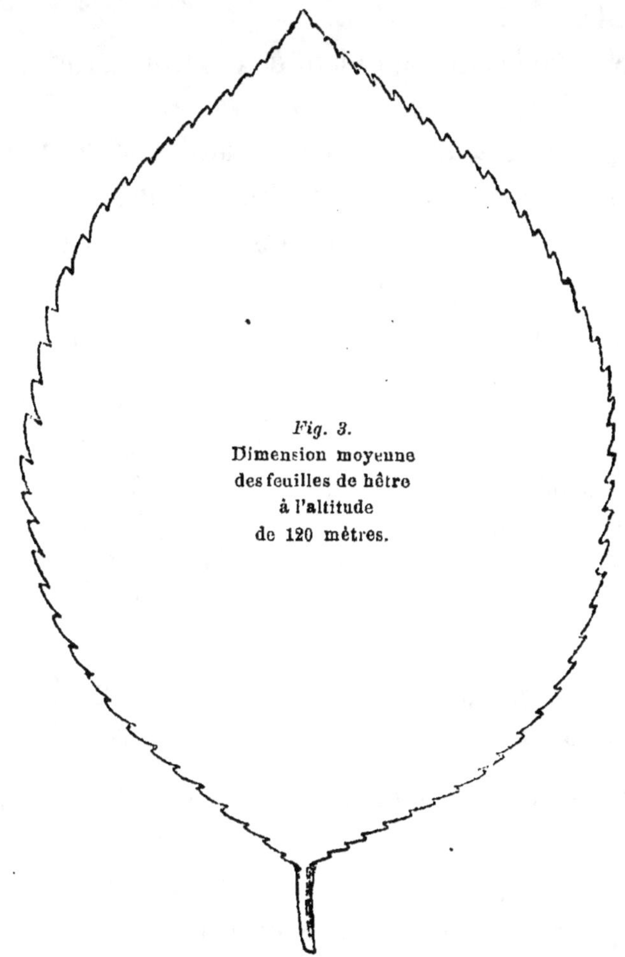

Les résultats obtenus jusqu'à ce jour sont consignés dans l'appendice du livre d'Ebermayer, tableau III (Voir les indications générales dans le tableau I.)

---

1. Pour la description du procédé, lire l'instruction dans *Forstliche Mittheilungen*, t. IV, cahier 2. Munich, 1867, chez Finsterling.

Ebermayer a groupé les résumés de toutes ces expériences dans deux catégories :

a. Poids des feuilles et aiguilles tombées chaque année. (Chute et couverture annuelle.)

b. Rendement en *couverture* par périodes triennales et sexennales.

Voici le tableau récapitulatif de ces trois séries très-importantes d'expériences.

Les poids de feuilles indiqués dans le tableau suivant sont les résultats des pesées directes faites, soit annuellement, soit de trois en trois ans, soit de six en six ans dans les divers peuplements.

Moyenne générale du poids de la couverture, à l'hectare.

Nature des massifs.	Rendement annuel. En kilogr.	Rendement trisannuel. En kilogr.	Rendement sexennal. En kilogr.
Hêtres de 30 à 60 ans	4,182	9,693	
Hêtres de 60 à 90 ans	4,094	6,177	8,460
Hêtres au-dessus de 90 ans . .	4,044	8,612	
Épicéas de 30 à 60 ans. . . .	3,964	8,290	
Épicéas de 60 à 90 ans. . . .	3,376	7,170	9,390
Épicéas au-dessus de 90 ans. .	3,273	7,314	
Pins de 25 à 50 ans	3,397	8,004	
Pins de 50 à 75 ans	3,491	8,729	13,729
Pins de 75 à 100 ans.	4,229	10,228	

Dans les forêts très-bien protégées ou qui n'ont jamais été soumises à l'enlèvement des feuilles de main d'homme, les quantités représentant, à l'hectare, le poids de la couverture, sont bien plus élevées encore. Ebermayer donne les chiffres suivants :

Poids moyen de la couverture, par hectare.

Forêts de hêtres.	10,417 kilogr.
Forêts d'épicéas	13,859 —
Forêts de pins.	18,279 —

De l'ensemble de ces chiffres résultent un certain nombre de faits très-intéressants. D'abord ils nous fournissent des renseignements précieux et qui faisaient presque complétement défaut sur l'importance numérique de la chute des feuilles pour trois essences forestières. Nous voyons que dans les forêts de hêtres, après trois ou six années, le poids de la couverture est sensiblement le double de ce qu'il est annuellement. On peut en conclure qu'il faut environ trois ans pour que le feuillage du hêtre se transforme en humus (puisque ce dernier n'est pas compris dans les poids donnés pour la couverture).

Dans les massifs exploitables en bon état, la chute annuelle des feuilles est presque aussi considérable que dans les massifs qui approchent de l'époque de l'exploitabilité.

Dans les forêts de hêtres bien protégées, le poids de la couverture est sensiblement deux fois et demie plus élevé que celui des feuilles qui tombent annuellement.

Pour les massifs d'épicéas, la couverture trisannuelle pèse 2.2 fois autant, la couverture sexennale 2.7 fois autant que les feuilles tombées annuellement. La putréfaction des aiguilles d'épicéa est donc presque aussi rapide que celle des feuilles de hêtre, et, par suite, la couverture, après six années, ne devrait être que deux fois plus considérable qu'après une année, tandis qu'elle atteint presque un poids triple. La différence s'explique par la production simultanée de mousse qui ne se décompose pas.

La couverture annuelle et triennale des forêts d'épicéas est plus faible de cinq quintaux par hectare, environ, que celle des peuplements de hêtre, et, pour la raison que je viens de dire, la couverture sexennale excède d'environ dix quintaux [1] le poids de la litière de hêtre pour la même période.

Dans les forêts d'épicéas bien protégées, la masse de la couverture égale quatre fois environ le poids des aiguilles qui tombent annuellement.

Les aiguilles du pin se décomposent plus lentement que celles de l'épicéa et que les feuilles du hêtre ; elles mettent environ trois ans et demi à se transformer en humus. La couverture des forêts de pins protégées atteint environ cinq fois le poids des aiguilles tombées annuellement.

IV. — POIDS DE LA COUVERTURE COMPLÉTEMENT SÉCHÉE A L'AIR.

Les renseignements qu'on possède sur les poids et volume des feuilles et débris forestiers constituant la couverture sont contradictoires ; aussi les nombres résultant d'expériences directes que nous donne Ebermayer sont-ils très-intéressants à enregistrer. Ils ont été obtenus de la manière suivante : on remplissait un vase de capacité connue (un pied cube de Bavière) de feuilles complétement séchées à l'air, débarrassées de tout mélange étranger et tassées aussi fortement que le permettait l'élasticité des feuilles ou aiguilles, et l'on en déterminait exactement le poids.

Ces pesées, faites avec tous les soins désirables, ont donné les résultats suivants [2] :

Hêtre. — *a.* Un mètre cube de feuillage de hêtre, com-

---

1. Le quintal vaut 50 kilogr.

2. La difficulté d'obtenir ainsi des résultats sur lesquels on puisse absolument compter n'échappera pas aux personnes habituées à ce genre de recherches expérimentales.   L. G.

plétement desséché, immédiatement après la chute pèse, suivant les localités, de 51 à 73 kilogr., soit en moyenne 62 kilogr.

b. Un mètre cube de feuillage de hêtre à demi décomposé, récolté au printemps ou en été, pèse, en moyenne, 85 kilogr. et 100 kilogr. lorsque la décomposition est très-avancée (couverture de deux à trois années).

c. Comme résultat moyen de toutes les déterminations, on a obtenu $77^k,6$ pour le poids du mètre cube des feuilles contenant 13 p. 100 d'eau, et $81^k,5$ pour les feuilles à 18 p. 100 d'eau.

Le volume de la couverture annuelle moyenne d'une forêt de hêtre, soit 4,106 kilogr., serait de 66 mètres cubes.

Épicéa. — Un mètre cube d'aiguilles d'épicéa sèches et non altérées, à 12 p. 100 d'eau, pèse entre 148 et 156 kilogr., soit en moyenne 152 kilogr.

Un mètre cube d'aiguilles à demi transformées pèse 160 à 175 kilogr., soit, en moyenne, $163^k,5$ à 12 p. 100 d'eau, et $168^k,4$ à 15 p. 100 d'eau.

Les pesées faites en forêt ont donné, comme moyenne générale, un poids de $137^k,6$ pour le mètre cube d'aiguilles d'épicéa sèches, avec leur mélange naturel de mousse.

Pin. — A volume égal, les aiguilles du pin sont un tiers plus légères que celles de l'épicéa. Un mètre cube pèse entre 96 et 106 kilogr., en moyenne 101 kilogr. A demi transformées, elles pèsent en moyenne 121 kilogr. au mètre (de 113 à 124). La moyenne générale de tous les essais a donné $113^k,9$ à 11 p. 100 d'eau, et $117^k,3$ à 14 p. 100 d'eau.

La couverture des pinières est formée, outre les aiguilles, de mousse et de bruyères ; elle est mélangée de sable, ce qui élève son poids au-dessus de celui des aiguilles considérées seules : prélevée ainsi en bloc sur le sol, elle a été trouvée, d'après de nombreuses pesées, égale à $161^k,8$, en moyenne, par mètre cube.

Mousse. — La mousse qui fait si fréquemment partie intégrante de la couverture, a été aussi l'objet de déterminations directes, sans mélange; son poids a été trouvé en moyenne de 88 kilogr. au mètre (77 à 100 kilogr.). Un mètre cube de mousses mélangées d'humus peut peser jusqu'à 126 kilogr. La moyenne générale pour le poids du mètre de couverture de mousse pure est de $99^k,11$ avec une teneur moyenne en eau de 15 p. 100, et 104 kilogr. avec 30 p. 100 d'eau. La mousse pure pèse donc un tiers moins, à volume égal, que les aiguilles d'épicéa, et sensiblement autant que celles de pin. D'après les essais d'Ebermayer :

Un mètre cube de fougère pèse 59 kilogr.

Un mètre cube de bruyères avec tiges $60^k,3$.

Un mètre cube de paille de seigle 58 à 77 kilogr., en moyenne 70 kilogr.

Nous allons examiner maintenant la composition chimique de la couverture des forêts de hêtres, d'épicéas et de pins.

V. — LES PRINCIPES CONSTITUANTS DE LA COUVERTURE DES FORÊTS.

Pour pouvoir se faire une idée exacte des décompositions qu'éprouve la couverture des forêts en se transformant en humus ; pour apprécier la valeur chimique de la couverture, son importance pour la nutrition des plantes et l'influence de son enlèvement sur la croissance du bois, il est nécessaire de connaître, au préalable, la composition des détritus forestiers, constitués, comme toutes les substances végétales, par des matières combustibles ou organiques et par des éléments minéraux, incombustibles (cendres).

1. — *Teneur en eau de la couverture.*

Les jeunes feuilles et les aiguilles, au printemps, sont plus riches en eau qu'à toute autre période de la végétation : (en mai elles renferment 60 à 78 p. 100 d'eau). Le taux s'abaisse ensuite et reste sensiblement constant de juin à la fin de la période de la végétation (oscillant entre 50 et 60 p. 100). Les feuilles et aiguilles qui tombent naturellement contiennent encore 30 à 50 p. 100 d'eau, en perdent rapidement une partie et ne gardent que 20 à 30 p. 100 d'humidité : elles se dessèchent enfin complétement à l'air et ne retiennent plus alors que 15 à 20 p. 100 d'eau hygroscopique. Étalées sur une surface sèche, dans un endroit chaud et aéré, les feuilles perdent encore de l'eau, et leur teneur tombe invariablement alors entre 10 et 14 p. 100.

Après dessiccation complète *à l'air*, Ebermayer a trouvé les chiffres suivants :

Nature des couvertures.	Eau pour 100			Nombre
	Minimum.	Maximum.	Moyenne.	d'analyses.
Feuillage de hêtre	11.32	16.88	14.00	74
— de chêne	12.23	13.37	12.92	3
— d'épicéa	10.40	15.10	12.58	83
— de sapin	11.53	15.15	12.84	25
— de pin	10.75	16.17	11.93	45
— de mélèze	13.65	13.83	13.74	2
Mousse de forêt	12.10	15.25	14.13	15
— analyse d'Hoffmann	12.60	18.83	15.70	9

Le degré d'humidité influe à la fois sur le poids et sur le volume de la couverture, qui se tasse moins bien quand elle est sèche que lorsqu'elle est humide.

D'après les essais d'Ebermayer, la couverture de hêtre complétement humide et mouillée (après une pluie) augmente de 10 p. 100 de son volume par la dessiccation. Un mètre cube qui, mouillé, pèse 313 kilogr., ne pesait plus, après dessiccation à l'air, que 102 kilogr.

Les aiguilles d'épicéa n'augmentent pas de volume par la dessiccation. Les aiguilles de pin et la mousse augmentent de 5 p. 100.

2. — *Les principes combustibles de la couverture.*

D'après les très-nombreuses analyses citées par Ebermayer, 100 parties en poids de couverture contiennent les proportions suivantes de substances organiques (combustibles) :

Nature de la couverture.	Pour 100			Nombre
	Minimum.	Maximum.	Moyenne.	d'analyses.
Feuillage de hêtre.	76 à 77	81 à 82	78 à 80	75
— de chêne.	81	82	82	3
Aiguilles d'épicéa	79 à 80	85 à 86	82 à 83	82
— de sapin	78 à 70	85 à 86	81 à 82	25
— de pin.	82	87 à 88	85 à 86	45
— de mélèze	»	»	82	2
Mousses diverses.	78	85	81 à 82	15
— d'après Hoffmann	78	84	81	9

Ces substances organiques subissent des décompositions successives pour arriver à former l'humus.

3. — *Quantité totale de substance organique produite en forêt par hectare et par an.*

Les données de ces calculs sont les suivantes :

La production annuelle en *substance sèche,* dans les différents massifs, s'évalue par l'accroissement annuel du produit principal et des éclaircies : on y ajoute la quantité de couverture (feuilles) produite annuellement.

La croissance annuelle du bois a été obtenue par des estimations faites, sur chacune des parcelles en expérience, par l'agent forestier chargé spécialement de ces parcelles. La chute de feuilles annuelles a été estimée par de nombreuses pesées effectuées sur les mêmes parcelles pendant une série d'années.

Dix-neuf tableaux (appendice à l'ouvrage) donnent tous les détails des estimations de la croissance annuelle. Ces tableaux fournissent, pour chaque expérience, les données suivantes :

Situation générale de la parcelle.

1° Indication de la localité forestière.
2° Altitude.
3° Exposition.
4° Inclinaison (pente).
5° Désignation spéciale de la parcelle.
6° État du voisinage. Orientation.

Description du sol.

7° Origine géologique du sol.
8° Désignation d'après la dominante minéralogique.
9° Nature et végétation de la surface.

10° Profondeur à laquelle pénètrent les racines; épaisseur de l'humus.

11° Degré d'humidité.

12° Consistance du sol.

13° Profondeur et nature du sous-sol.

Nature du massif.

14° Nature des essences et proportion de leur mélange.

15° Age moyen du massif.

16° Production en bois de la parcelle (à l'hectare).

17° Accroissement moyen annuel (non compris les éclaircies).

L'accroissement moyen annuel (tronc et branches réunis) est le suivant, d'après l'ensemble des données des dix-neuf tableaux :

I. ACCROISSEMENT ANNUEL POUR LES MASSIFS DE HÊTRES.

a. — *Massifs âgés de* 30 *à* 60 *ans.*

Inspection de :	Mètres cubes à l'hectare.
Rothenbuch.	5.15
Waldaschaff.	2.86
Wiesen	4.76
Binsfeld	4.60
Hain XII, 5.	3.29
Schernfeld.	6.09
Lohrerstrasse.	3.85
Höchberg	4.00
Gefäll.	7.60
Rohrbrunn.	4.50
Ruppertshütten.	6.08
Moyenne générale.	4.80

b. — *Massifs âgés de 60 à 90 ans.*

Inspection de :	Mètres cubes à l'hectare.
Hundelshausen	2.96
Rothenbuch	5.54
Merzalben	4.57
— sur basalte	3.72
— avec mélange de chêne.	2.75
Hain	2.22
Stiftswald	3.95
Moyenne générale. . . .	3.67

c. — *Massifs âgés de 90 à 120 ans.*

	Mètres cubes à l'hectare.
Hundelshausen	4.55
Waldaschaff	3.99
Breitenfurth	3.55
Kipfenberg.	2.98
Hain	3.15
Waldleiningen	4.80
Rothenbuch	4.18
Moyenne générale. . . .	3.89

II. ACCROISSEMENT ANNUEL POUR LES MASSIFS D'ÉPICÉAS.

a. — *30 à 60 ans.*

	Mètres cubes à l'hectare.
Bischofswies	4.59
Krün	2.26
Altenbuch	5.92
Effelter	7.27
Bayersried.	8.00
Partenkirchen	5.02
Goldcronach	3.87
Walchensee	9.96
Wallenfels	9.45
Bischofsgrün	7.60
Marquartstein.	8.96
Tussenhausen.	7.56
Moyenne générale. . . .	6.71

b. — 60 à 90 ans.

Inspection de :	Mètres cubes.
Schliersee	6.75
Riss	9.57
Königssee	9.09
Saalachthal	8.20
Bayersried	6.53
Ottobeuren	6.04
Kirchdorf	7.51
Lauenhain	4.57
Bischofsgrün	6.69
Moyenne générale	7.28

c. — 90 à 120 ans.

	Mètres cubes.
Bayersried VI, 3	6.86
Valepp	4.95
Rothenkirchen	5.90
Ramsau	6.86
Oberammergau	6.34
Ottobeuren	7.76
Schellenberg	6.27
Lauenhain	3.45
Jachenau	6.97
Geroldsgrün	5.33
Moyenne générale	6.07

III. ACCROISSEMENT ANNUEL POUR LES MASSIFS DE PINS.

a. — De 25 à 30 ans.

Waldaschaff	5.84
Grafenwöhr I	4.60
Bodenwöhr	3.00
Lichtenhof	2.49
Hannesreuth	2.62
Erlenbach	5.42
Brunnau	6.00
Pyrbaum	4.81
Brunnau	4.17
Bodenwöhr II	2.21
Moyenne générale	4.12

b. — *De 50 à 75 ans.*

Inspection de :	Mètres cubes.
Iggelbach	7.39
Feucht	5.63
Pyrbaum	5.48
Erlenbach	6.36
Grafenwöhr III	4.48
Allersberg	5.17
Moyenne générale	5.75

c. — *De 75 à 100 ans.*

	Mètres cubes.
Elmsheim	5.71
Nittenau	2.55
Pyrbaum·	4.68
Erlenbach	5.28
Waldleiningen	3.48
Moyenne générale	4.34

Le bois de souche et les racines afférents au produit principal et qui ne sont pas compris dans les évaluations précédentes sont estimés :

Pour les massifs de 30 à 60 ans à 5 p. 100
—   60 à 90 —   10 —
—   90 à 120 —   15 —   de la masse de bois abattu sur la superficie.

Le produit des éclaircies et nettoiements est évalué :

Pour les massifs de 30 à 60 ans à 10 p. 100
—   60 à 90 —   25 —
—   90 à 120 —   35 —   du produit principal.

Pour passer du volume de l'accroissement annuel *au poids* du bois, on a pris, pour poids spécifiques des bois séchés à l'air, les chiffres suivants :

Pour le hêtre	0.70
Pour l'épicéa	0.45
Pour le pin	0.60

Et pour obtenir la masse du poids anhydre, on a retranché 15 p. 100 (poids de l'eau hygroscopique). .

D'après cela :

Un mètre cube de hêtre (anhydre) pèse 595 kilogr.
—   d'épicéa   —   382 —
—   de pin   —   510 —

D'après ces données, la *production annuelle des forêts en substance sèche* s'élève, en moyenne, aux poids et volumes suivants :

Rendements moyens annuels à l'hectare.

AGE DES BOIS.	Produit principal.	Souches et racines.	Éclaircies, nettoiements.	Somme des volumes.	POIDS DES PRODUITS.			SUBSTANCES ORGANIQUES (déduction des cendres).		
					Bois anhydres.	Feuilles	Somme de la substance sèche produite.	Bois.	Feuilles.	Somme.
I. MASSIFS DE HÊTRES.										
	En mètres cubes.				En kilogrammes.					
De 30 à 60 ans.	4.80	0.24	0.48	5.52	3284	3365	6649	3251	3176	6427
De 60 à 90 ans.	3.67	0.37	0.55	4.59	2731	3368	6099	2704	3179	5883
De 90 à 120 ans.	3.89	0.58	1.37	5.84	3474	3270	6744	3439	3087	6526
Moyennes.	»	»	»	5.32	3163	3331	6497	3131	3147	6278
II. MASSIFS D'ÉPICÉAS.										
De 30 à 60 ans.	6.71	0.33	1.01	8.05	3075	3369	.6444	3044	3217	6261
De 60 à 90 ans.	7.28	0.73	1.82	9.83	3749	2869	6618	3712	2740	6452
De 90 à 120 ans.	6.07	0.91	2.13	9.11	3480	2783	6263	3445	2658	6103
Moyennes.	»	»	»	8.99	3435	3007	6442	3400	2872	6272
III. MASSIFS DE PINS.										
De 25 à 50 ans.	4.12	0.21	0.41	4.74	2417	2921	5338	2393	2878	5271
De 50 à 75 ans.	5.75	0.58	1.44	7.77	3963	3002	6965	3923	2958	6881
De 75 à 100 ans.	4.34	0.65	1.52	6.51	3320	3636	6956	3287	3578	6865
Moyennes.	»	»	»	6.34	3233	3186	6420	3201	3138	6339

Par substance organique (cendres déduites), il faut entendre le poids brut diminué des *cendres pures,* c'est-à-dire débarrassées d'acide carbonique, de sable et de charbon. Ebermayer a admis *en moyenne,* pour les différentes sortes de bois, 1 p. 100 de cendre. Le tronc est plus pauvre que les branches et ne renferme guère que 0.5 p. 100. Pour la *couverture,* Ebermayer a adopté les moyennes que de très-nombreuses analyses lui ont fournies, savoir :

        Pour les feuilles. . . . . 5.60 p. 100 de cendres.
        Pour les épicéas. . . . . 4.50   —
        Pour les aiguilles de pin. . 1.46   —

Les chiffres des tableaux précédents sur la production annuelle proviennent de milliers de déterminations (pesées et estimations) ; il y a lieu d'être frappé de la parfaite concordance des moyennes générales, et l'on peut considérer ces dernières comme l'expression réelle des faits. D'après cela un hectare produit, par an, en moyenne générale, les quantités suivantes de substance organique :

        Massif de hêtres. . . . . 6,278 kilogr.
          —   d'épicéas. 6,272   —
          —   de pins. 6,339   —

Il résulte de la comparaison de ces nombres qu'en *moyenne* générale, un hectare de forêt produit annuellement la même quantité de substance organique, quelle que soit la nature des *essences.*

De cette masse de substance organique produite, moitié environ constitue le bois et s'exporte avec lui, l'autre moitié tombe annuellement sur le sol (feuilles, aiguilles, brindilles, enveloppes de fruits, semences, etc.) et forme la couverture.

Des chiffres donnés plus haut, résulte que la quantité de

matière organique rejetée chaque année par la forêt (formant la couverture) s'élève en moyenne :

Dans les massifs de hêtres à 50.0 p. 100
—   d'épicéas à 45.7   —
—   de pins à 49.5   —

de la masse organique produite.

Dans les catégories d'âges où l'accroissement annuel atteint son *maximum,* la quantité de substance organique qui forme la couverture *s'abaisse* naturellement. Le calcul de ces rapports donne les nombres suivants :

	MASSIFS DE		
	hêtres. Pour 100.	épicéas. Pour 100.	pins. Pour 100.
Bois moyens.	49.4	51.3	54.6
Approchant de l'exploitabilité. .	54.0	42.5	43.0
Exploitables.	47.3	43.5	52.1

Si l'on enlève des forêts la couverture récemment tombée, on exporte donc sensiblement autant de matière organique qu'il se forme de bois par l'accroissement annuel.

4. — *Principes immédiats organiques de la couverture.*

On peut diviser en deux grands groupes les principes immédiats des produits forestiers qui constituent la couverture : 1° principes non azotés ; 2° principes azotés.

Les premiers, formés de carbone, d'hydrogène et d'oxygène, sont la cellulose brute ou tissu ligneux, les matières grasses, et l'ensemble des composés que l'on désigne, faute de mieux, sous le nom de matières extractives, comprenant la fécule, la gomme, le sucre, le tanin, les principes amers, résines, etc.

5. — *Principes non azotés de la couverture.*

a) Le ligneux, constitué par un mélange de cellulose et de lignine, est la matière qui forme les parois de toutes les cellules végétales lignifiées. C'est lui qui est l'élément principal de la production de l'humus. Les parois des cellules, des bourgeons et des jeunes feuilles sont presque exclusivement formées de cellulose pure et d'eau : au fur et à mesure de leur vieillissement, les cellules se lignifient, des quantités croissantes de matière minérale, principalement de chaux et de silice, pénètrent le tissu cellulaire et s'y déposent par incrustation. Les bois secs contiennent, en moyenne, environ 50 p. 100 de leur poids de lignine.

Les tissus végétaux lignifiés sont moins digestibles que le feuillage et possèdent, par conséquent, abstraction faite de leur teneur en azote, une valeur nutritive moindre.

La teneur en lignine des feuilles augmente avec l'âge ; elle varie de 7 à 28 p. 100 selon la saison. Les feuilles complétement sèches contiennent, suivant les essences auxquelles elles appartiennent, de 14 à 24 p. 100 de cellulose brute, en été, et de 25 à 30 p. 100 en automne.

b) *Matières grasses.* — Les feuilles d'un arbre, comme tous les tissus végétaux, renferment des quantités de matières grasses variant, suivant l'âge, de 2 à 6 p. 100 du poids de la substance sèche. En moyenne, on peut admettre que les principes non azotés entrent pour 50 p. 100 dans la constitution du feuillage.

6. — *Principes azotés de la couverture.*

Les matières azotées (protéine, albumine, etc.) sont un élément constant de tous les tissus végétaux. Les semences en renferment des quantités plus considérables que les autres organes des plantes, mais la matière protéique ne fait défaut nulle part dans les végétaux. Comme éléments de la couverture des forêts, les principes albuminoïdes jouent un rôle prédominant, à raison de leur facile décomposition.

Ces substances, en effet, se transforment, se putréfient beaucoup plus rapidement que les composés organiques dans la constitution desquels n'entre pas d'azote. Leur destruction a pour résultat la production d'ammoniaque et de nitrates, aliments si importants pour les plantes.

La teneur des feuilles en principes albuminoïdes va en diminuant à mesure que celles-ci vieillissent, ainsi que le prouvent les analyses suivantes[1] :

Mois.	MATIÈRE AZOTÉE POUR '00 DANS		
	feuilles de chêne.	feuilles de hêtre.	aiguilles de mélèze.
Mai.	25.9	28.2	28.7
Juin	14.6	18.9	12.2
Juillet	14.0	18.3	10.7
Août.	9.9	17.8	6.9
Septembre	7.0	14.3	6.1
Octobre.	6.6	12.0	5.5
Novembre	»	7.8	»

Les feuilles vertes des diverses essences forestières, prises au même moment, renferment des proportions dif-

---

1. Voir *Recherches sur la composition des feuilles.*

férentes de matières albuminoïdes, comme le montrent les analyses effectuées dans le laboratoire de Tharand sur des feuilles des espèces suivantes, récoltées vertes et complétement desséchées avant l'analyse :

Matière protéique pour 100.

Aune blanc	17.76
Tilleul à petites feuilles	14.86
Érable de montagne	14.86
Coudrier	14.50
Chêne	14.36
Tilleul de Hollande	13.86
Acacia	12.44
Saule pentandre	12.34
Orme	11.71
Sorbier de l'oiseleur	11.34
Frêne	11.21
Bouleau	10.96
Hêtre	10.64
Tremble	10.08
Aune noir	9.13
Charme	7.81

La moyenne générale de la teneur en matières protéiques du feuillage vert desséché serait de 12.36 p. 100.

Le foin de trèfle en contient, en moyenne, 13 à 15 p. 100 ; le bon foin de prairie, 10.4 ; le foin de qualité moyenne, 8.2 ; le foin des Alpes, 12.21 ; il résulte de là que le feuillage des arbres contient autant d'éléments nutritifs (pour moutons, chèvres ou bœufs) que le bon foin de prairie, et vaut mieux que le foin médiocre. Un quintal de feuillage vert équivaudrait donc, comme valeur nutritive, à un quintal de foin.

Les feuilles et les aiguilles mortes sont plus pauvres en matières azotées que les mêmes organes vivants ; d'après les recherches de Krutzsch, 100 parties de feuilles mortes, complétement sèches, des diverses essences renferment les proportions suivantes de matières protéiques :

Feuilles de hêtre, de 5 à	7.81	de matière azotée.
— de chêne,. . .	6.62	—
Aiguilles d'épicéa, . . .	8.43	—
— de pin, ...	11.81	—
— de mélèze, . .	5.50	—
Branches d'épicéa, . . .	3.56	—
Cônes de pin, ...	2.31	—

La teneur en matière azotée des mousses varie, d'après Hoffmann, de 5.25 à 8.94 p. 100. La mousse de forêt séchée à l'air contient en moyenne 7.37 p. 100 de substance protéique ; elle est, par conséquent, plus riche en azote que les feuilles d'arbres tombées. Comparée, sous le rapport de la teneur en azote, aux diverses pailles, la mousse de forêt est deux fois plus riche environ que les pailles employées comme litières (renfermant en moyenne 3.6 p. 100 de substance azotée). Les sciures de bois sont elles-mêmes plus riches en matières azotées que les pailles : peuplier, 4.43 p. 100 ; épicéas, 3.31 ; pins, 4.49. En général, dans les diverses essences, il y a de 3 à 5 p. 100 de substances azotées.

Plus le diamètre des bois est petit, plus ces derniers sont riches en matière azotée (Karsten et Schrœder).

VI. — COMPOSITION ÉLÉMENTAIRE DES PRODUITS FORESTIERS.

L'élément caractéristique de toutes les substances organiques, c'est le carbone qui constitue la plus forte partie de la matière sèche des tissus végétaux. Toutes les plantes, phanérogames et cryptogames (à l'exception des champignons, dont la composition est encore mal connue), sont formées sensiblement des proportions suivantes :

Carbone	45.0 p. 100
Oxygène.	42.0 —
Hydrogène	6.5 —
Azote.	1.5 —
Cendres.	5.0 —
Total	100.0 p. 100

Dans les différents organes, la teneur du carbone ne s'écarte pas, en plus ou en moins, de plus de 3 p. 100 des chiffres ci-dessus; l'hydrogène, rarement de plus de 2 p. 100; quant au taux en azote, il peut varier de quelques millièmes à 4.5 p. 100 (dans les graines fourragères).

La couverture des forêts présente sensiblement la composition moyenne que je viens d'indiquer, sauf que l'azote n'y figure que pour 1.18 à 1.25 p. 100 au lieu de 1.5. Nous examinerons plus loin les variations dans le taux des cendres.

Le bois de nos essences forestières est plus riche en carbone que leurs feuilles et leurs aiguilles; il est formé, en effet, de 48 à 50 carbone, 43 à 44 oxygène, 6.07 à 6.86 hydrogène et 0.5 à 0.8 azote; rarement il renferme plus de 1 p. 100 d'azote. Ces chiffres se rapportent tous au bois desséché à 100 degrés.

Les résineux contiennent 1 à 2 p. 100 de carbone en plus que les feuillus.

VII. — QUANTITÉS DE CARBONE ASSIMILÉES ANNUELLEMENT PAR LES FORÊTS.

Pour arriver à établir la quantité de carbone qui est fixée par un hectare de forêt, Ebermayer procède de la manière suivante.

D'après les chiffres donnés plus haut, il admet, pour la teneur moyenne en carbone du bois et de la couverture, les nombres que voici :

Bois de hêtre anhydre. . . $= 50$ p. 100
  — d'épicéa   — . . . $= 52$ —
  — de pin   — . . . $= 52$ —
Couverture de hêtre . . . $= 48$ —
    —   d'épicéa. . . . $= 45$ —
    —   de pin . . . . $= 45$ —

La quantité de carbone fixée, par année et par hectare, est donc de :

	DANS LES MASSIFS DE		
	hêtre.	épicéa.	pin.
Sous forme de bois . . .	1,586	1,790	1,664
Sous forme de couverture.	1,416	1,292	1,410
Carbone total. . . .	2,982	3,080	3,074

La moyenne est de **3,040** kilogrammes par hectare et par an.

Ce charbon étant exclusivement fourni par la décomposition de l'acide carbonique (formé de six parties en poids de carbone pour vingt-deux d'acide carbonique), on voit qu'un massif d'un hectare emprunte annuellement son carbone à **11,150** kilogrammes, soit à **5,660** mètres cubes d'acide carbonique (à 0 degré et **760** millimètres).

Cet emprunt se fait sinon exclusivement, au moins en presque totalité, à l'atmosphère, par les feuilles.

L'air renferme, en moyenne, quatre litres d'acide carbonique par 10,000 litres; pour assimiler la quantité de carbone nécessaire par hectare (3,040 kilogrammes), les feuilles doivent donc se trouver en contact avec un peu plus de 14 millions de mètres cubes d'air (en supposant qu'elles lui prennent tout son acide carbonique), c'est-à-dire avec une couche d'air de 10 mètres de hauteur qui devrait se renouveler quatorze fois pendant la période de végétation. Je me borne à enregistrer le calcul d'Ebermayer, j'y reviendrai plus loin.

Chaque homme adulte produit en moyenne, par vingt-quatre heures, $0^k,800$ d'acide carbonique qu'il déverse dans l'air par l'acte respiratoire; pour fournir la quantité d'acide carbonique nécessaire à la production forestière annuelle d'un hectare, il faut que cet homme respire pendant trente-huit ans. En d'autres termes, trente-huit individus lancent annuellement dans l'atmosphère le volume d'acide carbonique correspondant à l'exigence en carbone d'un hectare de forêt.

La Bavière possède 2,547,000 hectares de bois, il faudrait donc le produit de la respiration de 98 millions d'hommes (deux fois et demie la population de l'Allemagne) pour couvrir les exigences en carbone des seules forêts bavaroises. Mais les causes de production d'acide carbonique sont nombreuses. Les combustions de tous genres y pourvoient. Ebermayer évalue aux quantités suivantes, d'après les nombres de Heiden, qu'on peut regarder, dit-il, comme des minima, les poids d'acide carbonique déversés annuellement dans l'atmosphère et qui dépassent de beaucoup ce que les végétaux du monde entier peuvent consommer d'acide carbonique.

	Mille quintaux.
La respiration des êtres vivants produirait.	8,790
Les combustions diverses	35,858
La putréfaction et autres décompositions .	820,000
Total.	864,648

Les détritus des arbres forment à eux seuls une source prépondérante d'acide carbonique, pour les forêts, par suite de leur décomposition à la surface du sol. Ebermayer admet que les forêts donnent annuellement, de ce chef, par hectare, 4,800 à 5,200 kilogrammes, soit 2,440 à 2,650 mètres cubes d'acide carbonique dont une partie est assimilée directement par les feuilles et l'autre reprise à l'atmosphère par les pluies. Je reviendrai plus loin sur ces calculs en examinant les emprunts en ammoniaque faits à l'atmosphère par les forêts.

VIII. — LES ÉLÉMENTS MINÉRAUX DE LA COUVERTURE.

1. Quantité de matières minérales enlevées au sol par la production annuelle de bois sur un hectare.

Répartition des éléments minéraux dans les divers organes de l'arbre. — Comme tous les végétaux, les arbres laissent, après leur combustion, un résidu (cendres) constitué par les principes minéraux fixes qu'ils ont empruntés au sol pendant la vie. La détermination de la quantité et de la nature de ces principes importe beaucoup pour arriver à établir les exigences des diverses essences en substances minérales, et l'appauvrissement annuel du sol forestier en potasse, chaux, acide phosphorique, etc.

E. Ebermayer a réuni sur ce point de très-nombreux documents dont la publication et la discussion forment le tiers environ de sa remarquable étude sur la statique des forêts. Je vais chercher à condenser, autant que possible, les résultats les plus saillants de ce considérable recueil de chiffres, renvoyant mes lecteurs, pour tous les détails, à l'œuvre originale.

Les principes minéraux, que je désignerai par le mot cendres, se répartissent très-inégalement dans l'arbre. D'après leur richesse absolue en cendres, les divers organes peuvent se classer dans l'ordre suivant : feuilles et aiguilles (parties les plus riches en cendres de tout le végétal) ; puis viennent l'écorce, les jeunes branches (fagots), les branches les plus fortes et, enfin, la tige ou tronc proprement dit. Le taux de cendre augmente à mesure que l'on considère les parties les plus éloignées de la racine, dans laquelle il tombe à son minimum ; le sommet de l'arbre est plus riche que la base ou le milieu : les parties extérieures de la tige sont également plus riches en cendres que les parties centrales ; en un mot, les matières minérales semblent émigrer du sol qui les fournit vers les organes les plus éloignés du centre de l'arbre, aussi bien en hauteur que suivant l'axe vertical. Le bois parfait est de toutes les parties de l'arbre le plus pauvre en principes incombustibles. Pour que l'arbre se développe normalement et atteigne de grandes dimensions, il faut donc qu'il rencontre dans le sol une quantité assez notable de substances minérales assimilables. Il est cependant, à ce point de vue, beaucoup moins exigeant que la plupart de nos végétaux agricoles.

Nous allons successivement considérer, comme nous

l'avons fait pour la substance organique, la teneur de la couverture et celle du bois exploité, en principes minéraux.

Le tableau suivant donne une idée générale de la richesse en cendres des matériaux constituant la couverture :

Taux pour 100 des cendres de la couverture complétement desséchée.

Nature de la couverture.	Minima.	Maxima.	Moyenne de tous les échantillons.	Nombre des analyses.
Feuillage de hêtre.	4.03	9.91	5.57	21
Aiguilles d'épicéa.	3.23	10.19	4.52	18
Aiguilles de pins	1.07	2.00	1.46	11
Branches de pin mortes	»	»	1.19	1
Aiguilles de sapin.	1.99	5.27	3.78	5
Aiguilles de mélèze . ·	»	»	4.00	1
Aiguilles de mélèze, en octobre .	2.49	6.02	3.52	5
Feuillage de chêne.	»	»	4.39	1
Mousse de forêt.	2.32	3.92	3.09	3
— d'après Wolff	1.30	3.71	2.56	7
— d'après Hoffmann. . . .	1.37	6.30	3.38	9
Cenomyce rangiferina	0.62	1.28	0.97	4

Couvertures diverses, d'après Wolff.

Bruyère (*Calluna vulgaris et Erica*)	0.84	3.32	2.08	11
Fougères.	5.13	7.94	6.76	8
Espèces diverses de joncs. . . .	3.37	7.12	5.59	5
Arundo fragmites.	2.37	4.84	4.10	4
Spartium scoparium	»	»	1.81	1
Herbes acides, carex, etc	3.40	13.70	7.11	8

Pailles diverses.

Pailles de blé d'été	4.46	7.00	5.37	18
Pailles de blé d'hiver.	2.99	6.09	4.45	7
Pailles de seigle d'hiver	3.15	5.86	4.79	10
Pailles d'orge.	2.97	6.80	4.80	21
Pailles d'avoine.	3.38	5.20	4.70	9

Influence de l'altitude sur le taux des cendres. — Ces nombres offrent des indications générales, mais ils ne sauraient être considérés comme absolus, la teneur en cendre des feuilles étant fonction de causes diverses, parmi lesquelles j'appellerai tout particulièrement l'attention sur l'influence exercée par l'altitude. Ebermayer nous fournit sur ce point des chiffres extrêmement intéressants.

A mesure qu'on s'élève au-dessus du niveau de la mer, le taux pour cent des cendres des feuilles diminue, pour la même essence, toutes choses égales d'ailleurs, dans une proportion vraiment surprenante. On en jugera par la comparaison de l'analyse des feuilles de hêtre, de mélèze et d'épicéa, récoltées à des altitudes différentes, desséchées et incinérées.

HÊTRE.		ÉPICÉA.		MÉLÈZE.	
Altitude. — Mètres.	Taux pour 100 de cendres.	Altitude. — Mètres.	Taux pour 100 de cendres.	Altitude. — Mètres.	Taux pour 100 de cendres.
1,334	3.94	1,110	3.58	1,068	2.49
(Limite du hêtre.)					
685	5.52	915	5.43	880	2.77
324	6.70	730	6.25	476	3.57
237	6.97	130	10.19	171	6.02

Le même fait a été constaté pour les prairies; l'herbe des pâturages élevés laisse 2.91 p. 100 de cendres seulement, tandis que celle des prairies basses donne en moyenne 6.02 de résidu incombustible. Il résulte de là qu'en enlevant la couverture de la même manière dans deux forêts d'altitude très-différente, on enlève au sol des quantités de matières minérales qui peuvent varier du simple au double.

Teneur des bois en cendres. — Le bois est généralement très-pauvre en cendres : le taux de ces dernières variant de 0.40 p. 100, dans le bois parfait du tronc, à 2.40 p. 100 dans les petites branches[1]. Ebermayer adopte les chiffres moyens suivants pour les trois principales essences que nous avons comparées entre elles jusqu'ici.

	Hêtres. Pour 100.	Épicéas. Pour 100.	Pins. Pour 100.
Quartiers avec l'écorce . .	0.66	0.49	0.43
Rondins avec l'écorce . .	1.34	0.79	0.44
Fagots.	2.40	2.01	1.24

Pour calculer, d'après cela, la quantité totale de substances minérales enlevée par année et par hectare, par les divers peuplements dont il a été question jusqu'ici, Ebermayer pose les bases suivantes :

Massifs de hêtres de 120 ans :
    production annuelle. . . $5^{mc},32 = 3,163$ kilogr.
Massifs d'épicéas de 120 ans :
    production annuelle. . . $8^{mc},99 = 3,435$ kilogr.
Massifs de pins de 120 ans :
    production annuelle. . . $6^{mc},34 = 3,233$ kilogr.

Cette production annuelle se répartit, à l'exploitation, de la manière suivante :

	Hêtres.	Épicéas.	Pins.
	En centièmes de la production annuelle.		
Quartiers.	75	85	80
Rondins	15	5	10
Fagots.	10	10	10
	En kilogrammes.		
Quartiers.	2,372	2,920	2,587
Rondins	475	172	323
Fagots.	316	343	323
Totaux	3,163	3,435	3,233

---

1. On trouve, pages 91 à 94 de l'ouvrage d'Ebermayer, toutes les données sur la richesse respective en cendres des diverses essences.

De sorte que, en définitive, la masse totale produite annuellement sur un hectare enlève les quantités suivantes de matières minérales :

	MASSIFS		
	de hêtres. Kilogr.	d'épicéas. Kilogr.	de pins. Kilogr.
Quartiers....	15.65	14.31	11.12
Rondins....	6.36	1.36	1.42
Fagots.....	7.59	6.89	4.00
	29.60	22.56	16.54

C'est donc le hêtre qui est le plus exigeant sous le rapport de la nutrition minérale, puis vient l'épicéa, enfin le pin. Si l'on cherche les quantités de principes minéraux exigées par un mètre cube plein de chacune des trois essences : hêtre, épicéa, pin et mélèze, on trouve les nombres suivants :

Essences.	Quartiers. M. c. plein.	Rondins. M. c. plein.	Fagots. M. c. plein.
Hêtre....	$5^k,102$	$8^k,455$	$11^k,840$
Épicéa.....	1 ,629	2 ,790	10 ,973
Pin......	1 ,100	1 ,411	4 ,675

Ces chiffres montrent que la production d'un mètre plein de quartier de hêtre exige trois fois plus de matières minérales que celle du même volume de quartier d'épicéa, et quatre fois six dixièmes (4.6) plus que celle du mètre de pin. On voit, en outre, que suivant que la forêt produit des quantités respectivement plus fortes ou plus faibles de branches et de fagots, l'épuisement en matières minérales augmente ou diminue dans des porportions considérables. En effet, d'après ces données l'on peut conclure que la production d'un mètre plein de :

Rondins de hêtre	exige..	1.6 fois
Fagots de hêtre	— ..	2.3 —

Rondins d'épicéa	exige. .	1.7 fois
Fagots d'épicéa	— . .	6.7 —
Rondins de pin	— . .	1.2 —
Fagots de pin	— . .	4.2 —

autant de matières minérales qu'en réclame la production d'un mètre plein de quartier de chacune de ces essences. De là, résulte ce rapprochement très-intéressant que, plus est faible la production du bois qui a la plus grande valeur vénale (bois d'œuvre ou de quartier) dans une forêt, plus considérable est l'exportation de matières minérales et, conséquemment, l'appauvrissement du capital nutritif du sol; plus considérable, au contraire, est l'exportation du bois de service, par rapport aux fagots et aux rondins, plus faible se trouve l'emprunt fait au sol par la production forestière.

De ces résultats analytiques découlent des conséquences pratiques dignes de remarque : les forêts dans lesquelles l'accroissement porte surtout sur le tronc épuisent moins le sol que celles où la production des branches et du menu bois est plus grande; la haute futaie enlève à la terre moins de principes minéraux que le taillis ou le taillis sous futaie; les aménagements à longues révolutions épuisent moins le sol que les aménagements à périodes plus courtes, le bois de gros diamètre étant plus pauvre en cendres que les branches et le menu bois. Le chêne exploité pour l'écorçage épuise davantage que la futaie de chêne; cela dit, il ne faut pas oublier toutefois que le nettoiement naturel, qui s'opère dans les futaies par la mortification de branches et sous-branches, est précédé, comme nous l'avons dit plus haut, de la rétrogradation dans le tronc d'une partie notable de la matière minérale (particulièrement de la potasse et de l'acide phosphorique) qui, abandonnant les branches mortes, va servir à la production de nouveaux tissus.

Maintenant que nous avons estimé la quantité de matières minérales exportée par les coupes, examinons comparativement à quel chiffre s'élève annuellement le taux des cendres dans les produits qui constituent la couverture.

En moyenne générale, d'après ce que nous avons vu plus haut, le poids de la couverture annuelle s'élève :

		Pour 100 de cendres.
Pour les massifs de hêtre, à 3,331 kilogr. contenant	5.57	
— d'épicéa, à 3.007 — —	4.52	
— de pin, à 3.186 — —	1.46	

De sorte que la quantité de cendres contenue dans la couverture s'élève, par année et par hectare, à $185^k,54$ pour les massifs de hêtres ; $135^k,92$ pour ceux d'épicéas, et $46^k,52$ pour ceux de pins.

En ajoutant ces poids à ceux que nous avons obtenus précédemment pour les bois de tailles diverses, nous trouvons que la quantité de substances minérales qu'exige un hectare de forêts s'élève en somme, par année, aux nombres suivants de kilogrammes :

	MASSIFS		
	de hêtre.	d'épicéa.	de pin.
Bois	29.60	22.56	16.54
Couverture . . .	185.54	135.92	46.52
Totaux . . .	215.14	158.48	63.06

Ces trois derniers chiffres mettent en relief les différences profondes qui existent, au point de vue de leurs exigences en matières minérales, entre les essences étudiées par Ebermayer.

Les exigences du hêtre sont 1.4 fois celles de l'épicéa, 2.5 fois plus grandes que celles du pin. La frugalité du pin, par rapport aux autres essences, si l'on peut ainsi s'exprimer, ressort également de ces chiffres, si l'on vient à comparer les quantités de matière minérale respectivement nécessaires pour la production des feuilles et pour celle des bois, chez le hêtre, l'épicéa et le pin. En représentant par 1 la quantité de substance minérale exigée par le pin pour constituer ses aiguilles, on trouve que l'épicéa exige trois fois, et le hêtre quatre fois plus de principes minéraux du sol que le pin pour former son tissu foliacé. Les différences, en ce qui constitue la production annuelle du bois, sont bien moins sensibles dans ces trois espèces; les rapports sont seulement : 1 (pin); 1.4 (épicéa); 1.8 (hêtre). Les écarts entre les exigences en matières minérales des productions ligneuse et foliacée s'accusent plus nettement encore lorsqu'on les envisage chez la même essence. Les hêtres et les épicéas consomment annuellement pour produire leurs feuilles six fois autant de matières minérales qu'en exige le bois, et les aiguilles du pin trois fois autant seulement que son tissu ligneux.

La conclusion finale de toutes ces comparaisons, c'est que la formation de la couverture exige une quantité de principes minéraux infiniment supérieure à celle que réclame la production annuelle du bois. Si nous ne considérons que la couverture d'une année, nous voyons, pour les massifs de hêtres et d'épicéas, qu'elle exige autant de principes nutritifs minéraux, par hectare, que la production du bois en consomme pendant six années.

Pour les massifs de pins la consommation de la couverture annuelle correspond à l'emprunt fait au sol par le bois produit dans une période de trois ans.

Comparaison des cultures agricoles à la production forestière.

Le tableau suivant résume les emprunts en substance minérale faits à un hectare de terre par les principales récoltes agricoles et forestières.

A. *Récoltes agricoles.*

Nature des récoltes.		Rendement à l'hectare. En kilogr.	Cendres pour 100. En centièmes.	Cendres à l'hectare. En kilogr.
Blé	Grains.	1,840	1.69	31.0
	Paille	3,640	3.94	143.0
	Totaux. . .	5,480	»	174.0
Pommes	Tubercules frais.	14,640	1.12	164.0
de terre.	Fanes fraîches .	7,320	1.38	101.0
	Totaux. . .	21,960	»	265.0
Pois	Grains.	1,840	2.57	47.0
	Paille	2,490	4.13	122.0
	Totaux. . .	4,780	»	169.0
Foin de prairie		4,580	6.54	299.0
Foin de trèfle.		5,480	5.86	819.0

B. *Récoltes forestières.*

		Rendement à l'hectare. En kilogr.	Cendres pour 100. En centièmes.	Cendres à l'hectare. En kilogr.
Massifs	Bois.	3,163	»	29.6
de hêtres.	Couverture. . .	3,331	5.57	185.5
	Totaux. . .	6,494	»	215.1
Massifs	Bois.	3,435	»	22.6
d'épicéas.	Couverture. . .	3,007	4.52	135.9
	Totaux. . .	6,442	»	158.5
Massifs	Bois.	3,233	»	16.5
de pins.	Couverture. . .	3,186	1.46	46.5
	Totaux. . .	6,419	»	63.0

Au point de vue de l'épuisement du sol en matières minérales, les diverses récoltes se rangent dans l'ordre décroissant que voici :

	Matière minérale. Kilogr.
Trèfle (par hectare et par an). .	319
Prairie.	299
Pommes de terre.	265
Futaie de hêtre.	215
Blé.	174
Pois	169
Épicéa	158
Pin.	63

Les exigences forestières sont, d'après cela, beaucoup plus considérables qu'on ne l'admet généralement. Si l'on en excepte le pin, les essences forestières réclament presque autant de matières minérales que les récoltes agricoles. Mais l'épuisement du sol, dans ces conditions, est loin d'être le même, puisque la couverture restitue au sol forestier la majeure partie des principes nutritifs importants (potasse, acide phosphorique, azote) qui, dans les exploitations agricoles, sont exportés par l'enlèvement des récoltes. Il nous reste maintenant à examiner la composition des cendres des produits forestiers, que nous avons considérées jusqu'ici dans leur ensemble seulement.

2. Les différents éléments minéraux de la couverture. — Quantités de potasse, chaux, acide phosphorique, silice, etc., empruntés au sol par la couverture. — Quantités des mêmes principes exigées par le bois. — Exigences annuelles d'un hectare de forêt en principes minéraux. — Exigences de diverses cultures en substances minérales.

Nous avons vu précédemment à quel chiffre s'élève, en bloc, la quantité de matières minérales empruntées an-

nuellement au sol par un hectare de forêt de hêtre, d'é-
picéa et de pin. Nous allons examiner, avec Ebermayer,
les proportions respectives de chacun des éléments nutritifs contenus dans les cendres. La connaissance des quantités de potasse, d'acide phosphorique, de chaux enlevées
par les feuilles et par le bois, importe davantage au forestier que le taux brut des cendres de ces produits. La végétation de la forêt est liée, en effet, à la richesse du sol en
principes assimilables; ces derniers viennent-ils à s'a-
baisser à un minimum insuffisant pour la nutrition de
l'arbre, le sol est stérile; s'y trouvent-ils en proportions
convenables, la croissance de l'arbre et, par suite, le rendement atteignent leur maximum. Un sol peut être rendu
stérile par l'absence d'un seul des éléments (chaux, potasse, acide phosphorique, etc.), les autres s'y trouvant
en surabondance. La composition des cendres des essences
forestières nous renseigne donc sur les exigences de ces
dernières et sur les conditions de leur développement
dans un sol donné, toutes choses égales d'ailleurs.

Bien qu'il soit difficile, dans l'état de nos connaissances,
de se prononcer sur les quantités de chacun des principes
minéraux que doit renfermer un sol pour être fertile, il
n'est pas sans intérêt de constater la teneur en acide phosphorique, en chaux et en potasse des terres de qualités
différentes sous le rapport des rendements. Zöller a trouvé
dans les sols à blé de bonne qualité 0.219 et 0.129 p. 100
d'acide phosphorique.

Voici, d'après Schütze, quelques indications sur la
richesse des sols des diverses pinières :

	Neustadt-Eberwald. Acide phosphor. Pour 100.	Sols sableux de la Marche. Potasse. Pour 100.	Sols sableux. Chaux. Pour 100.
Pinières de 1re classe . .	0.0501	0.0457	1.8876
— 2ᵉ — . .	0.0569	0.0632	0.1622
— 3ᵉ — . .	0.0388	0.1221	0.1224
— 4ᵉ — . .	0.0299	0.0392	0.0963
— 5ᵉ — . .	0.0236	0.0241	0.0270
— 6ᵉ — . .	»	0.0215	0.0458

Il résulte de la comparaison de ces chiffres que le rendement est, en quelque sorte, proportionnel au taux d'acide phosphorique et de potasse des sols; quant à la chaux, la même remarque s'applique seulement aux sables, la plupart des terres contenant toujours beaucoup plus de chaux que n'en réclament les récoltes. Les tableaux suivants, empruntés à l'ouvrage d'Ebermayer, contiennent à peu près tous les chiffres nécessaires pour les calculs d'épuisement du sol en matières minérales, par les récoltes forestières.

Tableau I. — Il donne les chiffres minima, maxima et moyens des principaux éléments des cendres de la couverture et des pailles employées comme litière.

L'inégale exigence des éléments de la couverture en potasse, acide phosphorique et chaux résulte très-clairement des chiffres de ce tableau, qui mettent en relief les écarts considérables offerts par les divers détritus forestiers :

TABLEAU I.

TENEUR DES CENDRES DES DIVERSES COUVERTURES EN PRINCIPES MINÉRAUX.

Taux des cendres, potasse, soude, chaux, magnésie, oxyde de fer, acide phosphorique, silice et soufre.

NATURE DE LA COUVERTURE.	Cendres pures.	Potasse.	Soude.	Chaux.	Magnésie.	Oxyde de fer.	Acide phosphorique.	Acide sulfurique.	Silice.
		gr.	gr.	gr.					
Feuilles de hêtre . . maximum	99.1	8.31	1.78	34.81	6.92	2.28	5.85	2.54	50.80
— .. minimum	40.3	0.94	0.15	16.99	2.14	0.66	1.43	0.53	5.95
— .. moyenne	55.76	2.97	0.60	24.62	3.64	1.54	3.14	1.09	18.16
Aiguilles d'épicéa. . maximum	101.9	2.42	1.40	38.50	4.19	1.93	3.84	1.18	57.40
— .. minimum	31.1	0.95	0.22	5.36	0.74	0.22	1.26	0.43	3.86
— .. moyenne	45.27	1.61	0.56	20.27	2.32	0.93	2.14	0.70	16.54
Rhytidome d'épicéa.	»	0.48	0.07	6.33	0.41	0.55	0.23	0.88	4.61
Aiguilles de sapin. . maximum	52.7	4.54	0.68	38.67	3.05	1.70	4.08	1.04	4.97
— .. minimum	19.9	1.06	0.37	6.23	1.18	0.22	2.19	0.78	0.51
— .. moyenne	37.85	2.63	0.53	24.28	2.52	1.08	2.80	0.93	2.35
Aiguilles de sapin (en hiver). .	33.1	8.66	2.07	12.73	2.35	1.22	3.48	1.60	0.99
Aiguilles de mélèze (tombées).	40.0	1.83	0.54	8.79	2.76	1.03	1.50	0.65	22.81
Feuillage de chêne (tombé) . .	43.9	4.03	0.76	17.07	6.02	0.95	2.10	0.75	10.85
Feuilles de chêne (mortes). . .	49.0	1.64	0.30	23.83	1.94	0.30	3.96	2.17	15.17
Aiguilles de pin. . . maximum	20.0	2.44	1.03	10.31	2.53	1.10	1.54	0.60	2.30
— . . . minimum	10.7	0.95	0.19	2.57	0.76	0.13	0.76	0.42	1.39
— . . . moyenne	14.65	1.52	0.64	5.95	1.51	0.49	1.16	0.53	2.06
— d'après Schröder.	15.25	1.44	0.23	4 37	1.47	0.54	0.60	0.99	2.73
Branches de pin (bois mort) . .	11.91	0.43	0.12	3.69	0.45	0.83	0.30	0.30	3.65
Mousses diverses . . maximum	39.2	8.72	2.66	8.23	2.92	2.90	6.16	1.81	9.02
— .. minimum	23.2	6.96	0.67	8.34	1.79	0.64	2.87	1.54	2.17
— .. moyenne	30.98	7.61	1.42	5.47	2.51	1.82	4.78	1.65	4.88
— d'après Wolff	25.6	3.46	2.15	2.96	1.51	3.03	1.16	1.29	2.37
Fougère . . . . . . moyenne	67.6	24.05	2.73	8.30	4.69	1.11	5.53	2.35	13.74
Bruyère . . . . . . moyenne	20.8	2.68	1.37	4.47	1.95	0.85	1.40	0.85	6.17
Ajoncs et carex. . . moyenne	55.9	22.05	3.65	4.21	3.56	1.99	5.04	1.56	7.86
Jonc (roseau).	44.7	8,33	0.28	4.06	1.30	0.79	2.76	0.67	24.36
Genêt à balais	18.1	6.45	0.40	2.89	2.13	0.84	1.51	0.59	1.68
Paille de blé . . . . moyenne	53.7	7.33	0.74	3.09	1.33	0.33	2.58	1.32	36.35
Paille de seigle. . . moyenne	47.9	9,22	1.03	4.11	1.30	0.50	2.46	1.30	27.01
Paille d'orge . . . . moyenne	48.0	10.97	1.98	3.73	1.25	0.33	2.13	1.78	24.97
Paille d'avoine . . . moyenne	47.0	10.40	1.36	4.16	1.90	0.68	2.20	1.45	22.83

Le tableau II indique la composition centésimale des cendres des bois des diverses essences (hêtre, chêne, bouleau, épicéa, mélèze, etc.).

TABLEAU II.

RÉPARTITION DES ÉLÉMENTS DES CENDRES DANS LES DIVERSES PARTIES
DES ARBRES.

Teneur des cendres de bois en divers principes minéraux.

ESSENCES.	UN KILOGRAMME DE BOIS SÉCHÉ À L'AIR CONTIENT							
	Cendres.	Potasse.	Soude.	Chaux.	Magnésie.	Acide phosphorique.	Acide sulfurique.	Silice.
Hêtre. Quartiers.	5.5	0.9	0.2	3.1	0.6	0.3	0.1	0.3
— Rondins	8.9	1.4	0.2	4.1	1.6	1.0	0.1	0.6
— Fagots	12.3	1.7	0.8	5.9	1.3	1.5	0.1	1.2
Chêne. Quartiers	5.1	0.5	0.2	3.7	0.2	0.3	0.1	0.1
— Fagots	10.2	2.0	»	5.5	0.8	0.9	0.2	0.3
Bouleau.	2.6	0.3	0.2	1.5	0.2	0.2	»	0.1
Épicéa. Quartier.	1.69	0.34	0.01	0.67	0.16	0.04	0.02	0.05
— Tronc (partie du sommet)	2.60	0.51	0.05	0.89	0.25	0.12	0.03	0.05
Branches (sans écorce)	3.20	0.63	0.04	1.24	0.36	0.06	0.04	0.05
Branches au-dessus de 1 centim. de diamètre (non écorcées). .	9.67	1.35	0.36	3.96	0.76	0.38	0.11	1.06
Branches au-dessous de 1 centim. (non écorcées).	18.70	3.38	0.35	4.14	1.80	1.72	0.58	4.56
Épicéa. Quartiers, avec écorce .	3.14	0.44	0.04	1.44	0.23	0.11	0.05	0.18
— Rondins, id. . .	5.48	1.11	0.07	1.96	0.49	0.31	0.08	0.33
— Fagots id. . .	21.55	2.81	0.26	4.21	1.32	1.87	0.74	7 66
Pin. Quartier.	2.6	0.3	0.1	1.3	0.2	0.2	0.1	0.4
Branches de pin fraîches et vivantes.	13.86	3.15	0.42	3.20	1.33	1.42	0.52	1 42
Branches de pin mortes.	11.91	0.43	0.12	3.69	0.45	0.30	0.30	3.65
Mélèze. Quartier sans écorce . .	2.46	0.40	0.04	0.80	0.24	0.13	0.03	0.05
Sapin	2.4	0.4	0.2	1.2	0.1	0.1	0.1	0.2

Le tableau III, très-utile pour des calculs d'épuisement du sol par les diverses essences, indique les poids en grammes de chacun des principes minéraux importants contenus dans un mètre cube plein des quartiers, rondins et fagots de hêtre, d'épicéa et pin. Ces chiffres n'ont pas besoin de commentaires.

TABLEAU III.

ESSENCES.	UN MÈTRE CUBE (PLEIN) ENLÈVE AU SOL FORESTIER (QUANTITÉS EXPRIMÉES EN GRAMMES).										
	Cendres.	Potasse.	Soude.	Chaux.	Magnésie.	Oxyde de fer.	Oxyde de manganèse.	Acide phosphorique.	Acide sulfurique.	Silice.	Chlore.
Hêtre. Quartiers .	5,102	836	195	2,524	610	33	59	385	29	397	4
— Rondins. .	8,455	1,282	176	3,878	1,373	27	110	980	57	566	6
— Fagots . .	11,840	1,671	257	5,684	1,283	84	84	1,458	140	1,165	14
Épicéa. Quartiers.	1,629	280	22	750	117	44	285	56	27	95	3
— Rondins. .	2,790	569	36	998	251	51	501	158	42	170	14
— Fagots. . .	10,978	1,432	135	2,146	672	222	1,046	956	379	3,950	80
Pin. Quartiers . .	1,100	166	6	682	114	8	5	69	15	43	1
— Rondins. . .	1,411	217	40	815	142	13	11	97	27	47	2
— Fagots. . . .	4,675	793	103	2,150	554	53	16	626	91	287	3
Mélèze. Quartiers.	1,359	318	44	657	107	41	'	112	19	61	'

Le tableau IV donne la composition des écorces et des rhytidomes de quelques essences; on y voit très-nettement la rétrocession des principes minéraux (potasse, acide phosphorique) dans le tronc avant la chute de l'écorce.

TABLEAU IV.

ESSENCES.	TENEUR EN MATIÈRES MINÉRALES DES ÉCORCES SÈCHES, PAR KILOGRAMME.								
	Cendres.	Potasse.	Soude.	Chaux.	Magnésie.	Acide phosphorique.	Acide sulfurique.	Silice.	Chlore.
Écorce de bouleau.	11.3	0.4	0.6	5.2	0.9	0.8	0.2	2.3	0.2
Écorce d'épicéa (tronc).	13.76	1.16	0.29	7.11	0.72	0.60	0.3	1.15	0.03
— flèches.	18.42	3.84	0.17	6.73	1.56	1.17	0.32	1.62	0.13
— des branches	28.15	3.41	1.26	11.72	1.90	1.32	0.32	3 94	0.14
— rhytidome, couche extérre.	—	0.48	0.07	6.33	0.41	0.23	0.88	4.61	--
— rhytidome, couche intérre.	—	3.22	0.41	10.08	1.49	0.35	0.14	0.67	—
Écorce d'épicéa	23.9	1.3	1.0	14.9	1.1	0.6	0.2	3.8	0.1
Écorce de sapin	28.1	2.3	0.9	19.6	0.8	0.7	0.5	2.3	0.3
Écorce de pin	17.1	0.5	0.2	7.5	0.2	1.4	0.1	5.3	—

Dans le tableau V se trouvent réunies quelques analyses de feuilles et d'aiguilles récoltées dans des conditions différentes de saison et d'altitude. Les chiffres qu'il renferme mettent en évidence les variations dans la teneur en acide phosphorique, potasse, etc., des feuilles récoltées à des altitudes différentes, toutes choses égales d'ailleurs. Ces différences, notables parfois, méritent de fixer l'attention des physiologistes et peuvent devenir le point de départ de recherches intéressantes.

TABLEAU V.

ESSENCES.	TENEUR EN MATIÈRES MINÉRALES DES FEUILLES ET AIGUILLES D'ARBRE COMPLÉTEMENT SÈCHES, PAR KILOGRAMME.								
	Cendres.	Potasse.	Soude.	Chaux.	Magnésie.	Acide phosphorique.	Acide sulfurique.	Silice.	Chlore.
Feuilles de hêtre (en été). . . .	48.4	8.8	0.8	17.6	4.4	3.6	1.06	7.2	0.4
Feuilles de chêne (en été). . . .	46.0	15.3	»	12.0	6.3	5.7	4.3	2.0	»
Aiguilles d'épicéa (mai).	35.91	4.06	0.11	4.51	1.93	3.56	1.51	16.53	0.34
Aiguilles de pin (d'un an). . . .	15.62	6.25	0.43	1.89	1.34	2.98	0.65	0.51	»
— (deux ans). . . .	18.94	4.17	0.57	4.93	1.48	2.41	0.84	1.10	»
— (trois ans) mortes.	15.25	1.44	0.23	4.37	1.47	0.60	0.99	2.37	»
Aiguilles de mélèze (octobre) prises à 1,068 mètres.	24.90	5.17	0.34	9.68	3.73	3.41	1.40	1.06	»
— à 880 mètres.	27.70	4.36	0.17	10.84	4.07	2.37	1.07	4.07	»
— à 735 mètres.	27.50	7.95	0.67	4.63	2.08	3.78	0.90	6.62	»
— à 476 mètres.	35.70	8.41	0.62	5.23	3.04	8.84	1.13	7.73	»
— à 117 mètres.	60.20	14.41	0.79	20.90	5.04	7.24	1.77	8.67	»
Moyenne pour les aiguilles de mélèze	35.23	8.06	0 25	10.26	3.59	5.13	1.25	5.63	»

Tableau VI. — En partant des données sur le rendement en couverture et en bois que j'ai précédemment résumées, Ebermayer calcule les quantités respectives de chacun des principes minéraux qu'exige, par année, la production totale de substance organique d'un hectare de forêt de hêtre, d'épicéa et de pin.

Les écarts considérables suivant les espèces que présentent les résultats auxquels il arrive, expliquent à certains égards des faits constatés par les forestiers, au sujet des exigences bien différentes des trois essences qui nous occupent.

TABLEAU VI.

Exigences de la production annuelle d'un hectare de forêt en matières minérales (quantités exprimées en kilogrammes).

NATURE des PRODUITS FORESTIERS.	LE BOIS ET LA COUVERTURE D'UNE ANNÉE CONTIENNENT, PAR HECTARE EN :									
	Cendres pures.	Potasse.	Soude.	Chaux.	Magnésie.	Oxyde de fer et de manganèse.	Acide phosphorique.	Acide sulfurique.	Silice.	Chlore.
I. FUTAIES DE HÊTRES. AGE : 120 ANS.										
Quartiers	15.65	2.60	0.61	7.83	1.99	0.10	1.19	0.09	1.23	0.01
Rondins.	6.36	0.97	0.13	2.92	1.03	0.10	0.74	0.04	0.43	»
Fagots	7.59	1.08	0.17	3.67	0.83	0.05	0.94	0.09	0.75	0.01
Somme pour le bois annuel.	29.60	4.65	0.91	14.42	3.85	0.25	2.87	0.22	2.41	0.02
Somme pour la couverture annuelle	185.54	9.87	1.99	81.92	12.22	5.11	10.45	3.62	60.36	»
Total	215.14	14.52	2.90	96.34	16.07	5.36	13.32	3.84	62.77	0.02
II. FORÊTS D'ÉPICÉAS : 120 ANS.										
Quartiers	14.31	2.10	0.29	6.60	1.26	3.12	0.52	0.42	»	»
Rondins.	1.36	0.31	0.02	0.52	0.13	0.28	0.09	0.01	»	»
Fagots.	6.89	1.65	0.17	2.03	0.64	1.27	0.84	0.29	»	»
Somme pour le bois annuel.	22.56	4.06	0.48	9.15	2.03	4.67	1.45	0.72	»	»
Somme pour la couverture annuelle	135.92	4.82	1.68	60.94	6.95	3.42	6.41	2.10	49.60	»
Total	158.48	8.88	2.16	70.09	8.93	8.09	7.86	2.82	49.60	»
III. FORÊTS DE PINS : 100 ANS.										
Quartiers	11.12	1.68	0.06	6.92	1.16	0.08	0.70	0.15	0.37	»
Rondins.	1.42	0.24	0.04	0.82	0.14	»	0.10	0.03	0.05	»
Fagots	4.00	0.68	0.11	2.30	0.40	0.03	0.27	0.08	0.13	»
Somme pour le bois annuel.	16.54	2.60	0.21	10.04	1.70	0.11	1.07	0.26	0.55	»
Somme pour la couverture annuelle	46.52	4.84	2.04	18.87	4.80	4.07	3 68	1.69	6.53	»
Total	63.06	7.44	2.25	28.91	6.50	4.18	4.75	1.95	7.08	»

Tableau VII. — Enfin, dans un dernier tableau, se trouvent comparées, comme nous l'avons déjà fait pour la substance organique et pour la masse des cendres, quelques-unes de nos récoltes agricoles aux récoltes forestières.

TABLEAU VII.

Exigences annuelles en matières minérales de diverses cultures agricoles (kilogrammes enlevés par hectare et par an).

NATURE des RÉCOLTES.	Cendre.	Po-tasse.	Soude.	Chaux.	Ma-gné-sie.	Oxyde de fer et de manganèse.	Acide phosphorique.	Acide sulfurique.	Silice.	Chlore.
Pommes de terre:										
Tubercules.	164	98.50	4.26	4.19	7.66	1.92	28.33	10.61	3.47	5.06
Fanes	101	21.89	2.32	32.87	16.62	2.87	7.93	6.35	4.34	5.81
Somme.	265	120.39	6.58	37.06	24.28	4.79	36.26	16.96	7.81	10.87
Blé : grain	31	9.71	0.70	1.04	3.72	0.41	14.58	0.12	0.65	0.07
— paille	143	19.48	1.97	8.21	3.53	0.87	6.85	3.49	96.21	2.39
Somme	174	29.19	2.67	9.25	7.25	1.28	21.43	3.61	96.86	2.46
Pois : grains	47	19.86	0.46	2.37	3.78	0.41	17.30	1.67	0.41	0.74
— paille.	122	27.84	4.95	41.77	9.78	2.09	9.80	7.61	8.31	6.85
Somme.	169	47.70	5.41	47.14	13.56	2.50	27.10	9.28	8.72	7.59
Foin de prairie	299	75.58	13.14	49.42	18.66	3.68	23.71	13.52	79.93	21.36
Foin de trèfle.	319	102.05	6.45	111.80	34.56	3.36	31.33	9.56	7.52	12.37

Je bornerai à ce qui précède l'étude de la répartition de la matière minérale dans les différentes parties de l'arbre, renvoyant pour de plus amples détails à l'œuvre originale. Je compléterai l'examen du remarquable ouvrage d'Ebermayer par l'analyse des derniers chapitres, consacrés à l'étude des propriétés physiques et chimiques de la couverture des forêts.

IX. — PROPRIÉTÉS PHYSIQUES DE LA COUVERTURE.

Son influence sur la nature physique du sol; sur l'écoulement des eaux. — Faculté d'imbibition de la couverture; son action sur le degré d'humidité du sol; son action sur l'évaporation. — Influence de la forêt et de la couverture sur la température du sol. — Action de la couverture sur la porosité de la terre.

Dans les deux premiers chapitres de son livre, Ebermayer a étudié la formation de la couverture et sa composition chimique; il a en outre déterminé, à l'aide des nombreuses données fournies par les stations bavaroises, l'importance numérique de la production en matière organique d'un hectare de forêt de hêtre, de pin et d'épicéa, et les emprunts faits au sol par les exploitations. Les deux derniers chapitres sont consacrés à l'examen des propriétés physiques et du rôle de la couverture, et aux transformations chimiques qu'elle subit pour constituer l'humus et maintenir la fertilité du sol. Nous allons aborder l'analyse de cette dernière partie de l'œuvre importante du savant professeur d'Aschaffenbourg.

La couverture, cette fumure naturelle des forêts, exerce sur la condition physique du sol une influence considérable; elle constitue, comme on le sait, par son mélange avec la mousse et avec les débris de branches, un tapis d'épaisseur assez régulière sur le sol, la pluie et la neige aidant au tassement de cette couche composée d'éléments hétérogènes.

La partie superficielle de la couverture présente un mélange de matières organiques à un état de décomposition variable, la région sous-jacente étant constituée par une matière noire ou brune, presque pulvérulente, qu'on nomme *terreau* ou *humus*.

Cette couverture possède, en vertu de sa porosité, différentes propriétés physiques dignes de remarque :

1° Elle offre de nombreux espaces capillaires, des canaux qui la rendent comparable à une éponge et lui permettent de fixer et de retenir une assez grande quantité d'eau par imbibition;

2° Elle protége le sol contre l'accès direct de l'air et le met partiellement à l'abri des mouvements de l'atmosphère, empêchant ainsi une trop active évaporation;

3° Enfin l'air enfermé dans ces canaux agit comme dans le cas de la neige, en rendant la couche peu conductrice pour la chaleur, et diminue ainsi tantôt le rayonnement du sol, tantôt la quantité de chaleur qu'il absorberait s'il était nu; la couverture empêche donc la couche superficielle du sol de s'échauffer ou de se refroidir trop rapidement.

La protection qu'exercent dans les régions montagneuses les forêts dominant les vallées est due principalement à ce que les surfaces boisées, lors des grands orages et des pluies abondantes, empêchent le ravinement des terres; déjà les cimes des arbres arrêtent en partie l'eau, mais c'est surtout la couverture qui oppose, par sa faculté d'absorption, une barrière physique et mécanique à l'écoulement de l'eau et à l'entraînement des terres dans les vallées.

Les forêts sont les digues les plus efficaces contre les inondations, et nos Assemblées délibérantes ne sauraient trop encourager, par le vote de subsides suffisants, l'œuvre éminemment réparatrice et conservatrice que l'administration forestière française poursuit avec autant de zèle que de talent dans les Alpes et les Pyrénées. Interdire tout défrichement en montagne et reboiser partout où cette opération est possible, telles sont les digues les plus sûres à opposer aux désastres de l'inondation.

L'action protectrice de la couverture des forêts est bien plus importante dans les régions élevées que dans la plaine, parce qu'elle empêche ou ralentit sur les hauteurs la formation des torrents. En arrêtant l'eau du ciel, la couverture entretient, en outre, dans le sol une humidité des plus favorables à la production forestière et à l'alimentation des sources et des fontaines.

Voici, d'après Ebermayer, les résultats d'expériences faites sur la quantité d'eau qu'absorbent les différents détritus qui constituent la couverture. D'après l'intensité de leur pouvoir absorbant pour l'eau, les matériaux de la couverture se classent dans l'ordre suivant :

1 mètre cube de mousse absorbe en moyenne.	279^k5, soit 282.74 p. 100 de son poids.			
1 mètre cube de paille de seigle absorbe en moy.	203.3	274.6	—	—
1 mètre cube de feuillage de hêtre absorbe en moy.	176.7	232.7	—	—
1 mètre cube de feuilles de fougère absorbe en moy.	153.8	259.1	—	—
1 mètre cube d'aiguilles d'épicéa absorbe en moy.	247.8	150.3	—	—
1 mètre cube d'aiguilles de pin absorbe en moy.	160.0	142.6	—	—
1 mètre cube de foin de bruyère absorbe en moy.	78.8	130.7	—	—

Ces nombres moyens n'ont rien d'absolu ; en effet, d'après les expériences des forestiers bavarois, sept déterminations faites sur des lots différents ont donné les écarts suivants :

L'absorption pour le feuillage de hêtre varie de   195 à 252 p. 100.
L'absorption pour les aiguilles d'épicéa varie de   128 à 190   —
L'absorption pour les aiguilles de pin varie de .   121 à 167   —
L'absorption pour la mousse varie de . . . .   237 à 334   —

Une couche de gazon moussu retient par mètre carré une couche d'eau de $4^{mm},466$, ce qui représente, par hectare, un volume de $44^{mc},66$, d'après les observations de Gerwig. D'après les expériences d'Ebermayer, un mètre cube de couverture exige pour sa complète saturation les quantités d'eau suivantes :

Feuillage de hêtre	2 hectolitres.
Aiguilles d'épicéa	$2 \ ^1/_2$ —
Aiguilles de pin	$1 \ ^1/_2$ —
Mousse	3 —

Si l'on admet que, dans les forêts de hêtre, la chute annuelle des feuilles s'élève à 4,000 kilogr., soit $64^{mc},5$; dans les forêts d'épicéa à 33,300 kilogr., soit $21^{mc},7$; dans les forêts de pin à 2,300 kilogr., soit $32^{mc},6$; on voit que, pour la surface d'un hectare, les feuilles tombées annuellement peuvent absorber :

	Mètres cubes.
Dans les forêts de hêtre . . .	12.9 d'eau de pluie.
Dans les forêts d'épicéa . . .	5.42 —
Dans les forêts de pin	4.89 —

Ce pouvoir absorbant pour l'eau de la couverture du sol forestier agira surtout lors des pluies abondantes, persistantes et au commencement de la fonte des neiges, à la fin de l'hiver. Les chiffres ci-dessus montrent aussi qu'il faudra des pluies très-abondantes et d'une certaine durée pour que, la couverture arrivant à saturation, le sol sous-jacent puisse recevoir l'excédant d'eau. Dans les massifs de futaie pleine, la cime des arbres, d'après les observations des forestiers bavarois, retient adhérents aux feuilles 25 à 30 p. 100, soit de un quart à un tiers de l'eau des pluies; il en résulte qu'une pluie légère n'apporte pas d'eau au sol de ces forêts, la faible quantité d'eau qui parvient jusqu'à la couverture, retournant à l'air par l'évaporation. Dans les années sèches, où les pluies sont rares et passagères, le sol forestier reçoit donc très-peu d'eau et se trouve, sous ce rapport, dans une situation défavorable si on le compare au sol déboisé; la rosée des nuits fraîches ne profite pas non plus aux sols boisés jusques auxquels elle ne peut arriver. C'est un fait d'observation constant et en accord avec ce qui précède que, dans les années sèches, le sol des massifs pleins, notamment celui des pinières, est plus sec que le sol déboisé, la cime des arbres s'opposant à la formation de la rosée et retenant l'eau des pluies de courte durée ou peu abondantes. L'herbe, la mousse et les autres productions analogues, qui conservent par leurs racines et par la transpiration de plus grandes quantités d'eau que les arbres en massifs serrés, amènent une dessiccation plus grande de la terre, ce qu'on observe dans les forêts claires dont le sol se couvre d'un tapis plus ou moins abondant de verdure.

Les sols travaillés sans interruption supportent mieux la sécheresse que ceux qui se couvrent, en l'absence de culture, de mousse, de bruyère, etc. Les récoltes agricoles résistent beaucoup mieux à la sécheresse quand on leur donne beaucoup de main-d'œuvre, ce qui fait dire aux cultivateurs qu'un binage vaut un arrosage.

Les pluies persistantes des saisons fraîches de l'année apportent au sol beaucoup plus d'eau que les pluies d'été,

dont une grande partie s'évapore à raison de l'état calo-
rifique du sol, ou qui, si elles sont violentes, glissent sur
le sol durci et vont accroître le volume des cours d'eau
bien plutôt que l'humidité du sol.

Les pluies les plus favorables aux forêts sont les pluies
d'hiver; les fontes de neige du printemps, s'effectuant
lentement, sont plus efficaces encore, car elles imbibent
le sol à une grande profondeur.

La couche permanente de neige qui, pendant l'hiver,
recouvre le sol en Russie et en Suède est la cause prépondérante du boisement si considérable de ces régions,
qui reçoivent annuellement des quantités de pluie bien
inférieures à celles qui tombent dans l'Europe occiden-
tale. Un hiver sec est bien plus préjudiciable aux forêts
qu'un été sec, les forêts du sud de l'Europe en sont une
preuve manifeste : elles résistent très-bien à la sécheresse
des étés, grâce aux chutes d'eau abondantes de l'automne
et de l'hiver. Maintenir aussi longtemps que possible l'humidité de l'hiver dans les sols par l'état des massifs en
protégeant la couverture, tel est, dit Ebermayer, l'un des
devoirs importants des forestiers.

Il a été fait dans les stations bavaroises de nombreuses
expériences pour déterminer combien des feuilles entièrement mouillées perdent d'eau par la dessiccation spontanée à l'air libre : ces expériences ont donné les résultats
moyens que je résume dans le tableau suivant : les feuilles
complétement imbibées par une pluie qui avait duré trois
jours ont été étendues sur le sol d'une chambre bien
aérée et pesées de cinq en cinq jours. Elles contenaient au
début, outre leur eau de constitution, les quantités suivantes d'eau de pluie :

Feuilles de hêtre. . 175 p. 100 de leur poids d'eau.
Aiguilles d'épicéa. . 94 — —
Aiguilles de pin . . 144 — —
Mousse . . . . . . 234 — —

Les pesées successives ont donné les résultats que voici :

	Température de l'air.	hêtre. Pour 100.	épicéa. Pour 100.	pin. Pour 100.	mousse. Pour 100.
Après 5 jours.	13°6 R.	103.7	53.9	97.3	150.0
— 10 —	15.9	65.2	36.8	42.4	70.5
— 15 —	18.7	4.6	3.1	4.1	11.7
— 20 —	15.7	1.5	0.0	0.0	1.8
		175.0	93.8	143.8	234.0

(PERTE DES FEUILLES DE)

Les feuilles complétement desséchées à l'air renfermaient encore, en eau hygrométrique : hêtre, 18 p. 100 ; épicéa, 15.1 ; pin, 12.2 ; mousse, 14.5. La mousse se dessèche plus lentement que les feuillages des trois essences ci-dessus ; en moyenne générale, on peut admettre que, par un temps sec, à la température de 15 à 16 degrés Réaumur, la couverture dans des lieux bien aérés a perdu, au bout de dix jours, la plus grande partie de l'eau reçue, et qu'au bout de quinze à seize jours elle est sèche. La mousse exige environ trois semaines pour se sécher. L'existence et l'accroissement plus ou moins considérable des arbres dépend, en première ligne, du degré d'humidité du sol. Il est donc important d'étudier, sous ce point de vue, le rôle des forêts. Les expériences instituées depuis 1869 dans les stations de la Bavière, expériences qui confirment entièrement les résultats obtenus depuis 1866 par M. A. Mathieu, sous-directeur de l'École forestière, à la station météorologique de la forêt de

Haye, près Nancy, nous fournissent des renseignements précieux sur la question qui nous occupe. Voici, pour la période quinquennale 1869 à 1873, les moyennes obtenues par les observations régulières faites aux stations de Duschelberg, Seeshaupt, Rohrbrunn, Johanneskreuz, Ébrach et Altenfurth.

Pour des sols forestiers privés de leur couverture et saturés également d'eau et présentant des conditions de constitution physique identiques, l'évaporation sous bois en moyenne, par mois, dans une période de cinq ans, comparée à l'évaporation du même sol non boisé pris pour terme de comparaison (évaporation du sol non boisé = 100) s'est élevée aux taux suivants :

Avril.	62 p. 100.
Mai.	49 —
Juin	44 —
Juillet	46 —
Août.	42 —
Septembre	37 —

Soit en moyenne 47 p. 100 de l'évaporation du sol dénudé (hors forêt). On voit qu'en chiffres ronds, le sol forestier privé de sa couverture, mais abrité par le massif, évapore moitié moins d'eau que le sol nu considéré hors bois.

La présence de la couverture exerce sur l'évaporation du sol une influence très-notable, comme le montrent les chiffres suivants. Si l'on fait égale à 100 l'évaporation du sol hors bois, les sols forestiers intacts, c'est-à-dire avec leur couverture, évaporent en moyenne (cinq années d'observation) les taux centésimaux suivants seulement :

Avril.	34 p. 100.
Mai.	25 —
Juin	22 —
Juillet	20 —
Août.	18 —
Septembre.	15 —

Soit, en moyenne annuelle, 22 p. 100 de la quantité d'eau évaporée par un sol dépourvu d'arbres.

Ainsi le sol d'une forêt, muni de sa couverture, perd quatre à cinq fois moins d'eau par évaporation directe que le même sol situé en rase campagne et découvert. Lorsque la terre, à la suite des fontes de neige, est saturée d'eau, elle perd pendant la saison chaude, dans la forêt, 78 p. 100 moins d'eau que le sol voisin que ne protége pas, contre l'évaporation, la végétation forestière. Sur ces 78 p. 100, 25 sont dus à la couverture, 53 à la forêt proprement dite. Il me paraît inutile d'insister sur les avantages énormes que la végétation retire de cette faculté de conservation de l'eau si manifestement mise en évidence par les nombres donnés ci-dessus.

Examinons maintenant quelle influence exerce la couverture sur la température du sol. Ebermayer discute six années d'observations thermométriques faites régulièrement dans sept stations météorologiques placées sous la direction de l'administration forestière de la Bavière. Voici les résultats moyens généraux de toutes ces observations[1] :

a. La température moyenne annuelle du sol boisé et pourvu de sa couverture a été plus basse que celle du sol gazonné, mais découvert, des quantités suivantes :

---

[1]. Les températures sont données en degrés Réaumur, les profondeurs en pieds bavarois.

A la surface.	A 1/2 pied de profondeur.	A 1 pied de profondeur.	A 2 pieds de profondeur.	A 3 pieds de profondeur.	A 4 pieds de profondeur.
1°35	1°35	1°45	1°52	1°57	1°51

b. Pendant les mois d'été (juin, juillet et août), la température du sol boisé a été plus basse que celle du sol découvert de :

A la surface.	A 1/2 pied.	A 1 pied.	A 2 pieds.	A 3 pieds.	A 4 pieds.
2°72	2°89	3°10	3°24	3°19	3°03

c. Pendant lés mois d'hiver (décembre, janvier et février), les différences sont moins accusées ; elles sont tantôt en plus, tantôt en moins, par rapport au sol découvert, savoir :

A la surface.	A 1/2 pied.	A 1 pied.	A 2 pieds.	A 3 pieds.	A 4 pieds.
—0°09	+0°18	+0°10	+0°13	+0°01	—0°08

d. La température maxima de l'été a été moindre des quantités suivantes sous le sol boisé que dans le sol découvert :

A la surface.	A 1/2 pied.	A 1 pied.	A 2 pieds.	A 3 pieds.	A 4 pieds.
5°35	4°79	3°31	4°18	3°24	3°11

e. La température minima de l'hiver n'est jamais tombée aussi bas dans les sols boisés que dans les sols découverts ; les premiers ont toujours été plus chauds que les seconds des quantités suivantes :

A la surface.	A 1/2 pied.	A 1 pied.	A 2 pieds.	A 3 pieds.	A 4 pieds.
0°65	0°43	0°39	0°19	0°08	0°01

f. La température minima moyenne des six années d'expériences a été :

	A la surface.	A 1/2 pied.	A 1 pied.	A 2 pieds.	A 3 pieds.	A 4 pieds.
Pour les sols découverts.	—5°06	—2°73	—0°93	0°49	1°37	1°91
Pour les sols boisés. . .	—4°41	—2°30	—0°54	0°68	1°45	1°90

L'ensemble des faits résultant de ces moyennes peut se résumer ainsi :

1° Pendant l'été, par les grandes chaleurs, l'influence de la forêt sur la température du sol est beaucoup plus marquée que dans toute autre saison. En moyenne générale, la température du sol forestier, depuis la surface jusqu'à 4 pieds de profondeur, est inférieure pendant l'été à celle du sol découvert de 3 degrés environ. La température maxima (de la surface à 1/2 pied) est inférieure de 5 degrés ; celle du sous-sol de 1 à 4 pieds, de 3 degrés à la température des sols découverts ;

2° L'influence de la forêt et celle de la couverture sont, au contraire, à peu près nulles sur la température du sol pendant l'hiver, fait qu'explique la présence presque constante d'une couverture de neige à cette époque (couche isolante) ;

3° Le sol forestier gèle à la même profondeur que celui des prairies, mais la température du premier reste toujours un peu plus élevée que celle des secondes. En général, la gelée se fait sentir dans ces deux sols jusqu'à une profondeur d'un pied environ ; très-rarement, par exception, le sol peut geler jusqu'à 2 pieds ;

4° En ce qui concerne la température moyenne annuelle, la température du sol forestier est un peu plus basse (1°3 à 1°5) que celle du sol découvert.

Pour en finir avec l'examen de l'action qu'exerce la couverture sur les propriétés physiques du sol, il me reste à dire quelques mots de l'influence des détritus des arbres sur la porosité de la terre.

Par la pluie, tout sol léger acquiert rapidement de la consistance et se tasse sensiblement.

Le sol est-il argileux, l'action mécanique de la pluie a pour effet de le rendre bientôt imperméable; l'eau ne pénètre plus dans le sous-sol et s'écoule alors à la surface. Par la sécheresse, il se forme bientôt à la superficie des terres argileuses une croûte dure qui oppose une grande résistance à la fois à l'accès de l'air, à la pénétration de l'eau et au développement des racines. Dans les sols sablonneux, les particules les plus fines sont chassées dans l'intérieur, et le sable grossier, en fragments plus volumineux, vient à la surface.

Tout forestier sait que la couverture met à ces changements physiques, si défavorables à la porosité du sol, une barrière très-efficace.

Il est certain que l'état poreux de la surface amène une évaporation plus active de cette dernière tout en diminuant l'évaporation des couches profondes; les jeunes plantes soumises à des binages fréquents résistent beaucoup mieux à des sécheresses persistantes et prennent de plus longues racines que celles qui se trouvent dans un sol tassé et compacté. La capillarité diminue dans les terres fréquemment remuées (binage, hersage, etc.), ce qui explique comment l'évaporation y est moindre que dans les sols abandonnés à eux-mêmes. A ce titre-là, et en protégeant le sol des tassements dus à la pluie, la couverture est donc encore d'une grande utilité pour le maintien de la porosité des sols forestiers.

Il me reste maintenant, pour terminer l'analyse de l'œuvre d'Ebermayer, à examiner le chapitre consacré aux transformations chimiques que subit la couverture.

X. — TRANSFORMATION CHIMIQUE DE LA COUVERTURE.

Formation de l'humus des forêts. — Action de l'oxygène atmosphérique, de l'eau et de la chaleur sur l'altération de la couverture. — Temps nécessaire à la formation de l'humus des forêts. — Influence de l'enlèvement de la couverture sur la croissance des arbres.

Les deux derniers chapitres de la remarquable publication qui nous occupe sont consacrés à l'étude chimique des transformations de la couverture. L'un traite des métamorphoses de la couverture, d'où résulte la couche d'humus qui recouvre le sol forestier ; le second est consacré à faire ressortir le dommage considérable causé par l'enlèvement de la couverture employée à servir de litière aux animaux de la ferme.

Dans l'analyse du premier de ces chapitres, je laisserai complétement de côté les notions générales relatives au rôle de l'humus dans le sol, mes lecteurs étant familiarisés avec cette question. Dans l'examen de la dernière partie de l'œuvre d'Ebermayer, je serai très-bref, l'enlèvement des feuilles ne présentant plus aujourd'hui qu'un intérêt secondaire dans notre pays, puisque l'administration forestière est arrivée à le supprimer complétement ou tout au moins à le restreindre dans des limites très-étroites.

Formation de l'humus. — Il est facile de constater, en examinant le sol d'une forêt, que les divers détritus, feuilles, fragments de branches, éclats de bois, cônes, fruits, etc., s'altèrent peu à peu, deviennent poreux, perdent de leur poids et finalement, par suite de transformations successives, se réduisent en une substance brune, pulvérulente, constituant ce qu'on nomme le *terreau* ou *humus*. La putréfaction, c'est-à-dire la combustion lente des matières organiques végétales ou animales, a pour point de départ et pour résultat une oxydation plus ou moins complète. Cette oxydation est d'autant plus rapide que les conditions de température, d'humidité, de ventilation, facteurs importants de ces altérations, exercent, suivant les années, une action plus ou moins favorable à la destruction des détritus organiques. Laissant de côté ces conditions générales, je m'occuperai spécialement de la production de l'humus dans les forêts, en m'appuyant sur les faits très-intéressants recueillis et signalés par Ebermayer. Dans quels points et dans quelle nature de massifs se produisent les quantités minima et maxima d'humus? Tout forestier sait que la fertilité d'un sol boisé est d'autant plus grande que la couche d'humus devient plus épaisse par suite de l'état ombreux, de l'entretien et de la protection contre tout enlèvement de la couverture pour litiérage des animaux. Il est donc très-utile d'apprendre à connaître les conditions d'où dépend la formation de l'humus dans nos bois. Dans les massifs d'âge moyen, bien pleins, il se forme plus d'humus que dans les massifs d'âge trop avancé et présentant des vides. Les forêts de hêtres, d'épicéas, de sapins, à raison de leur feuillage épais et serré, donnent plus d'humus que les forêts de chênes, de pins ou de mélèzes. La futaie est plus favorable que le taillis sous futaie et celui-ci plus que le taillis simple à la production de l'humus, le sol étant quelquefois à peine couvert sur certains points, dans le cas du taillis simple. La futaie améliore donc le sol plus que tout autre mode de traitement des forêts. Si dans l'espace d'une révolution (cent à cent vingt ans) on n'a pas enlevé de couverture, on peut compter, dit Ebermayer, qu'on aura transformé un mauvais sol forestier en un sol excellent. — D'une façon générale, les régions montagneuses sont plus favorables à l'accumulation de l'humus que les régions basses : la question d'orientation par rapport aux vents dominants joue là, naturellement, un rôle considérable.

Combien d'années la couverture met-elle à se transformer en humus ? — On peut faire, d'une manière générale, à cette question la réponse suivante :

1° Les parties molles, riches en séve, de structure tendre des végétaux opposent à la décomposition une résistance bien moindre que les parties dures, sèches et ligneuses. Les feuilles vertes s'altèrent plus rapidement que les feuilles sèches et autres organes morts ; la paille, les joncs, les roseaux se décomposent plus vite que le bois ; l'humification des aiguilles de mélèze et celle de la mousse sont plus rapides que les altérations des aiguilles d'épicéa ou de sapin. Les tiges de bruyères, très-dures, on le sait, se transforment très-lentement.

2° Les substances organiques, riches en azote, se décomposent beaucoup plus vite que les matières non azotées.

3° Les parties des végétaux qui renferment de la cire ou de la résine se transforment bien moins vite en humus que les organes exempts de ces principes, l'enduit résineux qui recouvre la membrane cellulaire la protége, en effet, contre l'action de l'oxygène. C'est pour cela que les aiguilles de pin, d'épicéa, de sapin, résistent bien plus longtemps aux altérations chimiques que le feuillage de hêtre, etc. ; de même pour le bois.

4° Les organes riches en tannin exigent beaucoup d'oxygène pour se transformer, l'acide tannique absorbant l'oxygène avec une grande avidité. Ainsi s'explique comment, dans les bas-fonds de terrain, les feuilles de chêne, les bruyères, etc., qui ne sont pas en contact avec une quantité d'air suffisante, comme cela arrive dans les sols humides ou recouverts par l'eau, résistent pendant des temps très-longs à la putréfaction, le tannin s'emparant de tout l'oxygène au fur et à mesure que l'air le lui apporte. Exposé au libre accès de l'air et à une température convenable, l'acide tannique se décompose facilement et avec rapidité. Lorsque, par suite de cette combustion, tout le tannin a disparu, les feuilles de chêne, de bouleau, d'aune, passent très-rapidement à l'état d'humus.

5° Les plantes riches en potasse et en chaux se transforment, toutes choses égales d'ailleurs, plus vite en terreau que les végétaux pauvres en ces deux principes. Si le tissu végétal est fortement imprégné de silice, la décomposition est plus lente que dans le cas contraire, la silice s'opposant en tout ou en partie à l'accès de l'oxygène sur la substance organique. En général, par cette raison, les plantes des terrains siliceux se détruisent plus lentement que les végétaux des sols calcaires : les aiguilles de pin (pauvres en silice) s'altèrent plus vite que les aiguilles d'épicéa, riches en acide silicique.

Enfin les influences locales agissent incontestablement sur la durée de la résistance des débris organiques aux altérations chimiques dont le résultat ultime est la production du terreau. Pour la Bavière, Ebermayer admet, comme moyenne, une durée de deux à trois ans, pouvant aller jusqu'à quatre et cinq ans dans certains points, pour la transformation de la couverture de feuilles, et de trois à quatre ans, dans des circonstances exceptionnelles.

Pour les aiguilles de résineux, il faut de cinq à huit ans pour la production d'humus.

On peut accepter, avec Ebermayer, la classification, en quatre catégories distinctes, de l'humus résultant de la décomposition des détritus forestiers, savoir : 1° l'humus fertile ; 2° l'humus poudreux ou charbonneux ; 3° l'humus acide, et enfin 4° l'humus astringent.

Ces quatre formes particulières de la décomposition des feuilles et autres débris organiques dépendent, pour les trois premières, presque exclusivement, des conditions physiques où se trouvent placés les détritus. La dernière catégorie tire ses caractères principaux de la nature chimique des matériaux qui constituent l'humus.

Le terreau fertile ou terreau par excellence est le seul dont l'action sur la végétation soit particulièrement favorable. Formé dans des conditions convenables de température, d'humidité, d'aération, sur des sols riches en principes minéraux utiles (potasse, chaux, etc.), on le rencontre dans tous les grands massifs forestiers pleins et d'une bonne végétation, là où le sol, abrité convenablement du vent et contre l'action directe des rayons solaires, conserve assez d'humidité. Plus la production de cette sorte d'humus est grande, plus est fertile le sol sous-jacent.

Les massifs situés à une altitude trop élevée ne produisent pas, en général, par suite de l'abaissement trop grand de la température, cet humus parfait, mais une sorte de demi-terreau résultant d'une altération incomplète par défaut de chaleur, ce facteur indispensable de toute décomposition organique.

Vient-on à éclaircir trop les massifs, la production d'humus fertile s'y ralentit aussitôt : les rayons du soleil, arrivant jusqu'au sol, dessèchent les feuilles et les végétaux du tapis et enrayent la formation du terreau, au grand détriment de la fertilité du sol.

Sous le nom d'humus poudreux, humus de bruyère, on désigne le terreau résultant de la décomposition en plein air, sans couvert et dans des lieux secs, des parties mortes des plantes. L'excès de chaleur et d'air, le manque d'humidité, sont les principales conditions de la production de cette variété qu'on rencontre surtout dans les sols sablonneux et sur les terrains calcaires, chauds et pierreux. Cet humus est formé, pour la plus grande partie, de débris d'*Erica*, de *Calluna*, d'herbe et d'un lichen (*Cladonia rangiferina*); il constitue une poussière sèche, légère, de couleur brune ou noire, de décomposition ultérieure très-difficile, et peu favorable, par suite, à la végétation.

L'humus acide se produit facilement dans les terrains humides ou sujets à être couverts d'eau stagnante, ou encore sur les points où l'air se renouvelle très-peu. La décomposition des plantes, dans ces conditions, est extrêmement lente et toujours incomplète. Les prés humides, les bords des mares et des étangs, les dépôts tourbeux, les amas de lignites nous offrent de fréquents exemples de cette forme d'humus. La réaction de cet humus est franchement acide, comme il est facile de le constater.

L'humus acide ne se produit pas seulement dans les circonstances et dans les sols que je viens d'indiquer. Il s'en forme également dans les terrains sablonneux, secs, lorsque les principes minéraux capables de saturer les acides organiques des matières végétales (potasse, soude et surtout chaux et magnésie) font défaut. Le terreau poudreux appartient, à ce titre, presque toujours à la classe des terreaux acides.

Toutes les substances organiques riches en azote (débris végétaux, excréments des animaux) donnent un terreau neutre ou à réaction alcaline, parce que, dans leur décomposition, il se produit beaucoup d'ammoniaque qui se combine à l'humus au fur et à mesure de son dégagement. Les matières dépourvues d'azote, au contraire, fournissent toujours, en se décomposant, un humus acide lorsqu'elles ne trouvent pas à leur contact des principes alcalins capables de saturer l'acide formé, tels que chaux, cendres, etc. L'expérience montre que le terreau acide est préjudiciable à la végétation de presque toutes nos essences ; l'aune et le bouleau seuls peuvent prospérer dans des sols acides.

L'exemple des prairies acides est là pour montrer que les végétaux herbacés ont, à cet endroit, la même répugnance que les arbres pour cette sorte d'humus. Les plantes fourragères de bonne qualité disparaissent peu à peu des terrains acides, pour faire place aux carex, à la lèche, aux joncs, à certaines espèces de mousses ; vient-on, dans ces prairies, à induire des cendres, des sels de Stassfurt surtout, aujourd'hui à si bas prix, l'aspect de la prairie change bientôt, les herbes de mauvaise qualité disparaissent à ieur tour, et la garniture du sol (légumineuses, papillonacées, graminées) reprend le dessus.

A l'inverse de la plupart des végétaux, certaines plantes, telles que les bruyères, le camélia, les rhododendrons, les azalées, etc., exigent, pour se développer, des terreaux acides, de la *terre de bruyère*. Le drainage, le chaulage, le marnage, l'addition de cendres, de sels de potasse, tels sont les principaux remèdes à opposer à l'acidité des sols, préjudiciable à presque toutes les récoltes.

L'humus astringent est celui qui provient, comme l'indique son nom, de la putréfaction de substances riches en principes tanniques, telles que feuilles de chêne, d'aune, de bouleau, de bruyère; mais cette variété de terreau est beaucoup plus rare qu'on ne l'admet généralement, le tannin et ses congénères s'altérant très-rapidement, comme nous l'avons dit plus haut, par leur avidité à absorber l'oxygène. Sous l'influence de la chaleur et de l'humidité, en présence d'une quantité suffisante de principes alcalins, chaux, potasse, etc., l'acide tannique est très-promptement oxydé et décomposé. Le lavage, à l'eau, des feuilles et substances riches en tannin se charge d'ailleurs d'entraîner, à lui seul, la plus grande partie de ce corps au bout d'un certain temps. Quand les matières tannifères sont enfouies dans le sol et, par conséquent, protégées contre l'oxydation directe, elles résistent beaucoup plus longtemps à l'altération que lorsqu'elles sont exposées à l'air. L'aération du sol par des sous-solages, le marnage, le chaulage, aident considérablement à la destruction des principes astringents et s'opposent conséquemment, dans une mesure notable, à la production de cette variété de terreau.

L'humus fertile, riche en principes minéraux, exerce l'action la plus manifeste sur la fécondité des sols; il modifie leurs propriétés physiques; il est, comme l'ont montré les belles recherches de Schlœsing, l'agent par excellence d'ameublissement de la terre arable. En augmenter ou tout au moins en maintenir la production régulière, telle doit être l'une des principales préoccupations du forestier.

La fertilité du sol des forêts est liée étroitement au traitement qu'on fait subir aux massifs : maintenir le couvert sur toute la surface de la forêt, empêcher l'action directe des rayons solaires sur le tapis, telle est la règle qu'il faut observer, et dont l'exécution importe avant tout à la production régulière et croissante de l'humus de bonne qualité par la transformation, dans des conditions convenables, des matériaux de la couverture.

Le chapitre consacré aux conséquences qu'entraîne, pour les forêts, l'enlèvement de la couverture, ne présente, comme je le disais en commençant, qu'un intérêt *pratique* très-secondaire pour notre pays, la délivrance des feuilles mortes constituant un cas tout à fait exceptionnel aujourd'hui en France. Je me bornerai à en extraire quelques chiffres fort intéressants au point de vue de l'économie forestière, chiffres que j'utiliserai plus tard en reprenant l'étude de l'assimilation de l'ammoniaque de l'air par les végétaux.

Le tableau I indique les quantités de principes organiques et minéraux qu'on enlève au sol quand on autorise l'exportation de la couverture. Pour établir les chiffres qu'il contient, Ebermayer a admis les bases d'évaluation que voici :

Poids moyen du mètre cube :

	Kilogr.
De feuilles de hêtre	81.5
D'aiguilles d'épicéa	168.4
D'aiguilles de pin	117.3
De mousse	104.0

Teneur en eau :

Kilogr.

Feuilles de hêtre. . . . . 18 p. 100.

Aiguilles d'épicéa. . . . . 15 —

Aiguilles de pin. . . . . . 14 —

Mousse . . . . 20 —

Taux des cendres :

Feuillage de hêtre complétement desséché. 5.58 p. 100.

Aiguilles d'épicéa . . . . 4.52 —

Aiguilles de pin . . . . 1.46 —

Mousse . . . . 3.09 —

I. — *Quantités exprimées en kilogrammes.*

NATURE de LA COUVERTURE.	Eau.	Matières organiques.	DANS LA MATIÈRE ORGANIQUE :			DANS LA MATIÈRE MINÉRALE :				
			Carbone.	Azote.	Matières minérales.	Potasse.	Chaux.	Magnésie.	Acide phosphorique.	Silice.
A. PAR STÈRE.										
Feuillage de hêtre . . .	14.6	68.2	28.5	0.67	3.73	0.20	1.65	0.24	0.21	1.21
Aiguilles d'épicéa . . .	25.1	136.8	61.5	1.88	6.49	0.23	2.91	0.33	0.31	2.37
Aiguilles de pin	16.3	99.5	44.9	1.52	1.48	0.15	0.60	0.15	0.12	0.21
Mousse	20.8	80.6	36.3	1.00	2.58	0.64	0.46	0.21	0.40	0.41
B. PAR 100 KILOGR.										
Feuillage de hêtre . . .	18.0	77.42	36.9	0.8	4.58	0.25	2.02	0.30	0.25	1.49
Aiguilles d'épicéa . . .	15.0	81.15	38.2	1.1	3.85	0.14	1.70	0.20	0.29	1.40
Aiguilles de pin	14.0	84.74	38.7	1.3	1.26	0.13	.0.52	0.13	0.10	0.17
Mousse	20.0	77.53	36.0	1.0	2.47	0.61	0.44	0.20	0.38	0.39
C. PAR HECTARE. *Pour la chute d'un an.*										
Feuilles de hêtre. . . .	722.0	3147	1498	33	185.5	9.87	81.92	12.22	10.45	60.36
Aiguilles d'épicéa . . .	522.0	2872	1858	39	135.9	4.82	60.94	6.95	6.41	49.60
Aiguilles de pin	515.0	3138	1435	38	46.5	4.84	18.87	4.80	3.68	6.53

Il est inutile d'insister sur l'intérêt des renseignements que ces chiffres fournissent, relativement à l'appauvrissement du sol résultant de l'enlèvement de la couverture;

mais, comme le meilleur calcul en matière d'expérimentation ne vaut jamais une expérimentation directe, je transcrirai encore les résultats comparatifs d'analyses de sols protégés et de sols non protégés, c'est-à-dire desquels on a enlevé la couverture. La richesse respective de ces deux catégories de sols, en principes organiques et minéraux, est si différente, que les conclusions évidentes de cette comparaison peuvent se passer de commentaire. Le sol et le sous-sol analysés ont donné les résultats suivants à l'hectare (couche de 0^m,47 de profondeur.)

II. — *Principes minéraux (quantités exprimées en kilogrammes).*

NATURE des COUCHES ANALYSÉES.	PRINCIPES SOLUBLES DANS L'ACIDE CHLORHYDRIQUE.						Principes solubles dans l'eau.
	Potasse.	Chaux.	Magnésie.	Silice.	Acide phosphorique.	Acide sulfurique.	
SOL PROTÉGÉ (POIDS).							
Couche superficielle (50,000 kilogr.) . . .	113	181	126	101	185	72	,
Sous-sol (16,000,000 de kilogr.)	813	451	163	451	682	439	1,300
Couche profonde (8,000,000 de kilogr.). .	4,550	3,578	975	811	4,550	1,709	3,420
Total.	5,476	4,210	1,264	1,363	5,417	2,220	4,720
SOL NON PROTÉGÉ.							
Couche superficielle (9,900 kilogr.) . . .	7	56	28	36	33	8	,
Sous-sol (1,603,000 kilogr.).	553	521	65	780	569	260	585
Couche profonde (8,000,000 de kilogr.) .	3,250	2,280	244	650	4,230	1,380	2,280
Total.	3,810	2,857	337	1,466	4,832	1,648	2,865
EXCÉDANT EN FAVEUR DU SOL PROTÉGÉ.							
Couche superficielle.	106	125	98	65	152	64	,
Sous-sol.	260	—70	98	—329	113	179	715
Couche profonde.	1,300	1,298	731	161	320	329	1,140
Total.	1,666	1,353	927	—103	585	572	1,855

La lévigation a donné, pour les sols protégés, 1,315,000 kilogr. de terre fine à l'hectare; pour les sols non protégés 576,600 kilogr. seulement, soit une différence de 739,000 kilogr. en faveur du sol qui avait conservé sa couverture; ce fait confirme pleinement l'observation relative à l'influence de l'humus sur l'ameublissement du sol.

La faculté qu'a le sol de retenir l'eau par imbibition a été trouvée, pour le sol protégé, égale à 47 p. 100; pour le sous-sol du même, à 38 p. 100; tandis qu'elle était tombée à 34 p. 100 pour le sol, et à 31 p. 100 pour le sous-sol de la partie privée de sa couverture.

Arrivons, pour finir, aux principes organiques.

Azote et humus contenus, à l'hectare, dans une couche de $0^m,47$ de profondeur.

SOL PROTÉGÉ.	Matière organique. Kilogr.	Azote. Kilogr.
Couche superficielle . . .	16,970	242
Sous-sol	45,500	2,110
Couche profonde.	77,200	6,002
Totaux.	139,670	8,354

SOL NON PROTÉGÉ.		
Couche superficielle . . .	1,718	26
Sous-sol	16,420	1,073
Couche profonde.	42,300	3.660
Totaux.	60,438	4,759

EXCÉDANT EN FAVEUR DU SOL PROTÉGÉ.	Matière organique. Kilogr.	Azote. Kilogr.
Dans la couche superficielle.	15,252	216
Dans le sous-sol.	29,080	1,037
Dans la couche profonde .	34,900	2,342
	79,232	3,595

Ces chiffres font ressortir l'influence prépondérante du maintien de la couverture sur les propriétés physiques et chimiques dans lesquelles se résument les causes prochaines de fertilité du sol.

RECHERCHES EXPÉRIMENTALES

SUR LE ROLE DES MATIÈRES ORGANIQUES DU SOL

DANS LA NUTRITION DES PLANTES

Théorie nouvelle de la fertilité des terres

I.

La fertilité des sols. — Théorie de l'humus et théorie minérale. — Analyses de
la terre noire d'Uladowka (Russie). — Causes de la fertilité. — Des matières
organiques du sol. — Leur rôle capital dans l'assimilation des substances minérales par les plantes. — Accord entre la théorie de l'humus et celle de la
nutrition minérale.

Peu de sujets ont autant exercé la sagacité des agronomes que la détermination exacte des diverses causes auxquelles on peut attribuer la fertilité des sols. Malgré les
nombreuses recherches scientifiques qui sont venues,
depuis les travaux de Th. de Saussure, s'ajouter aux hypothèses basées sur l'observation des faits, confirmant les
unes, écartant les autres, il reste beaucoup à faire pour
expliquer d'une manière satisfaisante les véritables conditions physiques et chimiques d'où dépend la plus ou moins
grande fécondité d'une terre. L'importance de ce problème
est cependant capitale, et tout ce qui peut contribuer à sa

solution, dans une mesure quelconque, mérite de fixer l'attention des agriculteurs. Comme entrée en matière, je rappellerai en quelques mots les deux opinions exclusives qui ont, tour à tour, depuis le commencement de ce siècle, servi de bases aux systèmes agricoles. L'une, la plus ancienne, d'accord avec l'observation des praticiens, attribue presque exclusivement la fécondité d'un sol à sa richesse en terreau, en humus, c'est-à-dire en cette matière que Th. de Saussure, d'abord, et Boussingault ensuite ont considérée comme le résultat ultime de la décomposition des végétaux avant le moment où leur matière organique va disparaître sous forme d'eau, d'acide carbonique et d'ammoniaque. Pour toute l'école qui a pris pour point de départ de ses théories les immortels travaux de l'auteur des *Recherches chimiques sur la végétation,* l'humus est le suc nourricier des plantes, c'est lui qui, seul avec l'air et l'eau, les alimente; à sa plus ou moins grande abondance dans le sol est liée intimement la fertilité de ce dernier. Thaër, Einhoff et bien d'autres après eux en font même l'étalon destiné à mesurer la fécondité de la terre. Les observations si neuves et si importantes de Th. de Saussure, sur la présence constante de substances minérales dans les végétaux, et par conséquent dans le terreau, produit de la décomposition incomplète de ceux-ci, ont passé presque inaperçues; elles n'ont tout au moins, pendant quarante ans, occupé aucune place dans les théories relatives à la nutrition des plantes, dans les calculs d'épuisement des terres par la culture, dans l'établissement des formules de restitution. La grande valeur du fumier de ferme au point de vue chimique, abstraction faite de son action physique, dépend presque exclusivement pour la même école de son analogie avec les matières brunes du terreau. En un mot, fertilité et richesse en substances organiques sont synonymes, l'une implique les autres et se mesure par elles. Les disciples de Th. de Saussure, méconnaissant la portée de ses observations sur les cendres des végétaux et sur l'absorption par les racines des solutions de terreau, ont trop exclusivement porté leur attention sur les éléments organiques, comme plus tard certains imitateurs ou plagiaires de Liebig ont exagéré la doctrine de la nutrition minérale en refusant à l'humus toute action utile dans les phénomènes si complexes de la végétation. En affirmant, dès 1840, que tous les aliments d'un végétal appartiennent au monde minéral, Liebig énonçait un fait diamétralement opposé aux doctrines régnantes, fait, en apparence, exclusif de l'action fertilisante, indubitable aux yeux de tous les praticiens, des matières organiques contenues dans la terre arable. Les recherches que je vais exposer me semblent avoir pour résultat d'établir, entre les partisans des deux doctrines, un accord complet basé sur des faits qui confirment, en les étendant aux matières organiques intimement combinées au sol, les observations de Th. de Saussure sur le terreau proprement dit. Cet exposé présentera peut-être quelque intérêt pour les personnes qui étudient les difficiles problèmes soulevés par la nutrition des végétaux.

J'exposerai successivement les points principaux de mes recherches sur les causes prochaines de la fertilité des terres, dont voici les grandes divisions :

1° Étude physico-chimique des sols indéfiniment fertiles, sans fumure ; terres noires de Russie ; sols agricoles non fumés, sols forestiers ;

2° Expériences sur l'absorption de la matière noire (humus) par les végétaux ;

3° Expériences sur le rôle des matières noires dans la végétation;

4° Essais sur la fertilisation des sols par l'addition de matières organiques;

5° Recherches sur la combinaison des substances minérales avec la matière organique d'origine végétale ;

6° Résumé et conclusions pratiques. Théorie nouvelle de la fertilité des sols. Accord des doctrines de l'humus et de la théorie minérale.

1. Examen des terres noires de Russie ; leur composition [1].

La fertilité des terres noires de Russie est proverbiale; tout le monde a entendu parler de la fécondité de ces sols sableux, à couleur foncée comme l'indique leur nom, qui, presque partout où ils existent, donnent, sans jamais recevoir de fumure, des récoltes supérieures, en moyenne, à celles de beaucoup de nos terres convenablement fumées. Bien des fois déjà, les chimistes en ont analysé des échantillons pris en divers points; leur origine, les causes de leur fertilité ont été l'objet de nombreuses recherches, d'hypothèses plus ou moins plausibles. Il n'a été cepen-

---

1. Les terres noires, ou *tchernozème,* occupent dans la Russie d'Europe une étendue de 95 millions d'hectares; sur cette surface, plus de 22 millions d'habitants sont exclusivement occupés d'agriculture. La zone du tchernozème produit à elle seule les sept dixièmes de toute la quantité de blé récoltée dans la Russie d'Europe entière. Les productions du tchernozème constituent le principal objet du commerce d'exportation de la Russie. (*Notice sur la composition chimique du tchernozème,* par P. A. Ilyenkow, professeur à l'Académie agricole et forestière de Petrowsky. Saint-Pétersbourg, 1873.)

dant, à ma connaissance, donné aucune explication satisfaisante de la fécondité de ces terres exceptionnelles, et j'ai saisi avec empressement l'occasion qui s'est offerte à moi, il y a quelques années, de me procurer les éléments nécessaires pour étudier d'une manière plus complète qu'on ne l'a fait jusqu'ici, sous le double rapport chimique et économique, une grande exploitation agricole située dans la région des terres noires. Je dois ces matériaux à l'obligeance de M. N. Galland, depuis de longues années l'associé du comte Potocki, propriétaire de fermes et d'usines à sucre considérables en Podolie. Je m'occuperai dans ce mémoire exclusivement du côté chimique de la question, me réservant de faire connaître dans un autre travail les conditions économiques de la culture d'Uladowka, non moins intéressantes que l'étude du sol qu'on y rencontre. J'indiquerai tout d'abord comment et dans quelles conditions ont été prélevés les échantillons de terre qui ont servi à mes recherches, précaution trop souvent négligée par les auteurs, ce qui empêche la plupart du temps de tirer, des résultats analytiques publiés, des conclusions de quelque valeur pour l'agriculture. Les terres que j'ai analysées proviennent de la ferme d'Uladowka; elles sont vierges de toute fumure, elles sont assolées triennalement de la façon suivante :

Avoines, blé et jachère; elles donnent 18 hectolitres de blé et 22 hectolitres d'avoine à l'hectare. Le même sol, également sans fumures de temps immémorial, produit 30,000 kilogr. de betteraves à l'hectare, dans les parties où cette plante entre dans la rotation triennale. Ces betteraves rendent industriellement 5 à 7 p. 100 de sucre raffiné, suivant les années. M. Galland a prélevé lui-même les échantillons que j'indique plus loin par leur numéro d'ordre, en se conformant scrupuleusement aux indications que je lui avais données. La succession des échantillons 1 à 12 représente une couche verticale de 3 mètres de profondeur, le numérotage allant de la superficie du sol à la couche la plus profonde. L'échantillon n° 1, représentant la couche superficielle (0^m,15 d'épaisseur), a été analysé isolément. Les sols I à IV, mélangés à partie égale, correspondant à une couche de 0^m,60 d'épaisseur, c'est-à-dire à la couche dans laquelle végètent les betteraves, ont été analysés en bloc. Les couches suivantes ont été ensuite réunies, par parties égales, deux à deux, et le mélange analysé ; la couche XII, la dernière, a été analysée isolément. Ce système d'échantillonnage permet, si je ne me trompe, de donner une idée assez exacte de la composition respective du sol, où végètent les céréales et les betteraves, du sous-sol superficiel et du sous-sol profond. C'est dans cet ordre que sont groupés les résultats analytiques du tableau suivant, dont nous parlerons plus loin.

Les propriétés physiques de la terre noire ont été de ma part l'objet de recherches spéciales que j'exposerai plus tard ; pour le moment je me bornerai à quelques renseignements indispensables. Jusqu'à la profondeur à laquelle j'ai étudié le sol d'Uladowka, c'est-à-dire jusqu'à 3 mètres, on ne rencontre pas un seul caillou calcaire ou siliceux, si petit que ce soit ; le sol et le sous-sol sont exclusivement constitués par un sable très-fin mêlé d'argile, dont je vais donner la proportion : abandonné à l'air pendant l'été, le sol retient de 5 à 6 p. 100 de son poids d'eau qu'il ne perd complétement qu'à la température de 140 degrés à 150 degrés. Il contient de 5 à 7 p. 100 de matières destructibles par la calcination (eau combinée et matière organique). Le sol proprement dit est très-pauvre en calcaire.

Un litre de cette terre tassée par un arrosage convenable, puis séchée à l'air, pèse 1,204 grammes, c'est-à-dire que le volume de terre formé par une couche de $0^m,15$ d'épaisseur, pèse à l'hectare 1,806 tonnes métriques; celui d'une couche de $0^m,60$ d'épaisseur pèse, également à l'hectare, 7,224 tonnes.

La faculté d'imbibition de la terre noire a été trouvée expérimentalement égale à 37.6 p. 100, c'est-à-dire que 100 kilogr. de terre complétement desséchée absorbent pour se saturer $37^l,6$ d'eau. Ainsi mouillée, la terre d'Uladowka est complétement noire, collante, elle s'attache au versoir de la charrue et pourrait être prise à cet état pour une terre fortement argileuse, ce qui est loin d'être, le sable très-fin qui la compose en partie, s'agglutinant au contact de l'eau et en présence des matières organiques à la manière de l'argile.

L'analyse mécanique du sol et des sous-sols séchés à l'air libre et calcinés a été faite à plusieurs reprises, avec grands soins, par la méthode de Th. Schlœsing, la seule qui, à mon avis, donne des résultats exacts [1]. Voici les nombres trouvés pour le sol superficiel et pour la couche de $0^m,60$ de profondeur :

---

1. Cette méthode se trouve décrite dans tous ses détails dans mon *Traité d'analyse des matières agricoles*; elle diffère essentiellement des autres procédés analytiques par la substitution de l'eau distillée à l'eau ordinaire : seule elle permet de séparer rigoureusement l'argile du sable très-fin.

ANALYSE MÉCANIQUE DE LA TERRE D'ULADOWKA.

1° Sol n° I. — *A. Sol naturel.*

Sable siliceux.	86.60
Argile.	3.95
Eau et matières volatiles . . .	9.45
	100.00

B. Même sol calciné.

Sable.	95.64
Argile.	4.36

2° Sols I à IV. — *A. Sol naturel.*

Sable siliceux	84.70
Argile.	4.10
Eau et matières solubles. . . .	11.20
	100.00

B. Même sol calciné.

Sable.	95.38
Argile	4.62

Comme on le voit, la terre noire est éminemment siliceuse, et sa plasticité dépend, comme je le montrerai plus loin, de sa richesse en substances organiques et de la finesse extrême du sable qui en forme les 95 centièmes. L'analyse chimique des divers principes constitutifs du sol a donné les résultats consignés dans le tableau suivant[1].

---

1. Ces analyses ont été faites avec le concours de mon ami le docteur Petermann, aujourd'hui directeur de la première station agronomique belge, fondée à l'Institut agronomique de l'État à Gembloux.

100 kilogr. de terre d'Uladowka séchée à l'air contiennent :

	I[1].	I à IV[2].	V à VII[3].	VIII et IX[4].	X et XI[5].	XII[6].
Eau[7]	6.050	5.430	5.070	5.510	4.990	4.980
Matières volatiles[8]	7.100	5.780	4.500	5.460	5.630	5.010
Silice soluble	0.280	0.120	0.039	0.049	0.116	0.117
Acide carbonique	0.320	0.560	2.530	2.020	5.860	3.220
Acide phosphorique	0.159	0.104	0.054	0.034	0.028	0.021
Acide sulfurique	0.007	0.006	Traces.	Traces.	Traces.	Traces.
Chlore	0.006	0.004	Traces.	Traces.	Traces.	Traces.
Chaux	0.520	0.370	2.237	6.252	7.076	0.472
Magnésie	0.054	0.048	0.096	0.084	0.083	3.105
Potasse	0.254	0.130	0.331	0.147	0.132	0.126
Soude	0.012	0.012	0.053	0.028	0.011	0.013
Oxyde de fer, de manganèse et alumine	3.640	3.730	6.772	6.300	6.397	6.665
Azote	0.55	0.45	—	—	—	0.01
Sable[9]	82.450	83.750	78.918	71.816	60.997	76.581
	100.852	100.224	100.600	100.700	100.140	100.310

A la première inspection, les chiffres ci-dessus n'indiquent pas de différences bien notables entre la composition chimique de ces sols d'une fécondité prodigieuse et celle de terres fertiles aussi, mais exigeant, pour conserver leur fertilité, l'apport régulier de fumures en quantités plus ou moins considérables. Un coup d'œil jeté sur la composition des deux sols suivants le prouvera :

---

1. Couche superficielle de 0 mètre à 0^m,15 de profondeur.
2. Couches de 0 mètre à 0^m,60 de profondeur.
3. Couche de 0^m,60 à 1 mètre de profondeur.
4. Couche de 1 mètre à 1^m,80 de profondeur.
5. Couche de 1^m,80 à 2^m,60 de profondeur.
6. Couche de 2^m,60 à 3 mètres de profondeur.
7. Perte du sol desséché à 150 degrés.
8. Perte totale par calcination de la terre séchée à 150 degrés.
9. Résidu insoluble dans l'acide chlorhydrique bouillant.

Matières minérales contenues dans 100 kilogr. de terre.

	Potasse.	Ac. phosph.	Chaux.	Magnésie.	Azote.
Terre noire. . .	0.25	0.16	0.52	0.05	0.55
Terre de Serres[1].	1.13	0.21	0.10	0.41	0.37

Comme on le voit, ces deux terres sont d'une richesse presque égale en acide phosphorique, le sol le moins bon, celui de Serres, contient même un peu plus de phosphates que la terre noire, et il renferme quatre fois plus de potasse, et cependant quelle énorme différence entre les deux sols; l'un produit sans aucune fumure et d'une manière durable des récoltes qu'on atteint à peine dans l'autre avec beaucoup de fumier.

Nous verrons plus loin une explication satisfaisante, je le crois, de ces divergences considérables. L'examen attentif de la composition des couches qui constituent le sous-sol superficiel et le sous-sol profond permet cependant de constater quelques faits importants au point de vue des causes de la fertilité, jusqu'ici inépuisable, de ce sol :

1° Richesse des couches profondes en potasse et en acide phosphorique ;

2° Richesse croissante en éléments calcaires et magnésiens ;

3° Teneur presque identique de chacune des couches en matières combustibles dans la composition desquelles entrent, comme nous le verrons plus loin, pour une part considérable, les matières inorganiques.

Groupés de façon à indiquer la composition centésimale du sol, les résultats analytiques ne présentent rien de sai-

---

1. Commune des environs de Lunéville (Meurthe-et-Moselle), située dans les marnes irisées.

sissant pour les personnes qui ne sont pas habituées à ce genre de recherches; aussi me paraît-il utile, pour rendre facilement appréciable la teneur de ces diverses terres en éléments nutritifs, de calculer la quantité de chacun d'eux que contient, par hectare, une couche d'une profondeur déterminée, de $0^m,15$, par exemple. Le tableau ci-dessous présente le résultat de ce calcul, en prenant pour bases les éléments suivants :

Poids de 1 litre de terre noire, 1,204 gr.

Poids de 1 litre de terre de Serres, 1,230 gr.

Volume de terre par hectare pour une couche de $0^m,15$ d'épaisseur, $1,500^{mc}$.

Poids de cette couche pour la terre noire, $1,806^{tm}$.

Poids de cette couche pour la terre de Serres, $1,845^{tm}$.

QUANTITÉS D'ACIDE PHOSPHORIQUE, DE SILICE SOLUBLE, DE CHAUX, DE MAGNÉSIE ET DE POTASSE A L'HECTARE.

	TERRE NOIRE DE RUSSIE.		TERRE de Serres.
	I. Couche superficielle, 0 mèt. à $0^m,15$ de profondeur.	Couche arable, 0 mèt. à $0^m,60$ de profondeur.	—
	kilogr.	kilogr.	kilogr.
Acide phosphorique.	2,871.	7,513	3,874
Silice soluble . . .	5,057	8,668	12,361
Chaux.	9,391	26,728	1,660
Magnésie	975	3,467	7,563
Potasse.	4,587	9,391	20,848
Azote.	9,933	8,127	6,826

En même temps qu'ils montrent la richesse absolue en acide phosphorique, potasse, azote, chaux, magnésie et silice soluble des deux sols en question, ces chiffres fournissent une preuve de plus de la difficulté d'expliquer, par la composition chimique élémentaire d'un sol, sa plus ou

moins grande fertilité, fait constaté depuis longtemps par
tous ceux qui se sont spécialement occupés de la question.

C'est précisément la comparaison de ces analyses et
l'absence de conclusions nettes à en tirer, en ce qui concerne les causes de la fécondité prodigieuse des terres
noires, qui m'ont amené à rechercher dans une autre voie
l'explication de faits incontestables, demeurés jusqu'ici à
peu près complétement obscurs. C'est cette deuxième partie
de mes études que je vais aborder.

2. La matière noire des sols.

L'analyse chimique d'un sol, dans le sens ordinaire qu'on
lui donne, c'est-à-dire la détermination, à l'aide des méthodes employées pour les minéraux, par exemple, des
quantités totales d'acide phosphorique, de potasse, de
chaux, de magnésie qu'il contient, nous apprend fort peu
de chose relativement à son degré de *fertilité actuelle*. Elle
indique si ce sol renferme les éléments minéraux indispensables à la nutrition des plantes et en quelle proportion ils
s'y trouvent, mais elle ne nous dit en aucune façon si ces
éléments sont dans un état qui permette leur assimilation
par les végétaux. Or, c'est là le point important, celui sur
lequel l'agriculteur aurait besoin d'être édifié. J'ai cherché
à rendre palpable, pour ainsi dire, cette vérité depuis longtemps reconnue par les agronomes, en mettant sous les
yeux de mes lecteurs la composition de deux sols presque
identiques au point de vue de leur richesse en éléments
minéraux et bien différents, cependant, sous le rapport de
la fertilité. Je veux parler de la terre noire de Russie et
et d'un sol des environs de Lunéville, appartenant aux

marnes du lias. Sans nul doute, l'état de division extrême des particules du sol de Russie, l'ameublissement parfait qui en est la conséquence sont une des causes de sa fertilité, les racines des végétaux qui y croissent pouvant s'étendre librement en tous sens pour aller chercher leur nourriture. Mais cela ne suffit pas pour expliquer la fécondité persistante de cette terre. Pourquoi la terre de Serres, aussi riche en substances minérales que la terre d'Uladowka, exige-t-elle une fumure assez abondante pour porter de belles récoltes, tandis que le sol de Russie fournit d'excellents rendements sans jamais recevoir de fumure? Cela tient évidemment à ce que, dans le second cas, une quantité suffisante d'éléments minéraux se trouve à un état assimilable par les racines des plantes, tandis que, dans le premier, les mêmes éléments sont encore engagés dans des combinaisons que les végétaux sont impuissants à détruire pour s'emparer des substances nécessaires à leur développement. La question revient donc à ceci : Déterminer sous quelle forme les matières minérales doivent se présenter aux racines des plantes pour être absorbées et servir à leur nutrition.

La solution complète de ce problème exercerait à coup sûr une influence énorme sur les progrès de la physiologie végétale et, partant, sur ceux de l'agriculture; les essais de culture dans le sable et dans l'eau, les belles recherches de Boussingault, de Schlœsing, sur le rôle des nitrates, les études de P. Thénard sur les principes actifs du fumier et tant d'autres travaux ont déjà jeté quelque jour sur cette importante question; mais il reste beaucoup à faire encore pour lui donner une réponse complète et de tous points satisfaisante. Je m'estimerais heureux si les faits auxquels m'a conduit l'étude comparative de la terre de Russie et de quelques autres sols plus ou moins différents de cette dernière paraissaient aux personnes compétentes de nature à faire avancer, si peu que ce soit, la solution de cet intéressant problème.

On sait que les matières noires contenues dans le terreau, le fumier et les sols riches en humus peuvent se classer en deux groupes distincts : les unes solubles dans les alcalis, insolubles dans l'eau et les acides; les autres plus ou moins solubles dans l'eau et dans les acides, et insolubles au contraire dans les alcalis. Les nombreuses recherches chimiques auxquelles ont donné lieu ces différentes substances ont principalement porté sur la détermination des éléments organiques, carbone, hydrogène, oxygène et azote, qui en forment la majeure partie; on n'a presque jamais tenu compte des cendres qu'elles laissent par la combustion, si ce n'est pour en défalquer le poids du poids total de la substance noire analysée. C'est, au contraire, la richesse en matière minérale et la composition de cette dernière que j'ai eues surtout en vue dans mes recherches. Je négligerai pour le moment, d'une manière complète, les principes organiques de l'humus et des substances analogues pour ne m'occuper que des éléments minéraux auxquels ils sont associés d'une façon si remarquable dans la nature. Il ne sera également question dans ce qui va suivre que de la matière noire soluble dans les alcalis.

La terre noire de Russie, le sol de Serres, un terrain tourbeux des environs de Nancy, un sol de grès vosgien d'Alsace, le terreau de jardinier, le fumier de ferme et le purin sont les différents milieux dans lesquels j'ai étudié ces matières noires; je me suis attaché à comparer entre eux, sous ce rapport : un sol de fertilité extraordinaire (Russie), un sol de fertilité moyenne (Serres), un sol fertile uniquement sous l'influence de fumures considérables (tourbe de Champigneulles), un sol peu fertile et non fumé (sol du grès vosgien couvert de forêts de sapins), enfin les matières fertilisantes par excellence, fumier et purin. Ces différents exemples me permettront de passer en revue les principales conditions que peut rencontrer l'agriculture. Sol fertile sans fumure, sol fertile avec fumure moyenne; sol extrêmement riche en matières organiques et cependant peu fertile par lui-même; sol pauvre en matières organiques et en matières minérales. Je commencerai par indiquer la méthode très-simple à laquelle j'ai recours pour extraire la matière noire soluble dans les alcalis.

Cette substance se trouve, dans les sols, combinée intimement à la chaux ou à la magnésie; pour la rendre soluble dans l'ammoniaque, il faut préalablement détruire, à l'aide d'un acide, la combinaison dans laquelle elle est engagée. Pour cela, je place la terre à analyser dans un entonnoir au fond duquel se trouvent quelques fragments de cailloux siliceux ou de l'amiante; j'arrose lentement la terre avec une solution étendue d'acide chlorhydrique; si le sol est peu calcaire, comme c'est le cas de la terre de Russie, une très-petite quantité d'eau acidulée suffit pour mettre en liberté la matière noire; quand cela est fait (ce qu'on reconnaît facilement en humectant avec de l'ammoniaque une petite quantité de la terre ainsi traitée), je lave la terre à l'eau distillée jusqu'à ce que tout l'excès d'acide employé ait été enlevé. La terre, bien égouttée, est alors humectée avec de l'ammoniaque pure qui se colore immédiatement en brun foncé; des lavages successifs par décantation, avec de l'eau ammoniacale, achèvent la dissolution de la matière noire; la terre perd peu à peu sa coloration, et lorsque l'opération est terminée, elle est presque tout à fait blanche. Sa coloration varie surtout avec les quantités de fer qu'elle renferme. Je reviendrai plus tard sur les modifications importantes qu'ont subies ses propriétés physiques et chimiques.

La dissolution noire ainsi obtenue présente les caractères suivants : elle est limpide et transparente en couches minces, complétement opaque sous un volume un peu considérable (10 à 15 cent. cubes), elle ne donne de précipité avec aucun des réactifs de l'acide phosphorique, de la chaux, du fer, de la magnésie et de la silice. Th. de Saussure avait déjà constaté le même fait pour les solutions de terreau pur. Chauffée, elle mousse considérablement, mais ne laisse rien déposer; elle demeure limpide jusqu'au moment où l'eau nécessaire pour dissoudre la matière noire est évaporée; il se dépose alors des flocons noirs qui, après évaporation à siccité, se réunissent et constituent une masse charbonneuse, brillante, cassante, insoluble dans l'eau, l'alcool, les acides, soluble seulement dans les alcalis plus ou moins concentrés.

En calcinant ce charbon, on obtient un résidu dont la coloration varie avec le sol d'où il provient; rouge brique pour le sol de Russie, rouge jaunâtre pour le sol de Serres, jaunâtre pour le terreau et la tourbe de Champigneulles, presque complétement incolore s'il vient du fumier ou du purin. Le plus ou moins d'intensité de sa coloration dépend surtout de la quantité de fer qu'il contient.

Le taux pour cent de la matière noire et celui de ses cendres varient énormément avec les différents sols d'où on les a extraites, ainsi que le montrent les chiffres suivants :

100 grammes de terre contiennent :

	Sol de Russie.	Sol de Serres.	Tourbe de Nancy.	Sol de grès vosgien.	Terreau de jardinier.
Matière combustible totale.	$7^{gr},10$	$11^{gr},00$	$35^{gr},99$	$1^{gr},32$	$46^{gr},40$
Matière noire.	4 ,20	0 ,94	1 ,00	0 ,11	4 ,27
Cendres de la matière noire de 100 gr. de terre . .	2 ,16	0 ,12	0 ,02	0 ,09	0 ,07

On remarquera de plus que la quantité de matière soluble dans l'ammoniaque n'est nullement en rapport avec la quantité totale de substance combustible, c'est-à-dire de matière organique que renferme le sol. Nous reviendrons sur ce fait d'un grand intérêt au point de vue de l'agriculture.

Je disais tout à l'heure que l'essai de la solution ammoniacale du sol, à l'aide des divers réactifs, est absolument négatif et ne fait découvrir dans cette liqueur aucune matière minérale. Il faut évaporer et calciner cette solution pour y constater la présence d'éléments minéraux. Les cendres qu'on obtient ainsi consistent en silicate de fer et de chaux, phosphates de fer, de manganèse, de chaux, de magnésie et de potasse, c'est-à-dire qu'elles sont formées des matières minérales indispensables au développement et à la fructification des végétaux.

A la faveur de la combinaison organique dans laquelle ils sont engagés, les oxydes de fer et de magnésie, la silice, l'acide phosphorique, la chaux et la magnésie ont perdu les propriétés à l'aide desquelles nous constatons, d'ordinaire, leur présence dans les matières d'origine minérale. Tous ces éléments, insolubles dans l'ammoniaque, sont devenus solubles dans ce liquide et le demeurent en présence des réactifs qui, d'habitude, en précipitent jusqu'à la dernière trace.

Traitées par l'acide nitrique pur, les cendres de la matière noire se dissolvent incomplétement; la partie soluble est formée de phosphates de fer, de manganèse, de chaux, de magnésie et de potasse; le résidu inattaqué a conservé la couleur rouge, il est décomposé par l'acide sulfurique en silice, chaux et oxyde de fer. Je donnerai plus loin l'analyse complète de ces cendres, il me suffit d'indiquer pour l'instant qu'elles contiennent de 6 à 17 p. 100 d'acide phosphorique, et que dans les sols très-fertiles, comme la terre noire par exemple, la presque totalité de l'acide phosphorique du sol se trouve à cet état particulier.

Avant d'entrer dans l'examen du rôle que cette substance organo-minérale peut jouer dans la nutrition des plantes, (je demande à mes lecteurs la permission)d'ajouter quelques indications analytiques dont nous verrons plus tard l'importance au point de vue de l'action de ces substances sur la fertilité du sol.

Il n'est pas nécessaire d'employer un acide énergique pour détruire la combinaison calcaire dans laquelle est engagée la substance noire; j'ai réussi parfaitement à atteindre ce but en substituant l'acide oxalique à l'acide chlorhydrique. Dans ce cas, la matière soluble dans l'ammoniaque contient tout autant de chaux que si elle a été extraite après un traitement préalable du sol par l'acide chlorhydrique. Or on sait que l'oxalate de chaux est complétement insoluble dans les solutions ammoniacales; ce fait confirme donc l'anomalie que j'indiquais tout à l'heure, à savoir que cette combinaison naturelle des matières minérales avec les substances organiques masque complétement leurs réactions ordinaires. Ainsi l'acide oxalique précipite, au sein de la terre, la chaux, qui empêche la matière noire de se dissoudre dans l'ammoniaque, mais elle n'agit en aucune façon sur la chaux qui fait partie intégrante de cette matière noire. En voyant qu'un acide faible, tel que l'acide oxalique, pouvait, avec succès, être substitué à l'acide chlorhydrique, j'ai naturellement eu l'idée d'essayer si l'acide carbonique, abondamment répandu dans le sol, comme l'ont montré les recherches de Boussingault et Léwy, ne suffirait pas pour produire le même résultat. J'ai constaté que l'acide carbonique dissous dans l'eau, mis en contact avec la terre noire pendant assez longtemps, est sans action au point de vue spécial qui m'occupe; ce liquide dissout, à la vérité, comme on le sait, de petites quantités de phosphate de chaux, mais il laisse intacte la combinaison calcaire de la matière noire. L'acide gazeux ne m'ayant pas donné de meilleurs résultats que la dissolution aqueuse, j'ai eu recours à une voie détournée qui m'a réussi. Prenant, comme point de départ, le fait de la solubilité de la matière noire dans l'ammoniaque, j'ai pensé qu'en faisant agir sur la terre un sel ammoniacal facilement décomposable, et dont l'acide peut former avec la chaux du sol un composé, soluble ou insoluble, peu m'importait (les acides chlorhydrique et oxalique réussissant également à détruire la combinaison calcaire de la matière noire), j'arriverais peut-être du même coup à fixer la chaux du sol et à dissoudre la matière noire.

J'ai donc traité la terre de Russie par une solution de

carbonate d'ammoniaque, et j'ai vu se réaliser mon dessein. Au début de l'expérience, la solution qui s'écoule à travers la terre est presque incolore ; mais, après un certain temps, on la voit se colorer de plus en plus, en même temps que la terre perd de sa couleur noire. Le carbonate d'ammoniaque est décomposé ; son acide carbonique se combine à la chaux du sol, et son ammoniaque, devenue libre, dissout une partie de la matière noire. La réaction s'arrête dès que le carbonate d'ammoniaque ne rencontre plus de chaux. La solution fortement colorée, ainsi obtenue, présente les caractères des dissolutions préparées par l'intermédiaire de l'acide chlorhydrique ou de l'acide oxalique ; le résidu qu'elle laisse après calcination est, comme les précédents, formé de phosphates et de silicates de fer, de chaux, de magnésie et de potasse. L'acide carbonique et l'ammoniaque agissant à l'état de combinaison ont donc la faculté de mettre en liberté dans le sol une solution des éléments minéraux indispensables à la vie de toute plante. Ce procédé est beaucoup moins rapide que le précédent lavage à l'acide chlorhydrique, puis à l'ammoniaque : je l'indique comme intéressant, mais je ne recommande pas de l'employer. Il résulte de cette première partie de mes recherches que les sols arables contiennent, à un état particulier de combinaison, les principes minéraux qui sont les véritables aliments des plantes ; qu'engagés dans cette combinaison, l'acide phosphorique, la silice, la chaux, la magnésie, etc., peuvent, à la faveur d'un acide et de l'ammoniaque, être mis à la disposition des racines des végétaux.

Nous allons examiner maintenant les variations que présente le taux des cendres de la matière noire.

3. Les cendres de la matière noire.

Je viens de décrire sommairement le mode d'extraction de la matière noire soluble dans l'ammoniaque que renferment toutes les terres plus ou moins fertiles où je l'ai jusqu'ici recherchée. J'entrerai plus loin dans les détails sur le procédé analytique; j'indiquerai tout de suite les caractères de cette substance, douée de propriétés physiques et chimiques extrêmement remarquables, auxquelles me semble pouvoir être attribué un rôle important dans les phénomènes de la nutrition végétale.

Toutes choses égales d'ailleurs, l'ammoniaque mise en contact avec la terre, préalablement traitée par un acide dans le but de détruire la combinaison calcaire de la matière noire, enlève au sol arable une substance d'autant plus riche en matières minérales que le sol est plus fertile. Ce fait premier ressort clairement des analyses suivantes :

SOL TRÈS-FERTILE.

100 parties de matière noire de la terre
    de Russie donnent . . . . 51.4 de cendres.

SOL DE FERTILITÉ MOYENNE.

100 parties de matière noire du sol de
    Serres, donnent . . . . 12.8   —

SOL STÉRILE SANS FUMURE.

100 parties de matière noire du sol tour-
    beux de Champigneulles donnent . . 2.0   —

Quelque différence que présentent, sous les rapports physique et chimique, les sols analysés à ce point de vue spécial, la composition des cendres de la matière noire est qualitativement la même, on y rencontre *constamment* du phosphate de fer contenant toujours du manganèse, de la chaux, de la magnésie, de la silice et de la potasse, c'est-à-dire des éléments minéraux reconnus indispensables à la vie des plantes. Il n'est pas inutile de faire remarquer que presque tous ces éléments sont, dans les conditions ordinaires, à peu près complétement insolubles dans l'eau. En ce qui concerne la proportion de chacune de ces substances dans les cendres, il y a, comme l'on devait s'y attendre, des différences assez grandes suivant qu'on a affaire à un sol primitivement plus ou moins riche en telle ou telle matière minérale ; je me suis attaché à doser exactement l'acide phosphorique et la silice, et cela pour plusieurs raisons. Ces deux corps jouent dans la nutrition de nos principales espèces agricoles un rôle prépondérant : le premier, l'acide phosphorique, est le principe dominant des cendres de toutes les graines ; le second, abondamment répandu dans les matières végétales, semble, comme l'avait indiqué déjà P. Thénard, exercer uue influence notable sur l'assimilation des autres principes minéraux. De plus, les combinaisons de l'acide phosphorique avec le fer et la chaux, complétement insolubles dans l'eau, méritaient par cela même de fixer toute mon attention, car elles constituent un aliment fondamental de la végétation dont le mode d'assimilation est demeuré jusqu'ici fort obscur. Enfin je crois pouvoir démontrer, en m'appuyant sur les analyses des sols, que la fertilité d'une terre est étroitement liée à la plus ou moins grande quantité d'acide phosphorique combinée à la matière organique que renferme cette terre, indépendamment de sa richesse totale en acide phosphorique. L'assimilation de la chaux, de la magnésie et de la potasse pourrait s'expliquer, à la rigueur, par l'absorption de leurs sels solubles dans l'eau par les racines, bien que je sois porté à penser qu'il en est de ces bases comme des acides phosphorique et silicique, et que leur combinaison avec la matière organique est la forme la plus assimilable sous laquelle la nature les offre, en général, aux racines des plantes.

Voici les nombres que m'ont donnés les analyses des cendres de la matière noire extraite des divers sols précédemment indiqués :

	Acide phosph.	Silice.
100 parties de cendres de la matière noire de Russie contiennent	8 à 17	6.3
100 parties de cendres de la matière noire du sol de Serres, contiennent.	6.91	33.3

La proportion extrêmement faible de cendres que donne la matière noire extraite de la tourbe de Champigneulles (0.02 p. 100) ne m'a pas permis d'y rechercher quantitativement l'acide phosphorique et la silice dont je me suis borné à constater la présence.

4. Dialyse de la matière noire.

Après avoir examiné la richesse des divers sols en matière noire, déterminé la proportion de cendres que laisse cette dernière par la calcination, la composition de ces résidus minéraux, j'ai été tout naturellement conduit à rechercher comment se comporte la dissolution obtenue par l'action de l'ammoniaque sur le sol à l'égard des racines des végétaux. J'ai suivi pour cette étude deux méthodes différentes : 1° essai direct de végétation dans un sol artificiel, inerte, ne contenant pour toute substance nutritive que cette dissolution; 2° dialyse de la solution de matière noire à travers une membrane végétale.

Dans un vase contenant des fragments de cailloux siliceux calcinés, et lavés à l'acide chlorhydrique, c'est-à-dire privés de toute matière organique et de tout principe minéral soluble, j'ai cultivé des végétaux qui ne reçoivent comme aliment qu'une dissolution très-étendue de matière noire dans l'eau [1]. J'indiquerai plus loin le résultat de ces essais.

Voici en quoi consistent les expériences de dialyse. L'appareil qui m'a servi est un dialyseur ordinaire, formé, comme on le sait, de deux vases concentriques, l'un extérieur, en verre, dans lequel on place de l'eau distillée, l'autre, plus petit, également en verre et dont la paroi inférieure est une membrane végétale qui sépare seule le liquide à diffuser de l'eau distillée.

Dans ce vase intérieur, j'ai placé successivement des dissolutions plus ou moins riches de matière noire provenant du sol de Russie dans de l'eau très-légèrement ammoniacale. Je me bornerai à rapporter ici deux de mes expériences, toutes les autres m'ayant donné des résultats identiques à celles-ci.

1ʳᵉ expérience. — *Dialyse d'une solution riche en substances minérales.*

Dans le vase intérieur, j'ai placé, le 20 mars au matin, une solution de la matière noire qui, calcinée, donnait

---

1. Lorsque la matière noire extraite par l'ammoniaque a été desséchée au-dessous du rouge très-sombre, elle retient une petite quantité d'ammoniaque suffisante pour qu'elle se dissolve facilement dans l'eau.

53.3 p. 100 de substances minérales. L'eau distillée du vase intérieur est restée incolore; le 23 mars on a arrêté l'opération, et les deux liquides ont été respectivement évaporés, les résidus calcinés et analysés; la matière noire retirée par évaporation, ne donnait plus, après calcination, que 5.6 p. 100 de résidu minéral; 90 p. 100 du poids des phosphates, silicates, etc., avaient donc traversé la membrane. L'évaporation à siccité du liquide extérieur a fourni un résidu dans lequel j'ai pu constater la présence de toutes les substances minérales préalablement engagées en combinaison avec la matière organique et se trouvant au début de l'expérience dans le vase intérieur. Le résidu de l'évaporation du liquide où s'étaient diffusées ces substances ne contenait pas de charbon; il était, par conséquent, exempt de matière organique.

2e *expérience. — Dialyse d'une solution riche en matière organique.*

Le vase intérieur contient une solution de matière noire ne donnant que 5.2 p. 100 de cendres, au lieu de 53.3 comme dans l'expérience précédente. Après trois fois 24 heures, on analyse les deux liquides. 100 grammes de la solution donnent par évaporation, avant d'être placés dans le dialyseur, 193 milligrammes de substance noire, laissant 10 milligrammes de cendres; après trois jours de séjour au contact de la membrane végétale supportée par l'eau distillée, 100 grammes de la solution donnent un résidu pesant 182 milligrammes et laissant 1 milligramme de cendres seulement. On retrouve, dans l'eau distillée du vase extérieur, toutes les substances minérales, comme dans le cas précédent.

Il résulte de ces expériences deux faits qui me paraissent importants : 1° la matière minérale se trouve dans les dissolutions extraites du sol dans un état qui permet son passage à travers les membranes végétales; 2° la substance organique, au contraire, ne traverse pas cette membrane, même lorsqu'elle est en combinaison avec la matière minérale, fait parfaitement conforme d'ailleurs aux observations de Graham sur les matières colloïdales.

Si, pour un instant, nous supposons que la membrane végétale est une racine, que le liquide du vase extérieur est la séve d'une plante, que la solution noire est le sol, nous pouvons nous faire une idée du mécanisme par lequel les éléments minéraux, dissous dans la terre à la faveur des substances organiques, sont rendus assimilables par les plantes. Sans vouloir anticiper sur les résultats de mes essais directs de végétation dans cette remarquable dissolution, essais dont j'expose plus loin les résultats, je me crois autorisé par les faits à admettre qu'il y a là des analogies frappantes que je serais heureux de voir confirmer par d'autres observateurs.

Pendant la dialyse, la solution noire du sol a subi une autre modification importante : j'ai insisté à plusieurs reprises déjà, on se le rappelle, sur l'état particulier de la combinaison où se trouvent engagés les éléments minéraux de cette solution. J'ai dit qu'aucun des réactifs de l'acide phosphorique, de la chaux, de la magnésie, du fer, ne permettait de déceler ces corps dans le liquide qui les renferme, leurs réactions ordinaires étant complétement masquées, comme cela a lieu, par exemple, pour l'acide phosphorique en présence de l'acide tartrique. Eh bien, la dissolution aqueuse du vase extérieur, après la dialyse, nous offre de tout autres caractères ; l'acide phospho-rique, la chaux, la magnésie, débarrassés de la matière organique qui gênait leurs réactions, ont repris leur ma-nière d'être ordinaire, et l'addition des substances qui nous sert à déceler leur présence les précipite, absolu-ment comme cela se passe dans les conditions ordinaires avec des dissolutions d'acide phosphorique, de chaux, de magnésie.

La matière organique paraît être le véhicule des subs-tances minérales ; en s'unissant à elles, elle les rend solu-bles dans un milieu où ces matières ne le seraient pas en son absence ; la diffusion à travers une membrane végétale détruit la combinaison, les éléments minéraux traversant seuls la membrane, qui semble une barrière infranchis-sable pour les éléments organiques, sous l'état du moins où je les ai observés. De telle sorte que si l'on était en droit de considérer comme vraie l'assimilation que je faisais tout à heure du liquide noir, de la membrane et de l'eau située extérieurement, au sol, à la racine et à la séve, on reconnaîtrait, ce qui d'ailleurs n'est pas contraire à ce que nous savons jusqu'à présent, que les matières orga-niques du sol ne servent pas d'aliment à la plante, qu'elles jouent le rôle indispensable de véhicule pour les subs-tances minérales, véritables principes nutritifs des végé-taux, et que les causes de destruction des substances organiques dans les sols cultivés sont indépendantes du phénomène de la nutrition et résultent uniquement de la combustion lente de ces matières sous l'influence multiple de l'air, de l'eau et de la chaleur. En d'autres termes, les récoltes appauvriraient surtout le sol en lui enlevant des matières minérales.

J'ai signalé en passant, au début de ce mémoire, les modifications considérables que la soustraction de la matière noire, soluble dans l'ammoniaque, imprime aux propriétés physiques et chimiques des sols. Sans parler de la décoloration résultant de cette dissolution de la substance noire et des différences notables dans la plasticité et la perméabilité du sol qui l'accompagnent, je veux insister sur une des fonctions les plus essentielles des sols arables, qui est radicalement modifiée par la perte de la matière noire.

5. Influence de la matière noire sur le pouvoir absorbant du sol.

Tous mes lecteurs connaissent cette propriété fondamentale de la terre qu'on désigne sous le nom de pouvoir absorbant, et qui consiste dans la faculté plus ou moins grande qu'ont les sols d'enlever aux dissolutions salines qui les traversent des proportions variables de certaines substances minérales, et notamment l'acide phosphorique et la potasse.

Lorsqu'on fait filtrer lentement, à travers une couche de terre, de l'eau contenant un phosphate ou un sel de potasse solubles, on observe constamment que l'eau qui s'écoule est notablement appauvrie en acide phosphorique et en potasse, la terre ayant retenu une proportion de ces corps qui varie avec sa composition. On a attribué depuis longtemps à l'humus un rôle marqué dans cette propriété capitale des sols, et presque tous les agronomes admettent que l'argile, d'une part, et les matières organiques, de l'autre, sont les principaux agents de l'absorption exercée par les terres sur les dissolutions salines.

Ayant réussi à priver un sol de la matière organique soluble dans l'ammoniaque, sans lui rien enlever d'autre (par l'emploi de l'acide oxalique par exemple), j'ai dû naturellement chercher si la présence ou l'absence de cette substance avait une action appréciable sur le pouvoir absorbant du sol. Deux expériences comparatives, faites avec l'acide phosphorique et la potasse sur la terre noire de Russie naturelle et sur la même terre privée de la matière organique, m'ont conduit à des résultats qui ne laissent rien à désirer sous le rapport de la netteté. Les dissolutions que j'ai employées contenaient respectivement : l'une $0^{gr},258$ d'acide phosphorique, l'autre $0^{gr},287$ de potasse pour 100 grammes de liquide.

Mises en contact, par filtration, avec 100 grammes de chacune des terres que je viens d'indiquer, puis analysées de nouveau, elles ont donné les résultats suivants :

100 gr. de terre noire de Russie ont absorbé . . . . $0^{gr},360$ d'acide phosphor.

100 gr. de terre noire de Russie ont absorbé . . . . $0^{gr},230$ de potasse.

100 gr. de terre de Russie (traitée par l'ammoniaque) ont absorbé. . . . $0^{gr},105$ d'acide phosphor.

100 gr. de terre de Russie (traitée par l'ammoniaque) ont absorbé. . . . $0^{gr},000$ de potasse.

L'influence de la matière organique sur la faculté absorbante pour l'acide phosphorique et pour la potasse est donc des plus manifestes, et, selon toute probabilité, cette terre privée de matière organique, qui a perdu totalement la faculté d'absorber la potasse, et qui n'absorbe plus que le tiers du poids de l'acide phosphorique qu'elle fixe à l'état naturel, ne retient de ce dernier que la quantité correspondante à la proportion d'argile qu'elle renferme.

Tous les faits qui précèdent semblent concourir à la démonstration de l'importance extrême de la présence de la matière organique dans les sols et me paraissent de nature à établir un lien jusqu'ici entrevu, mais non démontré clairement, entre les doctrines des partisans de l'humus et celles du fondateur de la théorie de la nutrition minérale, entre Saussure et Liebig, dont les vues, en apparence opposées et contradictoires, se trouveraient ainsi conciliées. En y réfléchissant, on comprend aisément comment ces deux doctrines ont tour à tour été soutenues, à l'encontre l'une de l'autre, par des hommes d'ailleurs fort distingués. Saussure affirmant et démontrant, dans un autre ordre de faits que celui que j'ai étudié, l'importance de l'humus dans la végétation, se trouvait en accord avec l'observation des cultivateurs, avec l'empirisme nous enseignant qu'un sol n'est jamais doué d'une fertilité remarquable s'il est dépourvu d'aliments organiques. Liebig, de son côté, s'appuyant sur des faits tout aussi évidents pour établir d'une façon indiscutable que les matières minérales seules sont des aliments pour les végétaux, et que l'agriculteur qui ne s'occupe pas de restituer au sol les éléments minéraux qu'il exporte chaque année par ses récoltes, appauvrit sa terre et peut même lui enlever toute sa fertilité, n'est pas moins dans le vrai. Si les faits que j'ai exposés sont exacts, la contradiction, plus apparente que réelle, entre les théories de ces deux hommes de génie disparaît; leurs assertions sur l'importance des matières organiques, d'une part, et des éléments minéraux, de l'autre, conservent toute leur valeur, puisque, tout en restant les aliments indispensables et suffisants des plantes, les matières minérales ne sembleraient pouvoir être mises utilement à la disposition des végétaux, dans les conditions ordinaires de la culture, que par l'intermédiaire des substances organiques.

Une conséquence probable de l'explication que je tente en ce moment du rôle respectif des matières organiques et des matières minérales dans les phénomènes de l'assimilation, c'est que les substances fertilisantes par excellence, toutes conditions égales d'ailleurs, le fumier de ferme et le purin, devaient présenter, avec la solution ammoniacale des terres fertiles, une grande analogie. Or c'est précisément ce qui a lieu; le fumier de ferme, traité par la même méthode que la terre, donne un liquide de tous points comparable à la solution noire du sol, liquide qui contient l'acide phosphorique, la chaux, la potasse, la magnésie à cet état particulier où toutes les réactions ordinaires sont masquées; liquide qui, dialysé, se comporte comme la solution noire et se dédouble en matière minérale de composition identique qui traverse la membrane, et en matière organique qu'elle arrête. Quant au purin, solution concentrée des mêmes principes actifs, son énergie fertilisante s'explique d'autant mieux qu'il contient naturellement de l'ammoniaque et du carbonate d'ammoniaque. On peut donc le considérer comme une solution très-riche des *mêmes* matières minérales au *même* état que celui où elles se trouvent dans la solution noire de la terre, que je suis amené à regarder comme l'un des agents immédiats les plus efficaces de la fertilité des sols arables.

En résumé, en rapprochant les résultats de cette première partie de mes études des faits constatés, tant par l'observation pure que par l'expérience soit de la grande culture, soit du laboratoire, on arrive aux conclusions suivantes :

1° Les matières minérales sont les véritables aliments des végétaux (théorie de Liebig); seules, elles auraient la propriété de traverser les membranes végétales et par conséquent les racines.

2° Les substances organiques sont des agents de la plus haute importance pour le développement des végétaux; elles ne sont point assimilées par les racines, mais jouent le rôle d'intermédiaires entre le sol et la plante; elles transforment, en s'y combinant, les éléments minéraux en composés solubles, que les racines des végétaux détruisent à leur tour, pour s'emparer des substances inorganiques, en laissant dans le sol la matière combustible. Cette matière serait donc le véhicule indispensable destiné à transporter, en les rendant assimilables, les éléments minéraux impuissants, sans leur secours, à alimenter les plantes.

3° Les sols fertiles offrent aux plantes les matières minérales sous la forme où les leur présentent les substances fertilisantes par excellence, telles que le fumier et le purin.

Il me reste maintenant à montrer que l'analyse des sols de fertilité très-différente semble donner complétement raison à cette interprétation nouvelle du rôle simultané des principes organiques et inorganiques des terres que je viens de tenter. En rapprochant les faits qui résultent de la pratique agricole des indications que nous fournit l'analyse chimique des sols, en faisant ressortir l'étroite connexité que présentent les rendements d'une terre et sa richesse en matière noire soluble dans l'ammoniaque, j'espère pouvoir donner de nouveaux arguments en faveur de ma manière de voir et démontrer que les théories si longtemps antagonistes de l'humus et de la nutrition minérale reposent toutes deux sur des faits incontestables, parfaitement conciliables, et dont l'ensemble, convenablement interprété, constitue l'une des bases les plus solides des méthodes propres à nous guider dans l'entretien et l'augmentation de la fertilité de nos terres.

6. Influence de la matière noire sur la fertilité du sol.

Dans ce qui précède, après avoir fait connaître le mode d'extraction, la composition et les propriétés remarquables de la matière noire que l'ammoniaque enlève à la terre de Russie et aux autres sols que j'ai étudiés, j'ai cherché à mettre en relief les points de contact des deux doctrines qui se sont partagé, presque toujours à l'exclusion l'une de l'autre, l'esprit des agronomes modernes : la théorie de l'humus, fondée sur les travaux classiques de Th. de Saussure, et celle de la nutrition minérale, magistralement exposée par Liebig dès 1840. Il m'a semblé voir, dans l'explication que j'ai tentée du rôle connexe des substances organiques et des matières minérales dans la nutrition végétale, un moyen de concilier des opinions en apparence diamétralement opposées et assises toutes deux cependant sur des faits incontestables : d'une part, l'influence des matières organiques sur la fertilité des sols; de l'autre, la nécessité absolue de restituer à la terre les principes minéraux enlevés par les récoltes. L'hypothèse à laquelle j'ai été amené touchant le rôle de véhicule des substances d'ordinaire insolubles qui serait dévolu à la matière organique des sols, est fondée sur des faits d'analyse et d'expérimentation obtenus dans le laboratoire; la première condition à laquelle elle doit satisfaire, comme toute hypothèse scientifique d'ailleurs, est d'être en accord avec les faits observés dans la nature. Si, transportée du laboratoire aux résultats constatés en grand par la culture, mon hypothèse donne une explication satisfaisante de faits demeurés jusqu'ici assez obscurs, elle acquerra une valeur plus grande et sera peut-être considérée par les hommes compétents comme un pas nouveau dans l'étude si complexe et si délicate de la théorie de l'assimilation.

C'est précisément ce côté de la question que je désire maintenant examiner de près.

Trois sols très-différents sous le rapport de la fertilité, ont servi jusqu'ici de base à mes recherches :

1° Sol de Russie, indéfiniment fertile sans fumure;

2° Sol du lias, très-fertile, à la condition qu'on lui donne du fumier;

3° Sol tourbeux, complétement stérile s'il ne reçoit pas de fumure; très-fertile, au contraire, sous l'influence d'une fumure considérable.

A ces trois sortes de terres si différentes, j'en ajouterai une quatrième, le sol de grès vosgien du Mössigthal (Alsace), couvert de forêts de sapins, et que sa nature physique et chimique rend impropre à toute autre culture.

J'ai fait suffisamment connaître la composition des terres de Russie et celle de la terre du lias (Serres). Voici quelques détails indispensables sur les deux autres sols:

La terre que je désigne sous le nom de *sol tourbeux* n'est pas, à proprement parler, de la tourbe: c'est une terre qui résulte de l'asséchement et de la mise en culture d'un petit vallon des environs de Nancy, à Champigneulles, traversé par un ruisseau qui, ne trouvant pas d'écoulement suffisant, avait transformé le sol en un marécage dont les deux tiers environ ont été rendus, il y a quarante ans, à la culture. M. Brice, député de Meurthe-et-Moselle, qui cultivait la ferme de Champigneulles, a, vers 1830, creusé un lit au ruisseau, drainé latéralement le vallon et reconquis ainsi à peu près 30 hectares qui constituent aujourd'hui une des meilleures parties de la ferme. Dans les premières années, il y a cultivé de l'avoine; depuis quinze ans, cette terre, assainie par le drainage, porte sans interruption de la betterave à sucre; elle reçoit annuellement, à l'hectare, 50,000 à 60,000 kilogr. de fumier de ferme et produit un poids égal de betteraves. Elle donne donc un kilogramme de récolte (feuilles non comprises, qui restent sur le sol) pour un kilogramme de fumier. La composition de cette terre est la suivante :

SOL NOIR TOURBEUX DE CHAMPIGNEULLES.

1,000 grammes de terre séchée à l'air contiennent :

	Grammes.
Matière combustible totale	359.90
Eau. . . . . :	112.30
Chaux	65.40
Silice soluble.	43.70
Magnésie	6.90
Acide phosphorique.	0.07
Potasse et soude	Traces.
Oxyde de fer et d'alumine	61.10
Acide carbonique.	60.00
Résidu insoluble	100.40
	1,009.77

Un litre de terre séchée à l'air pèse $0^k,520$. Un kilogramme de terre absorbe $1^k,530$ d'eau, soit une fois et demie son poids d'eau.

Comme on le voit, ce sol si riche en matières organiques est à peu près complétement dépourvu de potasse et

d'acide phosphorique, bien qu'il reçoive tous les ans une
très-forte fumure. Il n'est pas étonnant, d'après cela, de
le voir demeurer stérile si l'on ne lui rend pas chaque
année les quantités de potasse et d'acide phosphorique
nécessaires pour nourrir la récolte qu'il doit porter. Si
l'on rapproche, en effet, les teneurs respectives en acide
phosphorique et en potasse de 50,000 kilogr. de fumier
de ferme et de 50,000 kilogr. de betteraves, on voit que
la quantité de ces deux éléments, indispensables à la nutrition restant dans le sol après la récolte est très-faible
et tout à fait insuffisante pour maintenir la fertilité du sol.

En effet :

50,000 kilogr. de fumier contiennent :

Potasse. .   360 kilogr.   Acide phosphor. .   105 kilogr.

50,000 kilogr. de betteraves (racines) enlèvent :

Potasse. .   195 kilogr.   Acide phosphor. .   40 kilogr.

Il ne resterait donc disponibles, par hectare, que 65 kilogrammes de potasse et 65 kilogr. d'acide phosphorique,
auxquels viendraient s'ajouter respectivement les quantités
de ces deux principes contenues dans les feuilles qu'on en-
terre sur place. Cette terre doit donc sa fertilité au fumier
qu'on lui donne, et la perd immédiatement si l'on supprime
la fumure.

La quatrième espèce de sol sur laquelle ont porté mes
investigations appartient à la formation géologique des
Vosges. C'est un sol constitué uniquement de débris (de
volume variable) de grès vosgien ; rien ne permet de distinguer, à l'œil, le sol du sous-sol, les deux consistant en
fragments, plus ou moins gros, de grès à peine désagrégé
par le temps et par l'action de la végétation. L'échantillon

que j'ai analysé provient de la forêt du Mössigthal, au point dit Trou-d'Enfer; je le dois, ainsi que les échantillons de bois et de cendres de sapin pris au même endroit, à l'obligeance de M. Wendling, garde général des forêts (1869). L'analyse du sol de la forêt de sapins en question m'a donné les résultats suivants :

SOL DE GRÈS VOSGIEN MÖSSIGTHAL (ALSACE).

1,000 grammes de terre séchée à l'air contiennent :

	Grammes.
Matière combustible totale	32.00
Eau	18.00
Chaux	0.17
Silice soluble	4.49
Magnésie	0.20
Acide phosphorique	0.18
Potasse	0.24
Soude	0.65
Oxyde de fer et traces d'alumine	4.57
Résidu insoluble	939.70
Pas d'acide carbonique.	
	1,000.20

Éminemment pauvre en matières minérales et en matières organiques, peu apte à retenir l'eau, ce sol est cependant couvert de sapins qui croissent bien, atteignent une grande taille et trouvent, par conséquent, dans ce terrain une quantité suffisante d'aliments.

L'incinération d'un échantillon de bois représentant la moyenne d'un arbre m'a donné 1 p. 100 de cendres. Ces cendres présentent la composition suivante :

<pre>
Acide carbonique. 24.64
Eau 9.00
Silice. 6.58
Phosphate de fer et manganèse .   2.20)
Phosphate de chaux . . . . .   5.88) ¹
Chaux 12.50
Magnésie 15.02
Acide sulfurique. 9.24
Soude . . : 9.13
Potasse. 5.77
Chlore . . . . Traces.
                                ─────
                                100.16
</pre>

La forêt du Mössigthal porte, par hectare, environ 300 sapins de 150 ans; chacun de ces arbres peut cuber 2 mètres de bois; le mètre cube de ce bois vert pèse 800 kilogr. Ces données nous serviront plus loin à établir le poids des matières nutritives enlevées annuellement au sol par les arbres de cette forêt.

Si, maintenant que nous connaissons la composition chimique et les principales propriétés physiques de ces quatre sols, nous voulons nous faire une idée exacte des rapports qui existent entre leur fertilité (exprimée par leurs rendements, en tenant compte des fumures qu'ils reçoivent), la quantité totale de matières nutritives qu'ils renferment, et la quantité de ces mêmes matières à l'état de combinaison organique, que je suppose être immédiatement assimilables par les racines, il nous faut comparer entre elles des couches de sol d'épaisseur proportionnelle aux récoltes que fournissent ces terres. En admettant les chiffres suivants, pour représenter la couche de terre arable

---

1. Correspondant ensemble à 8.75 p. 100 d'acide phosphorique.

dans laquelle les plantes vont puiser leur nourriture, nous resterons, je crois, assez près de la réalité :

Sol du sapin . . . . $0^m,40$ de profondeur.
Sol de Serres (céréales) . . . . . $0,15$ —
Sol de Russie (id.) . . . . . $0,15$ —
Sol de Champigneulles (betteraves). $0,60$ —

Le tableau suivant indique, pour ces différentes couches, les résultats de l'analyse élémentaire, combinée à l'extraction des matières organo-minérales par le procédé que j'ai indiqué. Le sol noir d'Uladowka dont il est question dans ce tableau contient 0.2 p. 100 d'acide phosphorique total, c'est-à-dire juste autant que le sol de Serres que je lui compare ; j'ai choisi à dessein cet échantillon, qui rend plus frappants encore les rapprochements que je ferai plus loin :

Richesse comparative rapportée à un hectare, en matière organique totale, matière organique soluble dans l'ammoniaque, acide phosphorique total et soluble, chaux et magnésie de quatre sols de fertilité différente :

	Sol de grès vosgien.	Sol du lias (Serres).	Sol noir (Uladowka).	Sol noir (Champigneulles).
Poids du mètre cube de terre	1,434 kilogr.	1,230 kilogr.	1,024 kilogr.	520 kilogr.
Profondeur de la couche de végétation	$0^m,40$	$0^m,15$	$0^m,15$	$0^m,60$
Volume de cette couche.	4,000 m. c.	1,500 m. c.	1,500 m. c.	6,000 m. c.
Poids de cette couche . .	5,736 tonnes.	1,845 tonnes.	1,806 tonnes.	3,120 tonnes.
PAR HECTARE :	Tonnes.	Tonnes.	Tonnes.	Tonnes.
Matière combustible totale	183,550	202,950	128,230	1,123,200
Matière extraite par l'ammoniaque	6,250	17,350	75,850	11,230
Poids des cendres de cette matière	5,160	2,250	39,000	0,002
Poids d'acide phosphorique des cendres	0,263	0,155	3,150	Traces.
Acide phosphorique total.	1,030	3,870	3,940	0,110
Chaux.	0,970	1,660	9,391	266,000
Magnésie	1,040	7,560	0,975	21,000
Potasse	1,380	20,850	4,857	Traces.

Je me suis borné, pour plus de simplicité, à indiquer seulement la quantité d'acide phosphorique combinée à la matière organique, laissant de côté la silice, la chaux, la magnésie et la potasse qui l'accompagnent toujours dans cette combinaison; tous les raisonnements relatifs à l'acide phosphorique existant dans le sol à cet état s'appliquent, *à fortiori*, aux autres principes minéraux que je viens de nommer, l'insolubilité des phosphates terreux et métalliques étant beaucoup plus grande, on le sait, que celle des autres composés calcaires et alcalins du sol.

L'inspection des chiffres ci-dessus nous montre :

1° Qu'un sol donnant sans fumure 20 hectolitres de céréales à l'hectare, sur 3,940 kilogr. d'acide phosphorique qu'il renferme, en contient 3,150 à l'état que j'appelle assimilable; tandis que le sol fertile avec fumure ne renferme que 155 kilogr. d'acide phosphorique assimilable, sur 3,870 qui s'y trouvent;

2° Que le sol tourbeux tire uniquement son acide phosphorique et sa potasse des engrais qu'il reçoit, et que sa richesse en matière organique n'a sans doute d'autre effet que de rendre très-rapidement assimilables les fumures qu'on lui donne, sans augmenter directement la fertilité, puisque sans fumure, c'est-à-dire sans apport direct d'acide phosphorique et de potasse, il demeure stérile;

3° Que la matière organo-minérale extraite du sol en apparence le plus pauvre (sol du grès vosgien) est relativement très-riche en principes minéraux (82 p. 100) et contient plus du quart de l'acide phosphorique total du sol.

Comparons maintenant à ces chiffres, qui nous donnent un tableau saisissant de la richesse actuelle des sols et de leur réserve, les quantités des divers aliments minéraux enlevés par hectare à chacun d'eux dans les conditions ordinaires de leur culture en grand.

1° *Sol de Russie.* — Rendement : 18 hectolitres blé, 22 hectolitres avoine, jachère. (Assolement triennal.) Pas de fumure.

2° *Sol de Serres* — Même rendement moyen. Même assolement. Fumure moyenne, 25,000 à 30,000 kilogr. de fumier.

3° *Sol de Champigneulles.* — Culture intensive, 50,000 à 60,000 kilogrammes de betteraves à l'hectare. Fumure 50,000 à 60,000 kilogrammes de fumier à l'hectare. Sol stérile l'année qui suit immédiatement la récolte, si l'on n'y apporte pas une nouvelle fumure.

4° *Sol du grès vosgien.* — 300 sapins de 150 ans, sans compter le repeuplement.

Pour l'établissement du calcul d'épuisement des deux premiers sols par les récoltes, je suis parti des données moyennes suivantes :

Poids de l'hectolitre.	Rapport de la paille au grain.
Blé, 80 kilogr.	1 à 2.5
Avoine, 53 kilogr.	1 à 2.0

Matières minérales enlevées au sol par une culture triennale (blé, avoine, jachère, pour un hectare).

	Potasse.	Chaux.	Magnésie.	Acide phosph.
Blé (grain et paille) . . .	30^k,3	10^k,6	6^k,9	19^k,3
Avoine (grain et paille) . .	11 ,7	3 ,3	3 ,2	9 ,9
Total	42 ,0	13 ,9	10 ,1	29 ,2

Matières minérales enlevées au sol par 50,000 kilogr. de betteraves (feuilles restant sur place).

Potasse.	Chaux.	Magnésie.	Acide phosph.
234^k,0	24^k,0	30^k,0	40^k,0

Si l'on divise respectivement par 29^k,2, poids de l'acide phosphorique des récoltes, les poids représentant dans le tableau précédent la richesse des sols de Russie et de Serres en acide phosphorique assimilable, on trouve (en supposant que chacun de ces sols continue à être assolé de la même manière, *sans recevoir aucun engrais,* ce qui est le cas de l'un d'eux seulement) que le sol de Russie contient assez d'acide phosphorique combiné à la matière noire pour fournir encore, dès à présent, çent trente-quatre périodes triennales de récolte, autrement dit qu'il pourrait donner encore pendant quatre cents ans les rendements que j'ai indiqués plus haut, tandis que le sol de Serres, tout aussi riche que lui, absolument parlant, en acide phosphorique, ne pourrait suffire, toutes choses égales d'ailleurs, qu'à cinq périodes triennales ou quinze années de récolte. Je me hâte de faire remarquer que l'expérience nous a, depuis longtemps, appris qu'un sol, pour être très-fertile, doit renfermer une quantité de matières assimilables bien supérieure à celle qu'indiquent les exigences des plantes, et que, selon toute probabilité, les rendements du sol de Serres baisseraient immédiatement si l'on négligeait de le fumer.

En ce qui concerne le sol tourbeux de Champigneulles, l'absence presque complète de potasse et les traces d'acide phosphorique que l'analyse y décèle, montrent suffisamment qu'il ne peut, par lui-même, suffire à aucune récolte et que les éléments minéraux que lui enlèvent les betteraves proviennent presque exclusivement de la fumure qu'il reçoit. On remarquera que la richesse extraordinaire de ce sol en matière organique, rapprochée d'une part de sa stérilité lorsqu'il n'est pas fumé, et de l'autre de sa fertilité remarquable quand on lui donne des substances minérales (potasse, acide phosphorique, etc.), est une preuve nouvelle en faveur de la doctrine de Liebig, et montre en même temps, jusqu'à l'évidence, l'insuffisance complète de l'humus seul dans la nutrition des végétaux.

De plus, l'observation directe a constamment fait voir que le rôle le plus marqué de la matière organique dans cette terre est d'amener la destruction complète du fumier dans une seule campagne, ce qui explique comment on y obtient d'aussi belles récoltes de betteraves, et pourquoi on fume de préférence ces champs noirs avec des fumiers pailleux, aussi frais que possible.

Arrivons au sol du grès vosgien. J'ai dit qu'il porte 300 arbres à l'hectare; chacun d'eux puise dans une superficie de 33 mètres environ et à une profondeur moyenne de $0^m,40$, les aliments nécessaires à son développement. C'est donc un volume de 13 mètres cubes de terre qui nourrit chacun de ces sapins. Le temps qui s'écoule depuis la naissance de l'arbre jusqu'à l'abatage étant de 150 ans, il faut diviser par 150 le poids de l'acide phosphorique trouvé dans les cendres d'un arbre, pour avoir la quantité de cet élément enlevé par année au sol. Admettant que le poids d'un sapin s'élève à 1,600 kilogr., sachant que 100 kilogr. de bois donnent 1 kilogr. de cendres, renfermant à leur tour $37^{gr},5$ d'acide phosphorique, on trouve aisément qu'un sapin enlève en 150 ans, à 13 mètres cubes de sol, 600 grammes d'acide phosphorique, soit 4 grammes par année, soit encore $0^{gr},307$ par an et par mètre cube de terre.

Trois cents sapins, nombre existant à l'hectare, prélèvent donc annuellement pour leur nourriture 1,200 grammes d'acide phosphorique. L'analyse de ce sol nous a montré qu'il contient par hectare 1,020 kilogr. d'acide phosphorique, dont 263 kilogr. à l'état assimilable; on voit d'après cela que, prélèvement fait de l'acide phosphorique nécessaire au développement du sapin, il reste encore dans le sol une quantité relativement énorme de phosphates assimilables à la disposition des arbres qui fructifient, des semis naturels et des végétaux, assez peu abondants d'ailleurs, qui croissent sous ces hautes futaies.

Il résulte de ces rapprochements une explication naturelle de la fécondité intarissable des forêts, même dans des sols relativement pauvres. La matière organique enrichit constamment le sol, en transformant les éléments minéraux en aliments immédiatement assimilables, et, comme les arbres enlèvent au sol une quantité de substances minérales bien plus faible que les végétaux annuels, le sol demeure fertile là où, sans l'apport constant de substances organiques par les feuilles qui tombent, la stérilité ne tarderait pas à être complète.

La discussion qui précède me paraît concluante en faveur de l'hypothèse que j'ai émise relativement au rôle *digestif*, si j'ose ainsi dire, que les matières organiques remplissent à l'endroit des éléments minéraux du sol. Là où il y a de la matière organique, même en grand excès, mais où manquent les substances minérales, stérilité du sol conforme à la théorie de Liebig. Là où l'inverse existe, c'est-à-dire où les éléments minéraux abondent, mais ne rencontrent pas la matière organique nécessaire pour les rendre assimilables, rendements d'autant plus faibles qu'il y a moins de matière organique ; au contraire, fertilité parfaite et durable dans des sols absolument différents, mais pourvus de substance minérale et de matières organiques en quantité suffisante pour préparer les éléments de nutrition des plantes (sol de Russie et forêts). Partout enfin, rapport manifeste entre le degré de fertilité des terres et leur richesse en cette substance noire abondamment pourvue d'éléments minéraux et servant, par suite de ses propriétés, d'intermédiaire actif entre le sol et la plante. Plusieurs conclusions pratiques importantes découlent de ces faits; je me bornerai à en signaler quelques-unes, me réservant de revenir plus loin sur ce sujet, en exposant les expériences que j'ai entreprises sur la formation de la matière noire et sur son action directe dans l'assimilation.

Au premier rang des conclusions naturelles auxquelles nous conduit cette étude, se trouve la confirmation complète de l'importance attribuée par les agriculteurs au fumier de ferme. Ce précieux engrais, l'agent de fertilité par excellence, contient toutes les matières nutritives des plantes à l'état le plus favorable à leur assimilation; il apporte au sol, pour ne parler que de son action chimique, avec les principes minéraux, une source d'acide carbonique et d'ammoniaque de nature à faciliter la dissolution de ces derniers et à permettre leur absorption par les racines des plantes. Là seulement où le cultivateur ne peut pas produire une quantité suffisante de fumier devient nécessaire l'importation directe de potasse, d'acide phosphorique, de sels ammoniacaux à l'état minéral. Les faits précédents montrent une fois de plus aux yeux non prévenus tout ce que recèlent de dangereux et d'inexact les exagérations de la doctrine de Liebig; tout en confirmant, je le répète, l'importance extrême des matières minérales, l'indispensabilité de leur présence dans un sol pour qu'il soit fertile, ils rendent non moins évidente l'utilité des substances organiques dont la fumure peut être dépourvue, *à la condition seulement que la terre qui la reçoit en renferme une quantité suffisante.* Le système qui consisterait à supprimer le bétail ou à le considérer

comme un mal nécessaire me paraît de plus en plus faux ;
si, ce qui n'est heureusement pas à craindre, on parve-
nait, à force de réclames et de déclamations, à le faire pré-
valoir, l'agriculteur qui l'adopterait s'exposerait à ruiner
tout aussi vite ses terres qu'il serait en danger de le faire
en méconnaissant la nécessité impérieuse de lui restituer,
comme l'indique la théorie de Liebig, les substances
minérales exportées par les récoltes. Dans les sols riches
en matières organiques, comme le terrain tourbeux de
Champigneulles, la théorie minérale reçoit de l'expérience une consécration complète, le chlorure de potassium, le phosphate de chaux peuvent remplacer le fumier
de ferme, et l'apport d'une grande quantité de matières
minérales augmente les rendements dans des proportions
très-notables, comme je le montrerai plus tard à l'aide de
chiffres.

Les sols riches à ce degré en détritus végétaux et dépourvus de principes minéraux se prêtent admirablement
à l'application des engrais chimiques. On sait à quel point
l'emploi des sels de Stassfurt sur une grande échelle a
modifié la nature des tourbières d'une partie de l'Allemagne, et l'agriculture n'a pas dit son dernier mot à ce
sujet.

Une deuxième conclusion à tirer des observations précédentes est l'utilité, pour l'examen des sols dont on veut
connaître la fertilité, du dosage des matières noires solubles dans l'ammoniaque et leur analyse. Combiné avec
les méthodes ordinaires, ce procédé analytique peut renseigner l'agriculteur, à la fois, sur le degré de richesse
actuelle de sa terre et sur la valeur de la réserve en éléments minéraux.

Je signalerai enfin la possibilité, en poursuivant les études auxquelles je me livre, d'arriver à rendre fertiles par des amendements et des engrais bien choisis, des sols jusqu'ici restés stériles ou peu productifs.

En résumé, de cette première partie de mes recherches, je crois pouvoir conclure : 1° que la cause principale de la fertilité jusqu'ici inépuisable des terres noires de Russie réside dans l'état particulier où s'y trouvent les principes minéraux indispensables au développement des végétaux; 2° que d'une manière générale, et toutes choses égales d'ailleurs, un sol est d'autant plus fertile qu'il est plus riche en cette même substance; 3° qu'il en est de même du sol des forêts; 4° que le fumier de ferme et le purin, dont la constitution est tout à fait analogue à celle de cette matière noire, séparée de la chaux à laquelle elle est intimement combinée dans le sol, doivent leur action fertilisante aux mêmes causes; 5° qu'il faut développer par tous les moyens possibles la production et la conservation du fumier, au lieu de chercher à les restreindre; 6° que les engrais chimiques donnent leur maximum d'effet dans des sols riches en substances organiques; 7° enfin, que les points fondamentaux des doctrines de Saussure et de Liebig sont parfaitement conciliables, et que, dans l'action réciproque des matières organiques et des principes minéraux, réside la principale cause de fertilité des sols. Les exagérations des partisans des théories de ces deux illustres agronomes doivent être également repoussées par l'agriculture, et les faits pratiques me paraissent de tous points conformes aux déductions que m'a suggérées l'examen approfondi de la terre noire, dont la fertilité n'avait pas été jusqu'ici expliquée par sa composition chimique.

II.

Expériences sur le rôle de la matière noire. — Essais comparatifs de culture dans la terre de Russie naturelle et dans le même sol privé de sa matière noire. — Essais comparatifs de culture dans des sols de nature diverse additionnés ou non de matières organiques. — Conclusions de ces deux séries d'expériences.

L'examen comparatif des terres noires de Russie et de quelques sols moins fertiles que ces dernières m'a conduit à une interprétation nouvelle du rôle des substances organiques dans la nutrition des végétaux[1]. Appuyée sur un nombre restreint d'analyses de sols et sur quelques essais de dialyse seulement, cette interprétation, pour acquérir le degré de certitude que doit présenter toute doctrine scientifique destinée à servir de point de départ à des applications pratiques, rendait indispensables des recherches expérimentales dans diverses directions.

Si mon hypothèse sur l'une des causes fondamentales de fertilité des sols est vraie, il en découle un certain nombre de faits principaux dont la démonstration devait avant tout me préoccuper. J'ai analysé trente sols et sous-sols d'origine et de nature diverses; j'ai, en outre, institué plusieurs séries d'expériences dans le but de vérifier les déductions théoriques auxquelles m'amenaient mes premières recherches. C'est l'ensemble des résultats obtenus dans cette double voie de l'analyse et de l'expérimentation que je vais exposer à mes lecteurs. J'espère les convaincre, par là, de la nécessité absolue pour le cultivateur de recourir à l'emploi des matières organiques et,

---

1. Voir p. 257 et suiv.

par conséquent, du fumier, dans l'entretien des terres arables, et leur prouver par des faits indéniables le danger et la fausseté du système exclusif des fumures chimiques, aujourd'hui complétement condamné, d'ailleurs, par tout ce que la science et la pratique agricoles comptent d'hommes compétents.

Voici l'ordre dans lequel j'exposerai les recherches expérimentales poursuivies dans le but de préciser le rôle de la matière noire dans la nutrition des végétaux :

1° Essais comparatifs de culture dans la terre de Russie naturelle et dans le même sol privé de sa matière noire;

2° Essais comparatifs de culture dans des sols de nature diverse additionnés ou non de matières organiques;

3° Essais de végétation dans des dissolutions de matière noire;

4° Analyses de trente sols et sous-sols groupés sous les catégories suivantes :

a. *Sols agricoles indéfiniment fertiles sans fumure* (*3 sols*);

b. *Sols agricoles fertiles, à condition qu'on les fume* (*15 sols*);

c. *Sols et sous-sols forestiers indéfiniment fertiles sans fumure* (*13 sols*).

5° De l'origine de l'acide phosphorique dans les sols granitiques ;

6° Résumé et conclusions pratiques.

J'insisterai spécialement dans le cours de cet exposé sur les faits qui intéressent plus directement les agriculteurs, réservant pour une publication ultérieure l'examen des questions purement scientifiques soulevées par le complexe problème des causes de la fécondité des sols.

1. Essais comparatifs de culture dans la terre de Russie.

J'ai admis, comme résultat de mes précédentes études sur les terres noires, que la principale cause de leur fertilité réside dans l'état particulier où s'y trouvent les principes minéraux indispensables au développement des végétaux. J'ai montré que, suivant moi, on doit classer en deux catégories tout à fait distinctes les aliments minéraux des plantes, et notamment l'acide phosphorique : d'une part, ceux qui, combinés à la matière organique, sont immédiatement assimilables par les plantes ; de l'autre, ceux qui, existant dans le sol à l'état purement minéral, en constituent la réserve et ne deviendront assimilables que par leur combinaison avec les substances organiques. Si l'hypothèse, ainsi posée, est vraie, on doit, en enlevant à un sol indéfiniment fertile, tel que la terre noire de Russie, les matières minérales combinées à la matière organique, et rien qu'elles, lui enlever par ce seul fait sa fertilité, bien qu'il contienne encore, à l'état inorganique, assez de phosphates et d'autres principes pour nourrir des végétaux, si ces derniers n'étaient pas inaptes à les assimiler sous la forme où les leur offre le sol.

On ne doit pas oublier qu'il suffit que l'un des aliments minéraux importants des plantes fasse défaut dans le sol, ou s'y trouve à un état non assimilable, pour que le sol soit stérile. Cela est surtout vrai de l'acide phosphorique, dont les principales combinaisons naturelles sont insolubles ; c'est pourquoi mon attention s'est tout particulièrement portée, depuis que je m'occupe de ce sujet, sur la recherche des conditions d'assimilation des phosphates par les plantes et sur le mécanisme de cette assimilation.

La matière noire, soluble dans l'ammoniaque, est-elle, comme j'en suis convaincu, le véhicule des aliments minéraux des plantes? En la supprimant dans un sol fertile, on doit enlever à ce dernier la faculté de nourrir des plantes : on doit le rendre stérile. Si, au contraire, mon interprétation est erronée, la soustraction de la matière noire ne doit exercer qu'une influence presque insensible, car le sol auquel on l'enlève contient encore, selon les cas, dix fois, vingt fois plus d'éléments minéraux, et notamment d'acide phosphorique, qu'il n'en faut pour obtenir une récolte.

Un essai direct de culture pouvait seul résoudre nettement la question. Voici comment il a été conduit :

Un kilogramme de terre noire de Russie préalablement mélangée avec soin et desséchée à l'air, a été divisé en deux parties égales destinées, l'une (A) à être débarrassée de la matière noire, l'autre (B) à être employée comparativement sans avoir subi aucune modification.

La terre A a été traitée par une solution chlorhydrique contenant, par litre, 10 centimètres cubes d'acide pur. On a prolongé le lavage à l'eau acidulée jusqu'au moment où la liqueur qui s'écoulait du sol ne précipitait plus par l'oxalate d'ammoniaque et, par conséquent, ne contenait plus de chaux en dissolution. On a ensuite lavé la terre à l'eau distillée, et l'on s'est arrêté seulement lorsque l'eau, filtrant au travers du sol, ne précipitait plus par l'azotate d'argent, ce qui indiquait que tout l'acide chlorhydrique avait été entraîné dans ce lavage. La terre ainsi lavée a été traitée par l'eau ammoniacale, afin de dissoudre toute la matière noire, comme je l'ai à plusieurs reprises indiqué dans la première partie de mon travail. Cette opération nécessite quelques soins et beaucoup de patience, car elle doit être faite sur de petites quantités de terre à la fois, si l'on veut débarrasser complétement le sol des matières solubles dans l'ammoniaque. Lorsque l'eau ammoniacale mise en contact avec la terre reste incolore, l'opération est terminée; on lave alors à l'eau distillée la terre, devenue presque complétement blanche, et l'on s'arrête lorsque toute l'ammoniaque emprisonnée mécaniquement dans le sol a été entraînée par l'eau. La terre est alors étendue en couches minces sur du papier buvard et complétement desséchée à l'air libre. Cette terre diffère du sol naturel par les petites quantités de chaux, d'alumine et de fer que l'eau acidulée lui a enlevées, et par l'absence totale des matières minérales combinées à la matière organique et que l'ammoniaque a dissoutes.

Le 24 juin 1872, je remplis respectivement deux pots à fleurs, en terre poreuse, des sols A et B, également séchés à l'air libre.

Le pot n° 1 contient la terre dépourvue des matières solubles dans l'ammoniaque : cette terre pèse 479 grammes.

Le pot n° 2 renferme la terre de Russie naturelle, pesant 469 grammes : on humecte soigneusement, jusqu'à saturation, les deux sols avec de l'eau distillée : le pot n° 1 a augmenté de 238 grammes; le pot n° 2, de 251 grammes; la terre naturelle absorbe donc pour se saturer 54.5 p. 100 de son poids d'eau, tandis qu'il n'en faut que 49.7 p. 100 à la terre traitée par l'ammoniaque; l'influence de la matière organique sur le pouvoir absorbant du sol pour l'eau est assez notable : le différence s'élève à 7 p. 100 de la quantité d'eau absorbée.

Le 24 juin, je plante dans chacun des pots 3 haricots d'espèce dite *naine,* en enfonçant chaque graine à $0^m,005$ au-dessous de la surface. Le tableau comparatif ci-dessous permettra de suivre la végétation dans les deux pots jusqu'à la fin de l'expérience.

Pot n° 1. — Terre privée de matière noire.

25 juin. 3 haricots plantés.

16 juillet. Levée du 1er haricot.

19 et 20 juillet. Levée des deux autres graines.

24 juillet. On arrache deux des plants.

25 — Les deux cotylédons du haricot restant tombent.

17 août. Le haricot a trois feuilles complètes; la quatrième, qui a paru le 10 août, ne croît pas.

18 août. 2 des feuilles complètes sèchent et tombent, les bourgeons axillaires semblent malades, leur développement est complétement enrayé.

20 septembre. Pas d'apparence de boutons à fleurs.

30 septembre. Arrêt complet du développement de la plante.

10 octobre. Les feuilles se flétrissent, la plante meurt.

15 octobre. On coupe la tige.

Pot n° 2. — Terre de Russie naturelle.

24 juin. 3 haricots plantés.

19 juillet. Levée du 1er haricot.

21 et 22 juillet. Levée des deux autres graines.

27 juillet. On arrache deux des plantes.

17 août. Chute des feuilles cotylédonaires, qui ont persisté jusque-là.

18 août. Le haricot a quatre feuilles complètes très-vigoureuses. Les bourgeons axillaires se développent bien. Le 25 août, le haricot a sept feuilles complètes bien développées; les boutons à fleurs sont apparents.

Le 13 septembre. Floraison, 2 fleurs.

20 septembre. 2 autres fleurs.

— De nouvelles feuilles se montrent.

1ᵉʳ octobre 2 fleurs ont donné des fruits qui se développent ; les deux autres avortent.

15 octobre. La plante est encore verte. On coupe la tige et l'on sépare les fruits.

Il va sans dire que les deux pots ont constamment été placés dans des conditions identiques. Pendant toute la durée de l'expérience ils ont été soigneusement entretenus ; on les a arrosés chaque fois que cela a été nécessaire, avec de l'eau distillée ; la terre a été fréquemment remuée autour des racines ; enfin toutes les précautions ont été prises pour que la comparaison entre les résultats fût aussi étroite que possible, toutes les conditions étant égales, sauf celle qui concerne la matière noire.

Comme on le voit, la marche de la végétation a été très-différente. Dans la terre noire naturelle elle a suivi les phases normales, tandis que la terre traitée par l'ammoniaque a présenté tous les caractères d'une terre stérile : chute rapide des cotylédons, feuilles petites et peu nombreuses, caduques ; ni fleurs, ni fruits. En enlevant la tige des deux haricots avec des ciseaux, j'ai constaté, en outre, que celle du haricot bien venant était pleine, résistante et vigoureuse, tandis que l'autre, entièrement creuse et prenant par conséquent uniquement sa nourriture par la périphérie, était atrophiée comme le reste de la plante ; cette dernière semble n'avoir reçu d'autre nourriture que celle que l'air et l'eau ont pu lui apporter. La racine du haricot bien venant était pourvue d'un chevelu considérable qui envahissait tout le pot ; celle de l'autre haricot portait huit à dix radicules grêles de $0^m,010$ à $0^m,015$ de longueur totale. J'ai incinéré isolément les deux tiges de haricots ; la première (celle du pot n° 1) a donné un résidu de cendres absolument insignifiant, dont l'analyse n'a pu être faite; la deuxième m'a fourni assez de cendres pour que j'aie pu, sans toutefois les doser, y constater la présence de quantités relativement notables de chaux, de magnésie, de potasse et d'acide phosphorique, ce qui n'avait d'ailleurs pas lieu de me surprendre, la plante ayant porté des fruits.

Il résulte de là que, privée de la substance noire soluble dans l'ammoniaque, la terre si féconde d'Uladowka devient stérile, bien qu'elle contienne encore, comme je m'en suis à nouveau assuré après avoir arraché le haricot, des quantités de phosphates, de chaux, de magnésie et de potasse bien supérieures à celles qu'exigerait la végétation de un ou de plusieurs pieds de haricots. Ces faits me semblent confirmer pleinement l'importance que j'ai attribuée à la matière noire dans la fertilité des sols. Après avoir constaté que la perte de cette substance entraîne la stérilité du sol, j'avais à rechercher si l'addition au sol de matière organique, stérile par elle-même, n'amènerait pas l'effet inverse, en augmentant les rendements. C'est l'objet des expériences que je vais décrire.

2. Essais comparatifs de culture dans des sols additionnés ou non de matière organique.

Limité par la petite quantité de terre noire dont je disposais, j'ai dû faire les essais précédents dans des pots à fleurs; il n'en est pas de même des expériences que je vais décrire. Celles-ci ont été entreprises dans les cases de végétation de la Station agronomique, dont il me faut d'abord rappeler les dispositions principales. Ces cases, limitées de toutes parts par des parois étanches en schiste, ont chacune

un mètre carré de superficie sur un mètre de profondeur[1];
elles renferment donc un mètre cube de terre. Deux des
cases mises simultanément en expérience en 1872 contiennent un sol calcaire identique; les deux autres sont
remplies d'un sol argileux pris dans un même champ. Les
cases sont drainées et se trouvent dans des conditions parfaitement comparables deux à deux. En effet, ces cases ont
été remplies en 1869 avec des sols provenant de deux
pièces de terre d'une ferme des environs de Nancy[2], dont
voici l'assolement antérieur : En 1868, le sol calcaire, fumé
pour pommes de terre l'année précédente, a porté du blé.
Le sol argileux, fumé en 1867 pour betteraves, a porté, en
1868, du seigle. Depuis 1869, époque de l'installation des
cases de végétation de la Station, ces deux sols ont porté
les récoltes suivantes :

	SOL CALCAIRE.		SOL ARGILEUX.	
	Case I.	Case II.	Case III.	Case IV.
1869.	Tabac.	Jachère.	Tabac.	Jachère.
1870.	Jachère.	Tabac.	Jachère.	Tabac.
1871.	Tabac.	Tabac.	Tabac.	Tabac.

Depuis 1868, aucun de ces sols n'a reçu de fumure;
l'état d'épuisement des deux sols devait donc se trouver
identique dans les quatre cases. Voici la composition chimique du sol de ces cases. L'analyse en a été faite en 1869.

---

1. Voir la description des cases dans la notice sur la Station.

2. Commune de Belleau. Ces terres appartiennent à la formation du lias. La
terre argileuse est difficile à travailler; très-peu meuble, elle se fendille très-
fortement sous l'influence de la sécheresse, et devient fortement collante sous
l'action des pluies.

100 grammes de terre séchée à l'air libre contiennent :

	Sol argileux.	Sol calcaire.
Eau	5.59	3.94
Matière combustible. . . .	5.90	4.27
Chaux	0.98	3.44
Fer et alumine.	11.59	11.23
Magnésie	0.03	0.18
Potasse.	0.48	0.22
Soude.	0.13	0.03
Silice soluble	0.05	0.03
Acide phosphorique	0.05	0.03
Acide carbonique.	Traces.	3.65
Résidu insoluble	76.02	73.15
	100.82	100.24

Si la végétation a modifié la composition du sol en 1870 et 1871, les variations qu'elle a pu y introduire doivent être de tous points analogues, ces sols ayant été cultivés de la même manière, ayant porté le même nombre de récoltes identiques et n'ayant reçu aucun amendement depuis l'année 1868.

Ceci bien établi, j'arrive aux expériences de 1872 à 1877.

Si ma théorie est fondée, l'une des fonctions principales des matières organiques introduites dans le sol par les fumures, doit être la transformation des éléments minéraux, inassimilables par les plantes sous leur état primitif, en aliments assimilables, grâce à leur combinaison avec la substance organique. En d'autres termes, la formation de la matière noire plus ou moins riche en phosphates serait l'un des principaux résultats de l'action des fumures sur les terres, cette matière noire me paraissant jouer, à l'égard des végétaux, un rôle comparable à celui du chyme dans la nutrition animale. Les essais de 1872 dans les cases de végétation ont donc eu pour objet de déterminer expérimentalement si, de deux sols, identiques d'ailleurs, l'un recevant de la matière organique en même temps que des phosphates, tandis que l'autre ne recevrait que des phosphates, le premier donnerait une récolte sensiblement supérieure à celle du second; je voulais de plus rechercher si, à l'augmentation de la récolte, au cas où elle aurait lieu, correspondrait un accroissement du taux de la matière noire dans le sol le plus fécond.

J'ai choisi comme source de matière organique le terrain tourbeux de Champigneulles, absolument stérile par lui-même, et dont j'ai fait connaître la composition dans l'un des précédents chapitres.

Dans l'une des cases calcaires et dans l'une des cases argileuses on a enlevé la terre sur $0^m,20$ de profondeur. On a mélangé intimement à la terre sortie des cases un volume égal du sol tourbeux de Champigneulles, et l'on a rempli de nouveau les cases avec le mélange (15 avril 1872).

On a labouré le sol des deux autres cases à une profondeur de $0^m,20$ (16 avril) et répandu uniformément sur chacune des quatre cases $0^k,100$ de phosphate bibasique (phosphate précipité) de chaux, correspondant à 13 grammes d'acide phosphorique. Le 27 avril on a semé, en lignes, $0^k,030$ d'orge Chevallier dans chaque case, préalablement labourée à nouveau le matin. Le 2 mai, l'orge levait dans toutes les cases. A partir de ce moment jusqu'à la récolte, la végétation des cases additionnées de tourbe a présenté un aspect plus vigoureux; les tiges étaient plus vertes, les feuilles plus vivaces; vers la fin de juillet il y avait un peu de verse dans ces deux cases.

Le 3 août, on a coupé l'orge dans les quatre cases.

Voici les résultats de la pesée des récoltes :

Case I (sol calcaire sans tourbe), 0^k,430 paille et grain (la paille est courte, le grain peu abondant et maigre).

Case II (calcaire avec addition de tourbe), 0^k,800 paille et grain (grain volumineux, paille plus longue de 0^m,20 environ que celle de la case I).

Case III (sol argileux sans tourbe), 0^k,600 paille et grain.

Case IV (sol argileux avec tourbe), 0^k,775 paille et grain.

Après avoir fait déchaumer avec soin les quatre cases, et labouré le sol à la profondeur de 0^m,20, j'ai prélevé dans chacune des cases un échantillon de terre qui m'a servi à déterminer la quantité de matière noire soluble dans l'ammoniaque et la teneur en acide phosphorique de cette matière noire. Ces analyses devaient m'indiquer (dans le cas où les choses se passeraient conformément à mon hypothèse) des proportions de matière noire et d'acide phosphorique assimilable beaucoup plus grandes dans les sols amendés à la fois par le phosphate de chaux et par la tourbe que dans les sols additionnés de phosphate de chaux seul. C'est en effet ce que montrent nettement les chiffres suivants :

	Matière noire pour 100 gr. de terre.	Acide phosphorique assimilable.	Récolte. Gramm.
Case I (calcaire)	0.98	0.03	430
Case II (calcaire + tourbe)	1.14	0.10	800
Case III (argile)	1.20	0.06	600
Case IV (argile + tourbe).	2.22	0.08	775

Les résultats de cette expérience sont instructifs à plus

d'un titre. Ils prouvent, en premier lieu, que la matière organique, stérile par elle-même, est une cause prépondérante de fertilité par la transformation qu'elle fait subir aux phosphates. Dans le sol calcaire, elle a presque doublé la récolte ; dans le sol argileux, elle l'a augmentée d'un tiers. Le taux d'acide phosphorique assimilable s'est accru à peu près dans le même rapport pour chacun des sols : il a triplé dans le sol calcaire et augmenté d'un tiers dans le sol argileux.

Un second fait non moins intéressant est mis en évidence par cet essai. En ajoutant au sol calcaire n° 1, pauvre en matière organique, une quantité de phosphate de chaux supérieure à celle qui serait nécessaire pour donner une abondante récolte, je n'ai obtenu qu'un très-médiocre rendement, en rapport d'ailleurs avec la faible quantité d'acide phosphorique assimilable que l'analyse a décelé. Ne suis-je pas en droit d'en conclure qu'amené à l'état d'épuisement relatif auquel il se trouve par suite de quatre récoltes successives *sans fumure,* mon sol calcaire demeurera relativement stérile, même si je lui donne des engrais minéraux, tandis que j'en double immédiatement la fertilité en lui apportant de la matière organique en même temps que les phosphates ?

L'examen comparé des résultats obtenus dans les sols argileux et calcaires met en lumière et permet d'expliquer un fait bien connu des cultivateurs : à savoir que les fortes fumures conviennent surtout aux sols argileux et que leur action y est bien lente, mais aussi plus durable que dans les sols calcaires.

Les deux terres qui nous occupent ont, en effet, reçu en 1868 la même fumure (40,000 kilogr. de fumier de ferme) ;

elles ont porté depuis cette époque le même nombre de récoltes : une fois pommes de terre ou betteraves, une fois blé ou seigle, deux fois tabac. Or, en 1872, tandis que le sol argileux contient encore 1.20 p. 100 de matière noire correspondant à 0.06 p. 100 d'acide phosphorique assimilable, le sol calcaire ne renferme plus que 0.98 p. 100 de matière noire correspondant à 0.03 p. 100 seulement d'acide phosphorique. Cela explique d'une part la différence notable du poids des récoltes dans les deux sols non amendés par la tourbe, de l'autre comment l'addition de matière organique n'a pas accru dans la même proportion, pour les deux sols, le poids des récoltes. L'effet de la fumure, à poids égal, sur des sols argileux et sur des sols calcaires se manifeste plus longtemps dans les premiers que dans les seconds, parce que la matière organique s'y combine plus lentement avec les substances minérales et s'y brûle moins rapidement. Il est facile de se rendre compte alors des différences obtenues dans l'essai de culture rapporté plus haut.

De 1872 à 1877 j'ai poursuivi mes expériences. La succession des récoltes a été la suivante dans les quatre cases :

1873. Jachère nue.
1874. Tabac.
1875. Maïs géant.
1876. Betteraves fourragères anglaises.
1877. Tabac.

Chaque récolte a été enlevée et pesée avec soin; quelques-unes ont été complétement analysées; je me réserve de revenir plus tard sur les nombres fournis par ces analyses. Voici les résultats obtenus dans les pesées pour ces six années:

	SOL CALCAIRE.		SOL ARGILEUX.	
	Case I.	Case II.	Case III.	Case IV.
1872. Orge.	0^k,430	0^k,800	0^k,600	0^k,775
1874. Tabac[1].	3 ,200	4 ,975	3 ,175	6 ,360
1875. Maïs géant.	3 ,500	6 ,920	4 ,800	8 ,020
1876. Betteraves.	3 ,970	5 ,060	4 ,985	6 ,930
1877. Tabac	2 ,915	5 ,427	3 ,045	7 ,033
Poids des cinq récoltes.	14^k,815	23^k,182	16^k,705	29^k,218

L'introduction de substances organiques a donc augmenté la fertilité du sol dans une énorme proportion (60 p. 100 environ). Les propriétés physiques du sol des cases additionnées, en 1872, de substances organiques sont profondément modifiées aujourd'hui : un ameublissement considérable s'est produit. Le sol se laisse beaucoup mieux travailler ; de compacte qu'il était, il est devenu poreux ; il se tasse moins sous l'influence de la pluie et conserve beaucoup plus de fraîcheur par la sécheresse. Il a, en un mot, acquis l'aspect, les propriétés physiques et la fertilité des sols de première qualité.

3. Production directe de matière noire fertile.

Nous venons de voir que l'addition de tourbe stérile aux sols des cases de végétation a accru leur fertilité dans une proportion très-considérable. J'ai pensé qu'une démonstration directe de la combinaison des phosphates avec la matière organique serait intéressante à donner et j'ai institué les deux expériences suivantes, afin de la mettre en évidence :

------

1. Feuilles, tiges et fleurs.

1. *Expérience avec le phosphate tribasique et la poudrette.*

Dans 500 grammes de poudrette de Bondy tamisée, j'ai introduit 5 grammes de phosphate tribasique de chaux très-divisé. Le mélange ayant été rendu aussi intime que possible, a été placé dans un vase de verre, complétement humecté et abandonné à l'action de l'air et de la lumière; au bout de trois mois, pendant lesquels on avait entretenu l'humidité du mélange par l'addition d'eau distillée, j'ai pu constater par le dosage de l'acide phosphorique, combiné à la matière noire, que 35 p. 100, un peu plus du tiers, de l'acide phosphorique incorporé à la masse à l'état de phosphate tribasique, avait passé à l'état de phosphate assimilable, c'est-à-dire uni à la matière noire et soluble dans l'ammoniaque après enlèvement de la chaux par l'acide faible.

2. *Expérience avec la tourbe de Champigneulles.*

Le 9 mai 1872, j'ai mélangé à $11^k,217$ de tourbe de Champigneulles tamisée, $0^k,200$ de phosphate précipité et $0^k,200$ grammes de sulfate de potasse et de magnésie de Stassfurt; le mélange ayant été rendu aussi parfait que possible, a été humecté avec de l'eau de source et placé dans une caisse exposée à l'air; l'humectation a été renouvelée fréquemment durant l'année 1872. Pendant l'année 1873 il n'y a pas eu d'arrosage. En janvier 1874, j'ai déterminé exactement la composition de la tourbe et celle de la matière noire que j'en ai extraite, par la méthode que je décris plus loin dans tous ses détails.

Le rapprochement des analyses de la tourbe en 1872

et en 1874 montre qu'ici, comme dans la poudrette, les phosphates se sont combinés avec la substance organique pour donner naissance à de la matière noire fertile :

	COMPOSITION DE LA TOURBE, en centièmes,	
	en 1872.	en 1874.
Matières combustibles.	35,99	32,13
Eau	31,23	22,82
Chaux	6,54	6,94
Magnésie	0,69	2,09
Acide phosphorique.	0,007	1,45
Potasse.	Traces.	0,50
Matière noire	9,65	10,30
100 parties de cette matière noire donnaient : Cendres.	0,02	17,9
Ces cendres contenaient : Acide phosphorique	0,00	15,3

Cette confirmation de tout ce qui précède montre, en outre, l'importance de l'épandage des phosphates tribasiques sur les fumiers, que l'expérience suivante va rendre plus palpable encore :

4. Fumier artificiel de Tullins.

M. Michel Perret, président du Comice agricole de Saint-Marcellin (Isère), à qui j'avais communiqué les résultats de mes recherches, voulut bien, en 1875, tenter la fabrication artificielle du fumier dans son domaine de Tullins. A cet effet, il disposa, par lits successifs, des sarments de vigne coupés en fragments assez courts, qu'il saupoudra de phosphate tribasique et de sels de potasse : le tout fut arrosé fréquemment avec de l'eau et une très-faible quantité de purin. Au bout de quelques mois, en mai 1876, il m'expédia un cube de ce fumier artificiel constitué par une masse noire, sans odeur et rappelant, par son aspect, ce que les cultivateurs nomment le fumier à l'état de beurre. Le mètre cube pesait environ 1,000 kilogr., le bois était complétement désorganisé.

L'analyse de ce fumier a été faite; elle a donné les résultats suivants :

		Pour 100.	
Eau.	. . . .	65,500	
Azote ammoniacal.	. . . . . .	0,000	
Azote nitrique.	. . . .	0,035	0,610 azote total.
Azote organique.	. . . .	0,575	
Acide phosphorique	. . . . .	1,304	
Potasse	. . . .	1,259	
Cendres (mat. incombustibles).	.	14,968	

Il présentait donc une composition très-voisine de celle des bons fumiers de ferme.

100 grammes de ce fumier ont donné 4^{gr},37 de matière noire, donnant 17 p. 100 de cendres contenant 0^{gr},083 d'acide phosphorique.

Nul doute que ce mode de fabrication de fumier puisse rendre de grands services dans les exploitations qui ne possèdent qu'un bétail insuffisant.

<h2 style="text-align:center">III.</h2>

Dosage de l'acide phosphorique total d'un sol. — Dosage de la matière noire d'un sol. — Analyse et composition de la matière noire de la terre de Russie. — Essais de dialyse du sol d'Uladowka. — De la dialyse de la matière noire des sols par les racines des plantes. — L'humus n'est pas absorbé. — Ses principes minéraux seuls pénètrent dans la plante.

Je viens de faire connaître le résultat d'expériences directes sur le rôle de la matière noire dans la nutrition.

On a vu qu'un sol éminemment fertile devient complétement stérile, si on le prive de la matière noire, et qu'inversement, un sol riche en éléments minéraux, mais
pauvre en matière noire, et par cela même peu fécond,
devient fertile par l'addition de matière organique. On
peut de même transformer des matières organiques stériles
en sols féconds par l'addition de substances minérales.
Ces expériences me paraissent ne laisser aucun doute sur
le véritable rôle de l'humus, ou, du moins, sur une des
causes fondamentales de son action fertilisante. Je me
propose maintenant d'exposer le résultat d'essais de végétation dans un sol inerte, absolument stérile (cailloux
siliceux) par lui-même et destiné à servir uniquement de
support à la plante, les aliments nutritifs étant exclusivement mis à la disposition de cette plante sous la forme
de solution de matière noire. Ces essais permettent, je
crois, de donner une explication satisfaisante des faits
contradictoires avancés sur l'absorption de l'humus par
les végétaux, et fournissent, en outre, une preuve nouvelle des propriétés nutritives de la matière noire des sols.
Avant d'entrer dans le détail de ces recherches expérimentales, il me paraît utile de décrire plus exactement et
plus complétement que je ne l'ai fait jusqu'ici la composition et les propriétés de la matière noire. Je tiens de
plus à indiquer d'une façon précise la marche suivie pour
isoler, doser et analyser cette combinaison, afin de permettre aux chimistes qui en auraient le désir de répéter
mes expériences. Le rôle prépondérant de la matière
noire dans la nutrition des végétaux me semble d'ailleurs
rendre son dosage et son analyse indispensables chaque
fois que l'on voudra connaître la richesse actuelle d'un

sol, les méthodes ordinaires appliquées à l'analyse des terres nous laissant dans l'ignorance complète à cet égard.

1. Extraction et dosage de la matière noire. — Sa composition.

Toutes les terres plus ou moins fertiles que j'ai examinées jusqu'ici à ce point de vue contiennent, en proportions variables, de la matière noire, soluble dans l'ammoniaque, après avoir été dégagée de sa combinaison naturelle avec la chaux et la magnésie par l'action d'un acide très-étendu. L'absence complète de cette substance dans un sol naturel serait un indice certain de la stérilité complète de ce sol. La matière noire laisse, en brûlant, un résidu rougeâtre dont le taux pour cent varie sensiblement suivant les sols, comme on le verra dans les tableaux résumant mes analyses. La richesse de ce résidu en acide phosphorique varie également dans de très-grandes limites. Le point important à déterminer pour avoir *à priori* une idée de la fertilité d'un sol, est le rapport existant *entre la quantité totale d'acide phosphorique contenue dans un volume ou dans un poids de terre arable et la quantité d'acide phosphorique engagée en combinaison avec la matière organique dans les mêmes poids ou volume de terre,* cet acide phosphorique pouvant seul être considéré comme immédiatement assimilable par les végétaux. L'importance que j'attache, pour arriver à la connaissance de la valeur agricole d'un sol, au dosage et à l'analyse de cette substance complexe, m'a conduit à chercher un procédé à la fois exact et rapide pour la détermination du taux centésimal de la matière noire et de sa richesse en acide phosphorique. Comme c'est, en définitive, le rapport entre les poids d'acide phosphorique total et d'acide assimilable que j'ai besoin de connaître, j'applique toujours au dosage de l'acide phosphorique, sous ces deux états, la même méthode, ce qui atténue, si cela ne les fait disparaître entièrement, les causes d'erreur dans le dosage de ce corps, dont tous les analystes connaissent la difficulté.

A. *Dosage de l'acide phosphorique total d'un sol.* — Après avoir successivement essayé presque tous les procédés indiqués pour doser l'acide phosphorique en présence du fer et de l'alumine, éléments constants des sols, je me suis arrêté à l'emploi du molybdate d'ammoniaque, qui donne des résultats aussi exacts que la plupart des autres procédés, tout en exigeant moins de manipulations et de temps[1].

La terre, séchée à l'air libre, est tamisée pour en séparer les cailloux; c'est la partie fine qui est soumise à l'analyse. On attaque 100 grammes de terre par l'acide azotique pur; on laisse digérer à chaud pendant quelques heures, on décante la solution acide, on lave le résidu à l'eau distillée, et l'on réunit les eaux de lavage à la solution; on s'arrange de manière à avoir un volume total de liquide égal à 500 cent. cubes. Dans 100 cent. cubes de cette liqueur, on verse un excès de molybdate d'ammoniaque, on recueille sur un filtre le phospho-molybdate ainsi obtenu, on le lave complétement, puis on le dissout à

---

1. Il y a lieu de faire une exception en faveur de la méthode de Schlœsing, qui surpasse en précision tous les autres procédés, mais qui exige plus de temps et surtout une grande habileté. Chaque fois que l'on se contentera de déterminer des rapports, on pourra recourir au molybdate; si l'on désire des chiffres absolus, la méthode de Schlœsing doit être préférée.

l'aide d'eau fortement ammoniacale. Dans cette solution, qui doit être limpide et incolore, on dose l'acide phosphorique à l'état de phosphate ammoniaco-magnésien [1].

D'ordinaire, je fais un second dosage sur 100 autres cent. cubes de la liqueur; les différences constatées dans ces deux dosages ne dépassent pas en général une quantité de phosphate ammoniaco-magnésien correspondant à plus de $0^{gr},0005$ d'acide phosphorique. Cette approximation est suffisante dans presque tous les cas.

B. *Dosage de la matière noire d'un sol.* — Après avoir écarté, par un triage préalable, les cailloux les plus volumineux de l'échantillon de sol à analyser, je place dans un entonnoir de grandeur convenable, et dont le fond est rempli de petits fragments de verre ou de porcelaine, environ 300 à 400 grammes de terre desséchée à l'air libre. J'humecte la terre à l'aide d'une pipette, avec de l'eau distillée additionnée d'une quantité d'acide chlorhydrique fumant qui varie entre 10 cent. cubes et 25 cent. cubes par litre d'eau, suivant que l'on a affaire à une terre plus ou moins calcaire. Si le sol à analyser ne contient que des traces de carbonate de chaux, on peut employer de l'eau acidulée au cinq centième seulement. Le liquide qui s'écoule à la partie inférieure de l'entonnoir est toujours très-pâle, à peine coloré en jaune (chlorure de fer), et l'on continue à laver la terre avec l'eau acidulée, jusqu'au moment où l'on ne retrouve plus de chaux dans la liqueur qui en découle. Un lavage à l'eau distillée pure enlève ensuite l'acide chlorhydrique en excès, et l'on ne s'arrête dans ce lavage que lorsque la liqueur ne

---

1. Voir *Traité d'analyse des matières agricoles*. In-8°. Librairie agricole, 1877.

précipite plus par l'azotate d'argent. On dessèche la terre en l'étendant sur de la porcelaine dégourdie ou sur du papier buvard. Lorsque la terre est sèche, on la jette sur un tamis, et c'est la terre fine qui sert au dosage ultérieur de la matière noire.

La terre ainsi préparée, traitée par de l'eau ammoniacale, cède à ce liquide toute sa matière noire, à la condition que chacune de ses particules soit en contact avec la liqueur alcaline pendant un temps suffisamment long. Au fur et à mesure qu'ils perdent leur substance noire, certains sols s'agglutinent et laissent difficilement filtrer les liquides, ce qui rend presque impossible la séparation complète de la matière noire sur un volume un peu considérable de terre traitée en une fois par l'eau ammoniacale. C'est pourquoi je conseille d'effectuer le dosage sur 10 grammes seulement de terre préparée comme je viens de le dire. Dans un entonnoir de petite taille, au fond duquel on a mis quelques fragments de porcelaine, on place 10 grammes de terre, on les humecte avec de l'ammoniaque caustique, et on les abandonne pendant quelque temps (un quart d'heure ou une demi-heure). On verse ensuite très-lentement sur la terre assez d'eau distillée pour commencer à déplacer la solution ammoniacale de la matière noire; on répète cette opération jusqu'à ce que le liquide s'écoule incolore; lorsque la terre est riche en matière noire, il est bon, après quelques lavages, de substituer l'eau ammoniacale à l'eau pure. Le liquide noir ainsi obtenu occupe un volume d'environ 20 à 30 centimètres cubes, selon les cas. On l'évapore au bain de sable dans une capsule de platine tarée à l'avance.

Il est rare que les sols agricoles ou forestiers soient

assez riches en matière noire pour que la quantité de cette substance extraite de 10 grammes de terre suffise à la détermination exacte du résidu incombustible et de l'acide phosphorique qu'il renferme. Aussi doit-on se borner, dans la plupart des cas, à doser directement la matière noire sur ces 10 grammes de terre employés. Pour obtenir une quantité de matière suffisante au dosage du résidu et de l'acide phosphorique, je traite 150 à 200 grammes de la terre préparée, comme je l'ai dit plus haut, par l'eau ammoniacale. N'ayant plus à se préoccuper d'extraire la totalité de la matière noire, puisqu'on connaît son taux par une expérience directe, on peut se borner à préparer ainsi une liqueur qui, évaporée à sec, fournira un résidu assez abondant pour permettre les deux dosages qui restent à faire. On évapore le liquide dans une capsule, on pèse le résidu noir, cassant, on le calcine, et une nouvelle pesée donne le taux pour cent de matière incombustible. On reprend ensuite ce résidu par l'acide azotique, on laisse digérer sur le bain de sable, on ajoute un peu d'eau et l'on filtre. Dans la liqueur filtrée, réunie aux eaux de lavage et fortement acide, on verse du molybdate d'ammoniaque, on traite le précipité jaune comme précédemment, et l'on dose l'acide phosphorique à l'état de phosphate ammoniaco-magnésien.

J'ai eu recours à l'ammoniaque, au lieu de potasse ou de soude caustique, qui dissolvent également bien la matière noire, comme on le sait, pour plusieurs motifs : premièrement parce que les principes minéraux des sols, et notamment la silice, sont complétement insolubles dans l'ammoniaque, tandis qu'ils se dissolvent en assez grandes proportions dans la potasse et dans la soude; je suis donc certain, en employant l'ammoniaque de n'enlever à la terre que les substances minérales engagées en combinaison avec la matière organique; le dosage de la silice dans cette matière ne peut donc être entaché de causes d'erreurs dépendant de sa solubilité dans les alcalis fixes. En même temps, voulant rechercher la potasse dans le résidu de la matière noire, il me fallait éviter l'emploi de cet alcali, car il m'eût été impossible de discerner ensuite l'origine de la potasse dans le résidu analysé : enfin la facile volatilisation de l'ammoniaque permet de se débarrasser complétement, par la chaleur, de l'excès de dissolvant employé.

Mes lecteurs voudront bien, je l'espère, me pardonner ces détails analytiques, indispensables pour permettre la discussion et le contrôle des faits sur lesquels repose ma théorie du rôle de l'humus.

C. *Analyse et composition de la matière noire de la terre de Russie.* — Comme j'ai déjà eu, maintes fois, l'occasion de le faire remarquer, la composition de la matière noire des sols varie avec le degré de fertilité des terres, dont elle est en quelque sorte l'indicateur tangible. Mais ces variations, au moins dans tous les cas où je les ai constatées jusqu'ici (sur trente et quelques sols divers), portent sur les quantités relatives du principe constituant et non sur leur nature. En effet, toutes les cendres de matière noire que j'ai analysées sont composées des éléments suivants, diversement associés, comme nous le verrons tout à l'heure :

Silice, acide phosphorique, oxyde de fer, oxyde de manganèse, chaux, magnésie, potasse.

C'est-à-dire que la matière noire renferme tous les éléments minéraux indispensables et suffisants au développement de toute plante; recevant en outre de l'air, l'oxygène, l'ammoniaque, l'eau et l'acide carbonique.

Comme exemple d'analyse de ces cendres, je choisirai le résidu de l'échantillon de terre noire de Russie le plus riche que j'aie jusqu'ici eu entre les mains[1]. Cette terre contient pour 100 grammes $0^{gr},29$ d'acide phosphorique total. Elle donne, par le traitement indiqué plus haut, 3.50 p. 100 de matière noire fournissant 39.86 p. 100 de son poids de résidu incombustible. C'est le résidu dont voici l'analyse :

On attaque par l'acide azotique bouillant $1^{gr},018$ de cette cendre rouge-brique, on filtre la liqueur presque incolore résultant de l'attaque, on dessèche et l'on pèse le résidu insoluble dans l'acide : il pèse $0^{gr},548$; mis en digestion avec quelques gouttes d'acide sulfurique monohydraté, le résidu se décolore complétement, on ajoute de l'eau, on filtre la liqueur; ce qui reste est de la silice pure pesant $0^{gr},361$. La liqueur filtrée est formée de sulfate de fer[2], qu'on décompose par l'ammoniaque; on obtient $0^{gr},188$ d'oxyde de fer. Cet oxyde de fer contient $0^{gr},002$ d'oxyde de manganèse.

La solution azotique, analysée par les méthodes ordinaires, a donné les quantités suivantes : phosphate de fer, $0^{gr},349$; chaux, $0^{gr},050$; acide phosphorique combiné à la chaux, $0^{gr},013$; magnésie, $0^{gr},013$; potasse, $0^{gr},040$. Il ne m'a pas été possible de déterminer exactement

---

1. Les terres de Kołodwno, que j'ai analysées depuis la publication de mon mémoire, sont plus riches encore que celles d'Uladowka.

2. Quand l'attaque par AzO^5 n'a pas été complète, on retrouve un peu de chaux dans la solution sulfurique.

si ces cendres contiennent de la soude. Sur 1^{gr},018 de matière employée, j'ai retrouvé 1^{gr},014 des diverses substances que je viens d'indiquer. On peut, d'après cette analyse, représenter de la manière suivante la composition, en centièmes, du résidu de la matière noire extraite de la terre la plus riche d'Uladowka :

Silice (à l'état de silicate de fer).	35.60
Oxyde de fer à l'état de silicate	18.36
Oxyde de manganèse à l'état de silicate. . .	0.18
Chaux (à l'état de silicate)	3.55
Phosphate tribasique de chaux.	2.66
Phosphate de fer	34.44
Magnésie	1.28
Potasse	3.94
Total	99.98

Cette matière, on le voit, est extrêmement riche en acide phosphorique; elle en contient 17.39 p. 100 de son poids; elle est très-riche en oxyde de fer et en silice, ce qui semblerait confirmer le rôle de véhicule de l'acide phosphorique attribué par Knop, P. Thénard et autres savants à ces deux oxydes. Elle contient du manganèse, fait sur lequel j'ai insisté dans le premier volume, en parlant des recherches entreprises dans mon laboratoire par M. Leclerc, jeune chimiste très-habile attaché à la Station agronomique de l'Est en qualité de préparateur [1], et qui a publié un mémoire intéressant sur la répartition du manganèse dans les cendres des végétaux, et sur une méthode de dosage de ce métal dans les sols et dans les plantes [2].

---

[1]. Aujourd'hui directeur du laboratoire agronomique de la Société des agriculteurs de France, à Mettray.

[2]. Comptes rendus de l'Académie, 1873.

La présence du manganèse dans toutes les matières noires examinées semble indiquer qu'il faut définitivement le ranger parmi les substances minérales qui concourent à la nutrition des végétaux. Je ne m'arrêterai pas plus longuement aux rapprochements que peut fournir l'analyse rapportée plus haut, j'y reviendrai lorsque, l'exposé de mes recherches terminé, je discuterai les conclusions générales que je me crois en droit d'en tirer.

2. Essais de dialyse du sol d'Uladowka.

J'ai démontré précédemment que, lorsqu'on soumet à la dialyse le liquide noir provenant du traitement d'un sol par l'ammoniaque, la matière organique à laquelle la liqueur doit sa coloration noire reste dans le vase intérieur, tandis que l'eau placée dans le vase extérieur, tout en demeurant incolore, a dissous par diffusion à travers la membrane les substances minérales (silice, phosphate, etc.) combinées primitivement à la matière organique. J'ai répété avec le même succès l'expérience en substituant à la solution noire extraite de la terre la terre elle-même, légèrement humectée d'eau ammoniacale. Dans le vase intérieur du dialyseur, j'ai placé, le 17 juin 1872, 10 grammes de terre d'Uladowka, préalablement traitée par l'eau acidulée et séchée. J'ai humecté la terre avec de l'eau contenant 1 p. 100 d'ammoniaque, et j'ai versé de l'eau distillée dans le vase extérieur, de manière à mouiller la paroi perméable qui obstruait le dialyseur. L'eau du vase extérieur a été enlevée et renouvelée de deux jours en deux jours jusqu'au 4 juillet. La terre a été maintenue constamment humide avec de l'eau ammoniacale. Le liquide résultant du mélange des diverses eaux était resté complétement incolore. La terre, au contraire, avait conservé sa coloration noire primitive. J'ai examiné isolément la terre et le liquide dialysé. Après avoir extrait la terre du dialyseur, je l'ai épuisée aussi complétement que possible par de l'eau ammoniacale; j'ai obtenu ainsi un liquide aussi foncé que celui fourni par la terre non soumise à la dialyse. Évaporé, le liquide m'a donné un résidu pesant $0^{gr},221$, noir, cassant, de tous points analogue par l'aspect au résidu normal. Calcinée, cette matière noire a laissé $0^{gr},017$ de cendres rougeâtres. Si l'on compare les poids de ces deux résidus à ceux que donne la terre non dialysée, on voit que :

10 grammes terre donnent :

$0^{gr},350$ matière noire,

correspondant à { $0^{gr},211$ matière organique,
{ $0^{gr},139$ cendres;

10 grammes terre dialysée donnent :

$0^{gr},221$ matière noire,

correspondant à { $0^{gr},204$ matière organique,
{ $0^{gr},017$ cendres.

D'autre part, l'examen du liquide provenant du vase extérieur m'a montré qu'il était complétement incolore et ne contenait par conséquent pas de matière charbonneuse[1]; de plus, qu'il renfermait de la silice, de l'acide phosphorique, de la chaux, de la magnésie, de la potasse, en un mot, toutes les matières minérales combinées à la matière organique dans le sol. La matière noire du sol a

---

1. M. Petermann, directeur de la Station de Gembloux, s'occupe de recherches sur la dialyse du sol qui seront publiées prochainement.

donc cédé à l'eau 92.31 p. 100 du poids des substances minérales qu'elle contenait; la différence légère qu'on observe entre la richesse en matière organique des substances noires avant et après dialyse, peut être attribuée soit à un lavage imparfait du sol extrait du dialyseur, soit à une combustion, comme tendraient à le faire penser les expériences suivantes.

Cet essai confirme de tous points ceux que j'ai précédemment rapportés; il montre que les matières humiques ne traversent pas, au moins en quantité notable, les membranes d'origine végétale, qu'elles se décomposent à leur contact pour laisser passer les principes minéraux, tandis que les éléments organiques restent dans le sol. Les expériences directes sur les végétaux, dont il me reste à parler, conduisent non moins clairement à la même conclusion.

3. De la dialyse de la matière noire des sols par les racines des plantes.

Dans tous les essais décrits jusqu'ici, j'ai admis hypothétiquement l'analogie complète, sinon l'identité, des tissus qui constituent les racines, et des membranes dialytiques dont je me suis servi. Pour vérifier l'exactitude de cette assimilation, j'ai entrepris une série d'essais de végétation d'orge et de blé, dans des dissolutions de matière noire de richesse variable : je me bornerai à rapporter exactement deux de ces expériences, les résultats obtenus dans les autres étant identiques à ceux qu'elles m'ont fournis.

Dans des éprouvettes en verre d'un volume de 300 cent. cubes environ et d'un diamètre de $0^m,08$, j'ai placé du gros sable siliceux préalablement traité par les acides azotique et chlorhydrique et calciné, c'est-à-dire un sol entièrement dépourvu de matières organiques et de principes solubles capables de nourrir un végétal. J'ai fait germer vers le 1er avril, sur du coton humecté d'eau distillée, des grains d'orge et de blé, et le 7 avril j'ai placé dans chacune des éprouvettes un ou deux grains; du 7 avril au 15 juin, époque à laquelle j'ai mis fin aux expériences, les plantes n'ont reçu d'autre nourriture qu'une solution très-étendue de matière noire préparée de la manière suivante : 0^{gr},950 de matière noire correspondant à 0^{gr},377 de cendres et renfermant 0^{gr},066 d'acide phosphorique, 0^{gr},134 de silice, et 0^{gr},013 de chaux à l'état de silicate, ont été dissous dans de l'eau très-légèrement ammoniacale. La dissolution étendue à un litre a été soumise à l'ébullition jusqu'au moment où toute l'ammoniaque a été entraînée par les vapeurs. On a ensuite ajouté de l'eau, de manière à obtenir deux litres et demi de liquide. La liqueur ainsi préparée était complétement neutre aux papiers réactifs, elle était entièrement inodore et ne contenait plus trace d'ammoniaque. Elle était sensiblement colorée en brun et ressemblait à une infusion un peu forte de café noir. Cette dissolution a servi à alimenter l'orge et le blé du 7 avril au 15 juin. Les tiges se sont parfaitement développées, le blé a tallé et présentait trois tiges; l'orge n'en avait que deux. Le 15 juin, les plantes atteignaient en hauteur, l'une (blé) 0^{m},27, l'autre (orge) 0^{m},24. Les racines, très-nombreuses et longues de 0^{m},12 à 0^{m},15, s'étalaient sur toute la surface interne de l'éprouvette, ce qui permit d'en suivre régulièrement le développement. L'orge et le blé ont fructifié imparfaitement.

Dès le 14 avril, c'est-à-dire huit jours après le début

des expériences, le liquide qui imprègne le sol artificiel des deux vases est presque entièrement décoloré, la matière noire se dépose en flocons; on décante le liquide et on lave le sol en y versant de l'eau distillée qui entraîne des flocons noirs. On ajoute une nouvelle quantité de dissolution noire. Le liquide décanté n'est plus neutre, il est franchement acide au papier de tournesol; du 7 avril au 15 juin, on renouvelle quatre fois complétement le liquide qui baigne le sable; après un contact de huit à dix jours avec les racines des plantes qui continuent à croître, le liquide est toujours presque entièrement décoloré, il laisse déposer des flocons noirs très-abondants; il est franchement acide. On le filtre, la liqueur filtrée est à peine teintée en jaune; les flocons noirs restant sur filtre sont solubles dans l'ammoniaque; brûlés au contact de l'air, ces flocons disparaissent entièrement sans laisser de résidu: *toute la silice de la matière noire a été absorbée par la plante.* La liqueur filtrée provenant de l'un des vases donne un résidu blanchâtre du poids de $0^{gr},200$, qui laisse après calcination, à basse température, une cendre blanc grisâtre du poids de $0^{gr},117$. Cette cendre, qui renferme encore un peu d'oxyde de fer, traitée par l'acide azotique, donne lieu à un dégagement notable *d'acide carbonique.* Elle consiste essentiellement en carbonate de chaux et ne contient plus que des traces appréciables, mais tout à fait impondérables de phosphate de fer. L'altération si complète du liquide primitif ne saurait être due à son contact avec l'air atmosphérique, car le liquide du vase non bouché, dans lequel était placé depuis le commencement de l'expérience la solution nutritive, est demeuré intact, il est toujours très-fortement coloré en noir, neutre, et laisse à peine déposer quelques rares flocons.

J'ai dit plus haut que les racines s'étaient développées abondamment dans les deux éprouvettes; j'ajouterai que le long du trajet de chacune d'elles, on distingue très-nettement un épais dépôt de matière noire adhérent aux racines, restées elles-mêmes entièrement incolores.

De l'ensemble de ces faits découle, à mon sens, une interprétation du rôle nutritif de l'humus, parfaitement conforme à celui que lui assignent mes autres expériences. Au contact des racines, les solutions noires se décolorent, comme l'a observé Saussure et, après lui, d'autres expérimentateurs habiles, notamment M. Risler, dont je reproduis les observations à la fin de ce mémoire. Mais il ne s'ensuit pas du tout que la matière noire soit absorbée par les racines; les expériences que je viens de rapporter démontrent, au contraire, qu'il n'en est rien.

En effet, nous voyons le liquide noir, parfaitement neutre d'abord, devenir acide; nous retrouvons dans le résidu incolore qu'il fournit, après filtration, des quantités notables de carbonate de chaux; suivant toute probabilité, cet acide carbonique provient, pour la plus grande partie, de la combustion lente de l'humus au contact des racines, car le liquide primitif abandonné au contact de l'air est demeuré neutre. On ne saurait donc attribuer à la dissolution de l'acide carbonique de l'air l'acidité de la liqueur provenant de mes deux éprouvettes, sans quoi le même phénomène se fût inévitablement produit dans la dissolution noire abandonnée à elle-même. La décoloration du liquide provient essentiellement du dépôt brun qui se produit au fur et à mesure que la plante absorbe les substances minérales et, en partie peut-être, de la combustion lente du charbon accusé par la production d'acide carbonique. Le résultat définitif de la végétation d'une plante au contact de la matière noire du sol semble être le suivant : destruction de la combinaison noire organo-minérale, comme cela a lieu dans la dialyse de ce liquide ou dans celle du sol ; assimilation par la plante, de la silice, de l'acide phosphorique et d'une partie de la chaux et de la potasse ; formation de carbonate de chaux aux dépens de l'excès de chaux primitivement combiné à la silice et de l'acide carbonique produit.

La matière organique serait donc, comme je l'ai dès le principe supposé, le véhicule des substances minérales nutritives de la plante, mais elle ne serait point elle-même un aliment, n'étant point absorbée par les racines, et resterait dans le sol pour disparaître à son tour plus ou moins rapidement par suite d'une combustion lente. Des expériences qui ne sont point encore terminées me permettront peut-être d'ajouter quelques faits nouveaux à l'histoire de la formation et de la destruction de l'humus dans le sol ; mais je me crois dès à présent autorisé à conclure, comme je l'ai fait déjà, quoique plus timidement, au début de mes recherches, à la parfaite compatibilité des deux doctrines qui ont tour à tour régné en agriculture. Il me semble évident aujourd'hui que les opinions des deux hommes éminents auxquels nous devons la théorie de l'humus et celle de la nutrition minérale sont tout à fait conciliables sur le terrain où j'ai porté la discussion. L'interprétation nouvelle à laquelle j'arrive peut servir de trait d'union entre les deux doctrines et concilie les vérités incontestables de tout temps pour les praticiens

éclairés avec les admirables travaux de la nouvelle école
de chimie agricole. En réunissant en un seul corps de
doctrines les idées de Th. de Saussure et celles de
Liebig, on me semble avoir l'expression vraie des phénomènes fondamentaux de la nutrition des plantes : la condamnation formelle des exagérations des partisans absolus
de l'une ou de l'autre théorie en découle non moins visi-
blement.

Arrivons maintenant aux analyses comparatives des sols
agricoles et forestiers.

IV.

Composition chimique de trente sols agricoles et forestiers. — Teneur en matière combustible, matière noire et acide phosphorique assimilable d'un hectare de ces terres. — Rapports entre les quantités de matière combustible,
de matière noire, d'acide phosphorique assimilable et d'acide phosphorique
total des sols agricoles et forestiers. — Poids d'acide phosphorique enlevé aux
sols agricoles et forestiers par les récoltes. — Fécondité indéfinie des forêts.
— Son explication. — Le défrichement des forêts actuelles est une opération
désastreuse au point de vue économique. — De l'origine de l'acide phosphorique des sols.

Dans ce qui précède, j'ai conclu de l'analyse comparative de quatre terres différentes (terre noire de Russie, sol
du lias de Serres [Meurthe-et-Moselle], sol tourbeux de
Champigneulles et grès vosgien d'une forêt d'Alsace) que la
fertilité actuelle d'un sol est en rapport étroit avec la
quantité d'acide phosphorique combinée à la matière noire
que l'ammoniaque en extrait. Je considère comme immédiatement *assimilable* l'acide phosphorique combiné à la
matière noire et qu'on retrouve dans les cendres de la
substance soluble dans l'ammoniaque.

Après avoir demandé à des expériences directes de culture la vérification de mon hypothèse sur le rôle prépon-

dérant de la matière noire dans la nutrition des végétaux, je vais chercher à établir, par la comparaison de nombreuses analyses des sols les plus divers, à la fois, sous le rapport de leur constitution géologique et chimique et par leur degré variable de fertilité, que les faits naturels relatifs à la fécondité des sols agricoles et forestiers connus de tout le monde sont en parfait accord avec ma théorie et reçoivent d'elle une explication rationnelle.

J'ai groupé dans les tableaux suivants les résultats numériques que m'a fournis l'analyse de trente sols et sous-sols appartenant aux trois catégories suivantes :

1° N°s 1 à 3. *Sols agricoles qui n'ont jamais reçu de fumure et qui, malgré cela, donnent chaque année de très-bonnes récoltes.*

2° N°s 4 à 14. *Sols agricoles fumés régulièrement et donnant des récoltes variables avec les fumures.*

3° N°s 15 à 30. *Sols forestiers n'ayant jamais reçu de fumure et indéfiniment féconds.*

Les sols analysés appartiennent à des formations géologiques si diverses; ils présentent, sous le rapport de leur composition chimique, des variations si notables, qu'il m'est permis, je crois, de tirer de l'ensemble des chiffres ci-dessous des conclusions générales que viendront confirmer, j'en ai la conviction, les analyses qu'on pourra faire, à ce point de vue, de sols d'autre provenance.

Le tableau I donne la composition centésimale - des sols desséchés à l'air libre. Ces analyses ont été faites d'après les méthodes ordinairement appliquées par les chimistes à ce genre de recherches. Il n'y est tenu aucun compte de la matière noire, et le chiffre de l'acide phosphorique exprime la quantité totale de cet acide contenue dans 100 grammes de terre, abstraction faite des différents états sous lesquels il se présente.

Dans le tableau II, au contraire, j'ai eu surtout en vue de mettre sous les yeux de mes lecteurs les chiffres relatifs au taux de la matière noire, de l'acide phosphorique assimilable et de l'acide phosphorique *réserve*. Dans la deuxième partie du tableau, tous les calculs sont rapportés à l'hectare pour une couche de terre de $0^m,15$ de profondeur. Le tableau III, exclusivement consacré aux sols forestiers, présente les mêmes calculs rapportés à une couche de $0^m,45$ d'épaisseur, qu'on peut regarder comme la couche qui concourt activement à la nutrition des arbres. C'est cette couche de $0^m,45$ qui est désignée sous le nom de *sol* dans les tableaux ci-contre I et II, le sous-sol ayant été pris entre $0^m,45$ et $0^m,60$ dans les forêts.

J'ai peu de chose à dire du tableau I, présentant la composition centésimale des terres analysées. Je ferai observer seulement qu'en l'examinant attentivement, on ne trouve aucune différence saillante entre la composition des sols fertiles sans fumure et celle des terres régulièrement fumées. Cela confirme la remarque bien des fois faite déjà du peu de renseignements que fournit l'analyse chimique, telle qu'on l'a pratiquée jusqu'ici, sur le plus ou moins de fertilité d'un sol. Les deux terres de Bezange-la-Grande, commune de l'arrondissement de Lunéville, se trouvent dans des conditions analogues à celles des terres noires de Russie; elle n'ont, de mémoire d'homme, reçu, aucune fumure et donnent des rendements au moins égaux à ceux des sols les mieux fumés de la même région. Cela est d'autant plus intéressant que le territoire de Bezange-la-Grande, qui se trouve dans les marnes du keuper, appartient à une tout autre formation géologique que les terres de Russie.

En ce qui concerne les sols forestiers, on voit que les forêts actuelles croissent presque partout dans des sols pauvres en chaux et très-souvent en acide phosphorique, les sols riches en éléments minéraux et primitivement recouverts de forêts ayant été successivement défrichés pour être mis en culture.

Le tableau II, où les taux de matière combustible, de matière noire, d'acide phosphorique total et d'acide phosphorique assimilable ont été seuls pris en considération, permet des rapprochements intéressants et qui me paraissent confirmer pleinement toutes les déductions que j'ai tirées jusqu'ici de mes expériences sur le rôle des matières humiques des sols. Je m'y arrêterai pour mettre en relief quelques-uns des faits qui découlent des analyses ainsi présentées.

Au point de vue de la richesse absolue en matière organique, les sols analysés se classent dans l'ordre suivant[1] :

1° Sols agricoles (fertiles sans fumure), 6.79 p. 100 ;

2° Sols forestiers (fertiles sans fumure), 6.71 p. 100 ;

3° Sols agricoles (fertiles avec fumure), 5.68 p. 100.

Ainsi, bien qu'elles ne tirent aucune matière organique du dehors, tandis que les sols agricoles bien entretenus en reçoivent au minimum quelques tonnes par an, les forêts sont plus riches en substances organiques que les terres cultivées.

---

1. Ces taux pour cent et les suivants ont été obtenus en additionnant les chiffres respectifs de chaque colonne et en divisant le total par le nombre des sols analysés : 3 pour les terres sans fumure, 13 pour les sols forestiers, 10 pour les sols agricoles fumés.

COMPOSITION CENTÉSIMALE DES SOLS SÉCHÉS A L'AIR LIBRE.

DÉSIGNATION DES SOLS EN INDICATIONS GÉOLOGIQUES.	Eau.	Matière combustible.	Albumine et fer.	Chaux.	Magnésie.	Potasse.	Soude.	Acide phosphorique.	Résidu insoluble dans les acides.	Total.
I. — Sols agricoles (non fumés).										
1. Uladowka (Podolie), sol siliceux.	6.05	7.10	3.64	0.52	0.05	0.25	0.01	0.20	82.45	100.27
2. Bezange-la-Grande (Meurthe-et-Moselle), terre noire, sol argilo-siliceux, keuper.	8.71	7.44	10.35	0.75	0.74	0.50	0.00	0.15	71.58	100.22
3. Bezange-la-Grande (Meurthe-et-Moselle), terre rouge, sol argilo-siliceux.	10.99	5.83	10.89	2.72	0.21	0.40	0.00	0.23	69.00	100.27
II. — Sols agricoles (fumés).										
4. Angomont (a) (Meurthe-et-Moselle), grès vosgien.	1.62	4.13	1.48	»	0.27	0.09	0.06	0.09	93.00	100.74
5. Hablainville (I) Id. muschelkalk	6.05	5.10	11.98	0.38	0.50	0.60	0.28	1.00	73.84	99.73
6. Hablainville (II) Id.	2.58	3.42	6.50	0.06	0.26	0.26	0.30	0.96	85.60	99.94
7. Hablainville (III) Id.	4.77	4.88	10.88	0.48	0.36	0.82	0.06	0.74	77.66	100.65
8. Gélacourt (I) Id. muschelkalk	1.10	2.55	2.44	0.08	0.44	0.16	»	0.36	93.56	100.69
9. Gélacourt (II) Id.	1.32	2.63	3.30	Traces.	0.28	0.22	»	0.10	92.46	100.31
10. Gélacourt (III) (b) Id.	6.10	7.00	13.70	2.56	0.20	0.38	0.04	0.44	69.82	100.85
11. Serres (Meurthe-et-Moselle), sol siliceux, lias	5.70	11.00	1.30	0.09	0.41	1.13	0.40	0.21	80.00	100.25
12. Saint-Louis (Moselle), sol silico-argileux, keuper.	5.40	9.40	3.55	0.18	0.21	0.19	0.09	0.07	81.58	100.67
13. Gérardmer (Vosges), sol siliceux, granit.	5.43	11.24	5.62	Traces.	0.14	0.22	0.02	0.18	78.00	100.85
14. Champigneulles, tourbe, alluvion (c)	31.23	35.99	6.11	6.54	0.69	Traces	Traces	Traces	10.04	90.60
III. — Sols forestiers.										
15. Paroy (Meurthe-et-Moselle), sol siliceux, diluvium.	7.17	9.92	7.84	0.46	0.96	0.33	0.09	0.13	73.50	100.40
16. Mondon, Id. id. id.	7.11	4.24	2.85	Traces.	0.10	0.12	0.08	0.06	86.00	100.56
17. Signy-l'Abbaye (Ardennes), sol siliceux, oxfordien.	2.15	3.95	3.85	0.26	0.05	0.15	0.02	0.17	89.45	100.05
18. Saint-Michel (Aisne), sol siliceux	3.52	5.98	5.78	Traces.	0.21	0.27	0.00	0.20	85.00	100.96
19. Saint-Michel, sous-sol, sol siliceux, silurien.	3.85	3.35	4.89	Id.	0.20	0.17	0.00	0.16	88.00	100.62
20. Compiègne, sol siliceux, sable glauconieux	1.15	3.57	0.57	0.05	0.16	0.13	0.00	0.06	95.00	100.69
21. Id. id. id.	1.38	1.05	1.83	0.13	0.15	0.16	0.00	0.03	96.00	100.73
22. Villers-Cotterets, sol siliceux, sable reposant sur les marnes du calcaire lacustre.	3.62	4.39	2.62	Traces.	0.12	0.08	0.00	0.08	89.45	100.36
23. Sous-sol, sol siliceux, sable reposant sur les marnes du calcaire lacustre.	4.21	1.94	3.04	Id.	0.13	0.13	0.00	0.06	91.00	100.51
24. Champfétu (Quatre-Arpents)	1.75	5.50	»	0.35	0.38	0.06	0.06	0.64	90.55	99.39
25. Id. (Bas-du-Cellier), sol calcaire, craie.	2.90	5.39	»	3.25	0.47	0.04	0.03	0.29	83.00	99.37
26. Gérardmer, sol siliceux, granit.	8.22	12.18	9.28	Traces.	0.34	0.31	0.00	0.23	70.00	100.56
27. Id. id. porphyre.	6.70	8.90	9.39	Id.	0.60	0.20	0.02	0.25	74.00	100.06
28. Noirgoutte (Vosges), sol siliceux, granit syénitique.	0.02	12.03	3.97	Id.	0.30	0.24	0.09	0.27	73.45	100.37
29. Hérival (Vosges), sol siliceux, grès rouge.	5.02	5.50	5.11	Id.	0.21	0.35	0.05	0.16	83.80	100.20
30. Mœssigthal (Alsace), sol siliceux, grès vosgien.	1.80	3.20	0.46	0.02	0.02	0.03	0.06	0.02	94.43	100.02

(a) 0.66 p. 100 acide carbonique. — (b) 0.28 p. 100 acide carbonique. — (c) Silice et CO²,10 p. 100.

TABLEAU II.   TABLEAU II.

DÉSIGNATION DES SOLS.	Poids du mètre cube. (Kil.)	Poids de la couche de 0m,15 de profondeur à l'hectare. (T. m.)	Taux pour 100 de la matière combustible.	Taux pour 100 de la matière noire.	Cendres pour 100 de la matière noire.	Acide phosphorique pour 100 de la matière noire.	Matière combustible à l'hectare. (T. m.)	Matière noire à l'hectare. (T. m.)	Cendres de la matière noire à l'hectare. (T. m.)	Acide phosphorique assimilable à l'hectare. (Kil.)	Acide phosphorique total à l'hectare. (Kil.)	Acide phosphorique en réserve. (Kil.)
I. — Sols agricoles (non fumés).												
1. Uladowka (Podolie)	1204	1800	7.10	4.20	51.40	4.15	128.2	76.0	39.06	3154	3612	458
2. Bezange-la-Grande, terre noire	1284	1926	7.44	1.45	24.13	9.71	143.3	27.1	6.73	2711	2889	178
3. — • terre rouge	1345	2017	5.83	0.62	58.06	16.51	117.6	12.3	7.14	2030	4630	2575
II. — Sols agricoles (fumés).												
4. Angomont (Meurthe-et-Moselle)	1435	2152	4.13	0.95	25.73	3.02	88.9	20.4	5.15	617	1846	585
5. Hablainville (I) Id.	1247	1870	5.10	1.33	10.81	2.32	95.4	24.9	2.69	627	18705	18078
6. Hablainville (II) Id.	1410	2115	3.42	0.75	19.72	0.06	72.3	15.9	3.14	645	20304	19659
7. Hablainville (III) Id.	1309	1963	4.88	0.89	15.38	3.93	95.8	17.5	2.69	668	14503	13842
8. Gélacourt (I).	1369	2053	2.55	0.45	32.50	5.23	52.4	9.2	2.99	481	7400	1909
9. Gélacourt (II).	1366	2049	2.63	0.70	13.32	3.50	53.9	14.3	1.90	500	2049	1549
10. Gélacourt (III).	1322	1983	4.75	0.47	25.21	6.28	94.2	9.3	2.34	584	8725	8141
11. Serres.	1230	1845	11.00	0.94	13.04	0.89	202.9	17.3	2.25	156	3870	2715
12. Saint-Louis (Bischwald)	1192	1788	7.12	0.44	31.81	1.00	127.3	7.9	2.51	79	1252	1173
13. Gérardmer	1064	1596	11.24	0.66	54.54	2.00	179.2	10.5	5.73	210	2869	2659
14. Champigneulles (tourbe).	520	780	35.99	1.00	2.00	.....	280.7	7.8	0.10	.....	110	110
III. — Sols forestiers.												
15. Paroy.	939	1408	9.92	1.35	17.77	5.56	139.7	19.0	3.38	1056	1802	746
16. Mondon.	1015	1522	4.24	1.68	26.78	1.90	64.5	25.6	6.85	49	913	864
17. Signy-l'Abbaye	1098	1647	3.05	2.00	30.00	2.53	65.0	32.9	9.87	832	2852	2020
18. Saint-Michel (sol)	910	1365	5.98	2.00	18.66	3.06	81.6	28.5	5.32	872	2730	1958
19. — (sous-sol).	1027	1540	3.35	1.66	8.43	1.92	61.6	25.6	2.16	491	2464	1973
20. Compiègne (sol).	1244	1866	3.57	0.69	4.34	0.20	66.6	12.8	0.55	26	1120	1094
21. — (sous-sol).	1109	1663	1.05	0.09	.....	.....	17.5	1.5	.....	.....	500	.....
22. Villers-Cotterets (sol).	863	1294	4.39	1.48	12.16	1.64	56.8	19.1	1.71	313	1035	722
23. — (sous-sol).	1140	1710	1.94	0.40	37.50	1.45	33.2	6.8	2.55	100	1026	926
24. Champfétu (Quatre-Arpents)	1168	1752	5.50	0.42	42.85	2.17	96.4	7.4	3.17	161	1121	960
25. — (Bas-du-Cellier)	1210	1815	5.39	1.10	10.90	0.42	97.8	19.9	2.17	83	526	443
26. Gérardmer (granit)	1398	2097	12.18	3.18	11.32	1.47	255.4	66.7	7.55	989	4823	3843
27. — (porphyre).	1200	1800	8.90	2.26	4.42	1.39	160.0	40.7	1.80	566	4500	3934
28. Noirgoutte (grès syénitique).	1138	1707	12.03	1.50	12.00	2.46	205.3	25.6	3.10	630	4540	3910
29. Hérival (grès rouge).	1028	1542	5.50	0.58	41.37	4.72	79.3	8.9	3.68	450	2405	1985
30. Moessigthal (grès vosgien)	1434	2151	3.20	0.11	82.60	4.13	68.8	2.4	1.97	99	386	295

Le classement des sols, d'après leur richesse en matière noire, reste le même :

1° Sols agricoles sans fumure, 2.09 p. 100 ;
2° Sols forestiers, 1.41 p. 100 ;
3° Sols agricoles fumés, 0.76 p. 100.

Si l'on cherche le rapport des taux de la matière noire à celui de la matière organique, on constate qu'ils varient, suivant les sols, dans des proportions très-notables :

1° Sols agricoles sans fumure.   Mat. noire : mat. org. :: 1 : 3.25
2° Sols forestiers. . . . . . .   Mat. noire : mat. org. :: 1 : 4.70
3° Sols agricoles fumés. . . .   Mat. noire : mat. org. :: 1 : 7.47

Si maintenant nous cherchons le rapport qui existe entre l'acide phosphorique total du sol et l'acide phosphorique de la matière noire, que je considère comme seule immédiatement assimilable par les végétaux, les écarts ne sont pas moins considérables :

PAR HECTARE.

1° Sols agricoles sans fumure. Ac. phosph. total. 3,719^k Ac. phosph. assim. 2,641^k
2° Sols forestiers. . . . . . . Ac. phosph. total. 2,212^k Ac. phosph. assim.   470^k
3° Sols agricoles fumés. . . . Ac. phosph. total. 7,964^k Ac. phosph. assim.   448^k

d'où les rapports suivants :

1° Sols agricoles sans fumure. Ac. phosph. total : ac. phosph. assim. :: 1 : 0.71
2° Sols forestiers. . . . . . . Ac. phosph. total : ac. phosph. assim. :: 1 : 0.21
3° Sols agricoles fumés. . . . Ac. phosph. total : ac. phosph. assim. :: 1 : 0.06

Ces chiffres montrent que, d'une matière absolue, les sols forestiers sont beaucoup plus pauvres que les sols agricoles en acide phosphorique (2,212 kilogr. à l'hectare au lieu 7,964 kilogr.), mais qu'ils renferment, toute proportion gardée, beaucoup plus d'acide phosphorique assimilable que ces derniers. Ces deux faits n'ont rien d'étonnant, si l'on réfléchit que, d'une part, on a défriché les meilleurs sols forestiers pour les transformer en sols arables, et que, de l'autre, la production d'acide phosphorique assimilable, grâce à l'influence des matières organiques, dépasse de beaucoup les exigences des arbres; tandis que, pour les sols agricoles, l'exportation d'acide phosphorique par les récoltes s'élève beaucoup plus haut, et cela dans des terres qui renferment, absolument parlant, moins de substances organiques que les sols forestiers.

Ces résultats, basés sur l'analyse de vingt-huit sols d'origine géologique, de constitution chimique et physique très-diverses, confirment mes premières conclusions : partout, rapport direct et constant entre les quantités de matière organique et de matière noire, d'acide phosphorique total et d'acide phosphorique assimilable, d'une part, et la fertilité du sol, de l'autre.

Au point de vue des récoltes qu'on leur demande, les sols se classent donc, sous le rapport des rendements, dans l'ordre établi plus haut : 1° sols noirs de Russie et terres analogues; 2° sols forestiers; 3° sols agricoles ordinaires.

Autant qu'on le peut savoir, les rendements des forêts actuelles n'ont subi aucune diminution par le fait d'un appauvrissement du sol : leur fécondité demeure la même, et rien n'annonce qu'elle doive s'amoindrir. Quelques exemples tirés des analyses consignées dans le tableau suivant, et leur comparaison avec les rendements annuels des forêts mettront hors de doute le maintien indéfini de la fertilité de nos sols forestiers conservés à la sylviculture,

et montreront en même temps quelle opération économique désastreuse constituerait leur défrichement:

TABLEAU III. — A L'HECTARE.

PROVENANCE DES SOLS.	Poids de la couche de 0m,45.	Matière combustible.	Matière noire.	Acide phosphorique assimilable.	Acide phosphorique total.	Acide phosphorique réserve
	T. m.	T. m.	T. m.	Kilog.	Kilog.	Kilog.
1. Forêt de Paroy	4,224	419.1	57.0	3,168	5,406	2,238
2. Forêt de Meudou	4,566	193.5	76.8	147	2,739	2,592
3. Forêt de Signy-l'Abbaye.	4,941	195.0	98.7	2,496	8,556	6,060
4. Forêt de Saint-Michel.	4,095	244.8	85.5	2,616	8,190	5,574
5. Forêt de Compiègne	5,598	199.8	38.4	78	3,360	3,282
6. Forêt de Villers-Cotterets.	3,882	170.4	57.3	939	3,105	2,166
7. Forêt de Champfétu (Quatre-Arpents)	5,256	289.2	22.2	483	3,363	2,880
8. Forêt de Champfétu (Bas-du-Cellier).	5,445	293.4	59.7	249	1,578	1,329
9. Forêt de Gérardmer (sol granitique).	6,291	766.2	200.1	2,967	14,469	11,502
10. Forêt de Gérardmer (sol porphyrique).	5,400	480.0	122.1	1,698	13,500	11,802
11. Forêt de Noirgouth	5,121	615.9	76.8	1,890	13,620	11,730
12. Forêt d'Hérival.	4,626	237.9	26.7	1,350	7,215	5,865
13. Forêt du Mössigthal.	6,453	206.4	7.2	297	1,158	861
Totaux.	65,898	4,311.6	428.5	18,378	86,259	17,881
Moyenne.	5,069	331.6	71.4	1,413	6,635	5,222

Dans le tableau III, je considère la richesse de la couche
superficielle d'une épaisseur de 0^m,45, qu'on peut regarder
comme une moyenne approximative de la profondeur à
laquelle les racines vont puiser leur nourriture dans les
sols que j'ai examinés.

Sur une quantité moyenne de 6,635 kilogr. d'acide
phosphorique total à l'hectare, il y en a 1,413 kilogr. seulement d'immédiatement assimilable par les racines; le
reste, 5,222 kilogr., devant entrer plus tard dans la circu-
lation après s'être combiné à la matière organique. J'ai
admis jusqu'ici, pour servir de base à mes calculs, que
les céréales puisent leurs aliments dans une couche arable
d'une épaisseur moyenne de 0^m,15; dans la plupart des

sols et en l'absence de labours profonds, bien d'autres récoltes sont dans ce cas. Pour se faire une idée approchée de la fécondité respective des terres noires, des sols forestiers et des champs où la fumure est de toute nécessité, il faut donc comparer entre elles des couches de terre de 0^m,15 de profondeur pour la première et la dernière catégorie, et une couche de 0^m,45 pour les forêts. Si l'on néglige pour l'instant l'acide phosphorique en réserve (différence entre le poids de l'acide total et celui de l'acide assimilable), on a donc les chiffres suivants :

Une couche de {
  terres noires de 0^m,15 contient. . . $2,641^k$ ac. phosph. assim.
  sol forestier de 0^m,45   —   . . . 1,413   — —
  sol agricole fumé de 0^m,15 contient.   448   — —
}

Comparons à ces données les exigences des récoltes que nous tirons de ces différents sols.

1. Récoltes agricoles.

Assolement triennal : blé, avoine, jachère; 29^k,2 d'acide phosphorique enlevé par la récolte, soit annuellement 10 kilogr. en chiffres ronds.

En supposant que l'on n'apporte pas du dehors à un sol agricole d'acide phosphorique, sous forme de fumure ou autrement, l'acide phosphorique existant à l'état assimilable serait complétement absorbé dans le sol de Russie, ou dans les terres analogues, après *deux cent soixante-quatre ans;* dans les sols agricoles ordinaires, après *quarante-cinq ans.* Or l'expérience nous apprend que, pour les sols agricoles ordinaires, la fertilité irait rapidement en diminuant si l'on cessait de les fumer, ce qui est une nouvelle raison d'admettre que les végétaux exigent, pour donner une bonne récolte, la présence dans le sol d'une quantité d'aliments nutritifs (assimilables) bien supérieure au poids de ces mêmes aliments qui doit constituer la récolte. On pourrait, d'après ces chiffres, admettre que la proportion s'élève, pour l'acide phosphorique, au moins à quarante à cinquante fois le poids des principes nutritifs nécessaires à la récolte.

2. Récoltes forestières.

S'il n'est pas facile, comme on le sait, d'estimer exactement le rendement d'une forêt soumise à un régime déterminé, futaies, taillis, etc., à bien plus forte raison, l'évaluation du produit des sols forestiers, pris en général, offre-t-elle de grandes difficultés, sinon des impossibilités absolues.

Je pourrais prendre l'un des chiffres donnés par Ébermayer dans la *Statique des forêts,* mais je préfère adopter pour base de mes calculs les éléments suivants, que je dois à l'obligeance de mes collègues de l'École, MM. Bagneris et Broilliard, ainsi que la plupart des sols forestiers que j'ai analysés :

Bois feuillu. — Hêtre. — L'échantillon de terre de Villers-Cotterets que j'ai analysé a été prélevé dans la plus belle futaie de hêtres de la France, dans le canton de Dayancourt. Cette futaie a deux cents ans environ ; elle est formée de hêtres de 0^m,70 de diamètre à hauteur d'homme et de 45 mètres de hauteur. Le volume actuel de bois sur pied est évalué à 900 mètres cubes à l'hectare. En admettant comme poids moyen du mètre cube,

700 kilogr., on obtient un poids total de branches, fûts et troncs, s'élevant à 630 tonnes métriques.

100 kilogr. de hêtre donnent 612 grammes de cendres, contenant, pour 100, $2^{gr},69$ d'acide phosphorique. Si l'on suppose réduite en cendres la récolte d'un hectare de cette forêt mis à blanc étoc, on aura un poids de cendres s'élevant à 3,856 kilogr., et renfermant $103^{k},7$ d'acide phosphorique. En divisant ce poids par 200, qui exprime la durée de la révolution de la forêt, on aura le poids de l'acide phosphorique enlevé chaque année au sol par le fût et les branches. $103^{k},7$ divisé par 200 donne $518^{gr},5$ d'acide phosphorique, puisé annuellement dans le sol par les hêtres. D'après Th. Hartig, le poids des feuilles s'élève, pour une futaie de hêtres, à 11,600 kilogr. environ par hectare. Mais ces feuilles tombant des arbres sur le sol où elles se pourrissent, n'enlèvent en réalité rien ou très-peu de chose au sol : on peut donc les négliger au point de vue qui nous occupe. D'une façon générale, il en est de même des fruits qui, dans la plupart des forêts, retournent à la terre qui les a produits. Si donc nous admettons un instant par la pensée que la formation d'acide phosphorique assimilable cesse tout d'un coup dans cette forêt, qui contient, à l'heure qu'il est, à l'hectare, 939 kilogr. d'acide phosphorique à cet état, nous voyons qu'elle pourrait encore suffire à une période de végétation représentée par le quotient de 939 par 0,518, soit à la production de bois pendant dix-huit cent treize années consécutives. Quelle que puisse être l'exportation de produits, il est évident que le renouvellement constant de la matière noire aidant, une forêt semblable sera pour un temps illimité aussi fertile qu'elle l'est aujourd'hui, la

seule limite de sa fécondité étant la disparition de l'acide phosphorique réserve.

Bois résineux. — *Forêt d'Hérival* (Vosges). — Futaie de sapins, mélangée de quelques hêtres. Sol produisant 6 mètres cubes de bois, pesant 444 kilogr. le mètre cube, à l'hectare et par an. Le sapin des Vosges que j'ai analysé m'a donné 1 p. 100 de cendres, contenant à leur tour 3.75 p. 100 d'acide phosphorique.

Six mètres cubes pèsent 2,664 kilogr. et donnent par l'incinération $26^k,640$ de cendres, renfermant $0^k,999$ d'acide phosphorique, soit 1 kilogr. en chiffres ronds. Le sol de la forêt d'Hérival renferme 1,350 kilogr. d'acide phosphorique assimilable à l'hectare, avec une réserve de 5,865 kilogr. pour la même surface. Dans la supposition d'un arrêt complet de formation de matière noire, cette forêt pourrait donc donner pendant treize cent cinquante ans la récolte actuelle avant épuisement complet de son sol.

Ces deux exemples suffisent, je crois, pour montrer comment, dans ma théorie du rôle de l'humus, la fécondité illimitée des sols forestiers s'explique rationnellement.

Admettons maintenant pour un instant que les sols forestiers si riches de Villers-Cotterets et d'Hérival soient défrichés et que l'agriculture s'en empare, et cherchons ce qu'ils deviendraient. La couche arable de $0^m,15$ d'épaisseur contient, à Villers-Cotterets, 313 kilogr. d'acide phosphorique assimilable; celle d'Hérival, 450 kilogr. Elles suffiraient au maximum, les premières à trente ans de récolte, la seconde à quarante-cinq ans, puisque les récoltes les moins intensives (assolement triennal avec jachère) enlèvent annuellement 10 kilogr. d'acide phosphorique.

De ces deux terrains mis en culture, l'un serait moins riche d'un quart que les sols agricoles moyens ; l'autre atteindrait à peine la fertilité moyenne de ces sols. Le défrichement de semblables terrains aurait donc pour résultat de transformer en terres de médiocre valeur des sols forestiers de premier ordre. Ce raisonnement s'appliquerait *à fortiori* aux forêts moins fertiles que les deux que je viens de citer, ce qui m'amène à la conclusion depuis longtemps déjà émise par tous les agents forestiers intelligents, à savoir que le défrichement des forêts actuelles, à de très-rares exceptions près, serait une opération désastreuse au point de vue de l'intérêt général du pays.

En résumé, qu'il s'agisse de sols agricoles riches, de sols forestiers ou de sols agricoles médiocres, on constate, entre les rendements observés et la quantité de principes minéraux combinés aux matières organiques, un rapport étroit. Tout autorise, je crois, à considérer cette relation comme l'un des facteurs les plus importants de la fertilité des sols.

De l'origine de l'acide phosphorique dans les sols. — D'où vient l'acide phosphorique des terres arables? A quel état de combinaison s'y trouve-t-il? Telles sont les deux questions que j'ai été conduit naturellement à examiner dans le cours de mes études sur la nutrition. Je me réserve de publier plus tard l'exposé détaillé de mes recherches sur ce sujet, mais je puis dès à présent faire connaître quelques rapprochements des chiffres consignés dans les tableaux I et II.

Les sols d'Hablainville (n° 3, tableau I), Saint-Michel, Gérardmer, Noirgoutte et Hérival, sols granitiques et porphyriques, renferment des proportions d'acide phospho-

rique variant entre 0.16 et 0.96 p. 100. Le sol d'Hablainville ne contient que 0.06 p. 100 de chaux; les six autres
en offrent, à l'analyse, des traces presque nulles. Il est
manifeste que l'acide phosphorique n'existe pas à l'état
de combinaison avec la chaux (à l'état de phosphate de
chaux) dans ces sols. Déjà l'analyse des cendres de la
matière noire nous a montré qu'elles contenaient 34.41
p. 100 de phosphate de fer et de manganèse et 2.66 p. 100
seulement de phosphate de chaux, ce qui semble indiquer
que c'est principalement à l'état de combinaison avec le
fer et le manganèse que l'acide phosphorique se rencontre
dans les terres arables. Je reviendrai sur ces observations,
en contradiction avec l'opinion généralement admise que
le phosphate de chaux est l'état sous lequel on trouve généralement l'acide phosphorique dans le sol. J'ai été frappé
également de la richesse extraordinaire des sols granitiques des Vosges, richesse qui n'avait pas, que je sache,
été signalée jusqu'ici. L'analyse des porphyres, granits et
roches anciennes diverses, dont la désagrégation constitue
seule les sols des Vosges, m'a prouvé que ces roches sont
la source de l'acide phosphorique comme de tous les autres
éléments de ces sols. Voici les taux centésimaux d'acide
phosphorique de quelques-unes de ces roches :

Granit commun des Vosges . . 0.33 p. 100.
Granit syénitique. . . . . 0.38   —
Granit porphyroïde. . . . . . . 0.48   —

Ch. Sainte-Claire Deville a signalé autrefois la présence de l'acide phosphorique, en quantité notable, dans
certaines laves et autres produits volcaniques.

Dans les granits et porphyres, ce n'est pas non plus à
l'état de phosphate de chaux qu'on rencontre l'acide phos-

phorique, ces roches étant, comme les sols qui en proviennent, presque entièrement dépourvues de cette base. Arrivé
à la fin de ce long exposé de mes recherches, il me reste
à présenter quelques considérations générales sur les applications qu'on en peut faire dès aujourd'hui à la fumure des
terres, et notamment dans l'emploi des engrais minéraux.

V.

La doctrine exclusive des engrais minéraux et les faits. — Conciliation des
théories de Th. de Saussure et de Liebig. — Importance de l'emploi du fumier.
— Amendement des sols stériles par l'apport de matières organiques. — De
l'épandage des engrais minéraux sur le fumier. — Programme d'expériences
à faire. — Emploi de la sciure de bois. — Y a-t-il lieu d'abandonner l'emploi
des superphosphates? — Résumé et conclusions.

I. — La conséquence nécessaire des faits contenus dans
mes précédents articles est la condamnation formelle des
exagérations de M. G. Ville au sujet des engrais minéraux.
La constatation du lien étroit qui existe entre la présence
des matières organiques dans un sol et sa fertilité met à
néant des assertions comme celles-ci : « La production du
fumier a perdu sans retour le caractère de nécessité impo-
sée à la culture; il n'y a plus là qu'une question de conve-
nance et de prix de revient [1]. — Jusqu'à ces vingt dernières
années on a prétendu que le fumier était l'agent par excellence de la fertilité; nous soutenons qu'en cela on a eu tort,
et qu'il est possible de composer artificiellement des engrais supérieurs au fumier et plus économiques [2] ». Vraie
dans un seul cas, celui d'un sol contenant des matières
organiques en excès, mais pauvre en substances minérales

---

1. *Engrais chimiques,* 3ᵉ édition, p. 23.
2. *Ibid.*

fertilisantes, par exemple, cette dernière proposition, prise dans un sens absolu, est évidemment fausse.

La théorie de l'alimentation minérale des végétaux est de tous points confirmée par mes recherches; ce sont les éléments inorganiques, potasse, acide phosphorique, chaux, etc., qui nourrissent la plante et lui permettent de se développer en empruntant à l'air le carbone et au sol les principes azotés et l'eau qui la constituent. En un mot, les idées de Liebig et de son école reçoivent une complète consécration. Mais, en même temps, je démontre tout ce qu'il y a d'exact dans l'opinion des cultivateurs de profession, à l'endroit de l'influence prépondérante des matières organiques des sols sur leur rendement en récoltes; tout en mettant en relief l'insuffisance de la doctrine de Saussure, les faits que j'ai placés sous les yeux de mes lecteurs montrent que, fausse dans ses interprétations, la doctrine qui attribue à l'humus une action fertilisante très-marquée a sa large part de vérité. Je concilie les deux théories opposées, j'explique les divergences si grandes qu'on observe dans l'emploi des engrais minéraux, et je fournis, je crois, de nouveaux et solides arguments en faveur de l'emploi du fumier dans les cultures normales. Il est incontestable, en dehors de toute expérience, que la matière organique n'est pas *indispensable* à la production de la substance végétale, puisque l'on ne saurait douter, dans l'état actuel de la science, que notre planète a été, à un moment donné, entièrement dépourvue de matière organique. Il a donc fallu que les végétaux prissent naissance uniquement à l'aide de principes minéraux. Les faits constatés dans le laboratoire, relativement au rôle des éléments minéraux dans la nutrition, sont donc venus démontrer expérimentalement une vérité à l'affirmation de laquelle conduit la simple induction. Les végétaux ont précédé l'humus à la surface du globe : l'humus est un produit des végétaux. A côté de ce point de vue, à mes yeux indiscutable et qui donnerait au besoin à la théorie de Liebig un caractère de vérité absolue, se présente une autre manière d'envisager la question de la production agricole. S'il est vrai, historiquement et scientifiquement parlant, que les végétaux peuvent se nourrir exclusivement d'aliments inorganiques, il ne l'est pas moins que les cultures ne sont réellement productives que là où le sol est abondamment pourvu à la fois de principes minéraux et de substances organiques.

Renfermées tour à tour dans un exclusivisme dangereux, les théories des disciples de Saussure et de Liebig n'ont envisagé respectivement que l'une des faces du problème agricole et n'ont pu, par conséquent, lui donner une solution conforme à la réalité; la fertilité d'un sol dépendant à la fois de sa richesse en ces deux ordres de matières. On se rapproche, je le pense du moins, de la vérité en faisant la part respective des deux doctrines et en empruntant à chacune d'elles ce qu'elle a de juste et de conforme aux résultats séculaires obtenus par les praticiens.

Pour ma part, je ne saurais trop m'élever contre les dangereuses assertions de **M. G.** Ville en ce qui concerne le fumier de ferme et la possibilité de s'en passer dans une exploitation normale. C'est le contraire qui est vrai : le fumier est utile, très-utile; partout on doit en poursuivre la production sur la plus large échelle. Je n'y insiste pas, n'ayant aucun goût pour les discussions oiseuses et n'aimant pas à enfoncer des portes ouvertes. Tous les agriculteurs sérieux sont convaincus à cet endroit, et l'école exclusive des engrais chimiques a fait son temps.

II. — Dans les sols incultes de la Champagne ou des Landes, dans les terrains pauvres en acide phosphorique et en potasse, et dépourvus en même temps de matières organiques, on pourrait, je crois, tenter avec chance de succès des essais dont mes récentes études sur la matière noire me font bien augurer *à priori*. Sur plusieurs points de ces régions agricoles, jusqu'ici pauvres en prairies et, partant, en bétail, l'introduction des engrais minéraux est une condition *sine qua non* d'amélioration foncière. Le chlorure de potassium et le phosphate de chaux sont appelés à rendre à ces régions les plus grands services; mais, employés seuls, ils ont donné là où ils ont été essayés de médiocres résultats. S'il était possible de faire à bas prix, avec des matières organiques, avec de la tourbe ou de la sciure de bois, des composts formés de lits successifs de tourbe, de chlorure et de phosphate, et de répandre ensuite sur le sol, au moment du labour, le mélange abandonné à lui-même pendant quelques mois, nul doute qu'on arriverait à des rendements supérieurs à ceux que donnent les sels de potasse ou de chaux employés seuls. L'essai fait dans mes cases de végétation l'indique. L'action des fumures minérales dans le sol tourbeux de Champigneulles, les résultats obtenus dans les tourbières de l'Allemagne à l'aide des sels de Stassfurt, la fertilité des prairies retournées, additionnées de sels minéraux, tout semble prouver qu'on peut, en prenant comme point de départ d'expériences les résultats de mon travail sur la matière noire, arriver à donner une fertilité relativement considérable à des sols stériles jusqu'ici. Je désire vivement voir entrer les agriculteurs des régions dont je parle dans cette voie, et je me mets entièrement à leur disposition pour tous les renseignements qu'ils jugeraient utiles de me demander.

Si l'on arrive par des fumures de ce genre à mettre le sol en état de porter des prairies naturelles et artificielles, on fera une véritable conquête, puisqu'on pourra ensuite élever du bétail et transformer en exploitations. régulières et productives des terres jusqu'ici incultes et perdues pour tous. Dans l'emploi des tourbes comme amendement, facile dans le Jura et dans la Champagne, si je suis bien renseigné, il faudrait distinguer deux cas : suivant que les terrains tourbeux qu'on exploiterait dans ce but seraient acides ou non, on devrait procéder un peu différemment. Si les tourbes sont acides, et qu'on doive porter le mélange dans des terrains siliceux, je conseillerais d'ajouter au chlorure de potassium et au phosphate de chaux une quantité de chaux vive éteinte suffisante pour neutraliser l'acidité de la tourbe. Dans le cas d'amendement de sols éminemment calcaires, tels que la plupart de ceux de la Champagne, il n'y aurait pas lieu de se préoccuper de l'acidité des tourbes. On devrait faire des masses de tourbe et de sels minéraux d'un volume suffisant pour permettre une sorte de fermentation qui faciliterait sans doute la combinaison des matières minérales avec la substance organique. La question mérite, je crois, d'être étudiée par les cultivateurs des régions intéressées à transformer en champs féconds des landes stériles jusqu'ici.

Je suis tout naturellement conduit à dire quelques mots d'une question que j'ai toujours considérée comme ayant une grande importance; je veux parler de l'épandage des engrais minéraux sur les fumiers. Il y a fort longtemps déjà que je conseille aux agriculteurs de mon voisinage de répartir autant que possible les sels de potasse et les phosphates de chaux qu'ils destinent à leurs champs sur leurs fumiers, au lieu de les porter directement et isolément sur le sol à l'époque du labour. A toutes les raisons déjà suffisantes que l'on a données pour encourager cette pratique, telles que fixation des produits volatils, diminution dans l'échauffement et dans la fermentation, meilleure conservation des fumiers, répartition plus égale des engrais, mes recherches viennent en ajouter d'autres. Si, comme l'ont montré mes essais comparatifs de culture dans des sols additionnés ou non de tourbe, et les expériences directes sur la poudrette et sur les additions de phosphates, l'assimilation des phosphates par les plantes est rendue notablement plus grande par la présence de la matière organique dans le sol, le mélange préalable des sels minéraux avec le fumier doit avoir pour résultat d'aider à la production de cette matière noire dont j'ai démontré le rôle prépondérant dans l'assimilation. Ce que je conseille pour la tourbe, je le recommande à plus forte raison pour le fumier, qui, demeurant presque constamment en fermentation jusqu'au moment de son épandage dans les champs, peut s'enrichir sensiblement en principes fertilisants par un contact prolongé avec les phosphates et les sels de potasse. Rien ne serait plus facile, dans une exploitation bien organisée, que d'expérimenter méthodiquement ce système. L'essai consisterait à répandre, par petites quantités et régulièrement, sur le fumier que l'on destine à un hectare de terre, par exemple, la quantité de chlorure de potassium et de phosphate de chaux que l'on se proposerait de donner au sol comme fumure complémentaire : il faudrait ensuite choisir deux parcelles bien comparables sous tous les rapports et porter séparément sur l'une les doses de fumier, de sels de potasse et de phosphate auxquelles on se serait arrêté, tandis que l'on donnerait à l'autre les mêmes quantités de ces engrais, préalablement mélangés jour par jour et abandonnés ensemble à la fermentation. On ferait, à part, la récolte des deux champs, et l'on en déterminerait le poids en grains et paille, tubercules ou racines. Pour fixer les idées, supposons un cultivateur se proposant de fumer deux pièces de terre d'un hectare chacune, à raison de 25,000 kilogr. de fumier, plus 400 kilogr. de phosphate de chaux et 250 kilogr. de chlorure de potassium; connaissant la quantité de fumier qu'il enlève chaque jour ou chaque semaine de ses étables, selon le système adopté par lui, il s'arrangerait de manière à répartir uniformément les 400 kilogr. de phosphate et les 250 kilogr. de chlorure sur ces 25,000 kilogr. de fumier. D'autre part, il séparerait le même poids de fumier n'ayant subi aucune addition, placerait les deux tas dans les mêmes conditions de conservation et les répandrait dans les deux parcelles au même moment, en ajoutant le phosphate et le chlorure au sol. Je serais fort surpris que, toutes choses égales d'ailleurs, le champ fumé avec l'engrais préparé à l'avance par le mélange des trois matières fertilisantes ne donnât pas une récolte supérieure à celle du champ pris comme terme de comparaison. L'expérience est facile à faire et vaut, je crois, la peine d'être tentée.

Tous les procédés culturaux qui auront pour résultat d'augmenter simultanément la richesse du sol en matière organique et en substances minérales *assimilables,* accroîtront en même temps sa fertilité; de là, nécessité et avantage de la production la plus large de fumier de ferme, de l'utilisation des débris organiques, de l'emploi, partout où cela peut se faire à bas prix, des substances végétales infécondes par elles-mêmes, telles que les tourbes, mousse, feuilles sèches, etc., mais qui deviennent fertilisantes en se combinant aux éléments minéraux, pour les mettre à la disposition des plantes sous une forme assimilable.

La sciure de bois devrait également être essayée en compost avec les engrais minéraux, dont elle favoriserait la transformation. Il y a beaucoup de points où ces mélanges pourraient être faits à bon marché.

III. — L'étude attentive de l'état de combinaison de l'acide phosphorique dans les sols m'a amené aussi à examiner la question des superphosphates. Dans les sols que j'ai analysés jusqu'ici, c'est principalement à l'état de phosphate de fer et de manganèse que j'ai rencontré l'acide phosphorique ; dans la cendre des matières noires des terres fertiles, on retrouve presque tout l'acide phosphorique sous forme de phosphates de fer et de manganèse ; une faible partie de cet acide seulement est combinée à la chaux. Il semble donc que la majeure partie du phosphore que renferment les plantes est mise à leur disposition sous la forme de phosphates métalliques plutôt qu'à l'état de phosphate de chaux.

D'un autre côté, il est incontestable que dans tous les sols calcaires et ferrugineux, le superphosphate de chaux passe très-promptement à l'état insoluble et se transforme soit en phosphate bibasique ou tribasique de chaux, soit en phosphate de fer.

D'après les résultats obtenus dans mes sept années de récolte (V. ANNALES : *Champ d'expériences de la Station agronomique*), je suis tenté de conclure que les agriculteurs, nombreux déjà, à ma connaissance, qui préfèrent le phosphate précipité, très-divisé, au superphosphate, parce que, à prix égal, le premier contient beaucoup plus d'acide phosphorique que le second, sont dans le vrai. Si, comme tout porte à le croire, d'après mes essais, l'acide phosphorique immédiatement assimilable par les végétaux est celui que l'analyse démontre être préalablement combiné aux substances organiques ; si, d'autre part, on admet, ce qui paraît certain, que le superphosphate est promptement ramené dans le sol à l'état de phosphate bi ou tribasique, on doit en effet donner la préférence au phosphate précipité chimiquement, dont l'extrême ténuité correspond presque à celle du superphosphate rendu insoluble par le calcaire du sol. Un mélange de sciure de bois et de phosphate précité équivaudra, dans la plupart des cas, à un superphosphate de même richesse en acide phosphorique. Des essais directs et répétés dans des sols variés donneraient à coup sûr des renseignements précieux. L'écart considérable qui existe aujourd'hui entre les prix commerciaux de l'acide phosphorique, suivant qu'il est ou non à l'état de phosphate acide (1 fr. 10 à 80 cent. le kilogr.), doit attirer l'attention des cultivateurs sur le point que je signale à leur expérimentation.

Un mot encore sur ces considérations pratiques, et je termine. Plusieurs agriculteurs distingués m'ont fait l'honneur de m'écrire au sujet de mes articles sur le rôle[1] de la matière noire ; je les remercie des appréciations très-bienveillantes que renferment leurs lettres, et je suis heureux des témoignages qu'elles m'apportent ; tous mes corres-

---

1. Ce travail a paru dans une série d'articles du *Journal d'agriculture pratique.*

pondants me disent que mes recherches leur expliquent
de nombreux faits relatifs à l'épuisement de leurs sols, à
l'effet variable des engrais employés par eux, etc. Cet
accord des faits étudiés dans le laboratoire ou dans des
champs d'expériences très-restreints avec les observations
recueillies par d'habiles praticiens dans des exploitations
étendues, me confirment dans l'espérance que j'ai fait faire
un pas à nos connaissances, si imparfaites encore, sur les
causes de la fertilité des sols ; mais que mes bienveillants
correspondants me permettent de le leur dire, je leur serais
bien plus reconnaissant encore s'ils voulaient prendre la
peine de publier, comme l'a fait M. le docteur Varrentrapp,
dont on trouvera plus loin le mémoire, les faits constatés
par eux sur leur domaine. Mon unique but étant de servir
la science agricole, je m'estimerai toujours heureux lorsque
j'aurai provoqué un bon essai ou amené un cultivateur in-
telligent à faire connaître au public le résultat de ses
observations.

De l'ensemble des recherches dont j'ai fini, pour le
moment du moins, le long exposé, me semblent se déga-
ger quelques indications d'un intérêt pratique pour l'agriculture.

RÉSUMÉ ET CONCLUSIONS.

1° La théorie minérale de la nutrition des plantes, telle
que l'a développée son illustre auteur J. de Liebig, est absolument vraie. Tous les aliments des plantes appartiennent
au monde inorganique.

2° La matière noire du terreau et de l'humus n'est pas
absorbée d'une manière sensible par les végétaux ; elle ne
passe pas au travers des radicelles des plantes.

3° La doctrine de l'humus, fausse dans l'interprétation que lui ont donnée ses partisans, se concilie parfaitement avec la théorie minérale quand on part des faits précédemment exposés. L'alliance des deux doctrines dans les limites que j'ai tracées explique d'une façon rationnelle le rôle connexe des matières organiques et des principes minéraux des sols.

4° La doctrine exclusive, dite des engrais chimiques, n'est plus soutenable en présence des faits qui précèdent. Applicable à des cas particuliers, elle ne saurait être admise par la généralité des cultivateurs sans conduire à la ruine de ceux qui la pratiqueraient à la lettre.

5° Quoi qu'en dise M. G. Ville, la prairie et le bétail ne sont pas des hérésies ; en tout cas, grâce à Dieu, la culture française est tout entière encore aux mains intelligentes des hérésiarques. Plus que jamais il faut chercher à développer la production du fumier, l'amélioration dans les procédés de conservation et d'utilisation de cette précieuse substance. Il faut fumer les prairies plus que toute autre nature de culture ; ces dernières, par suite de leur richesse en matières organiques, sont aptes à recevoir utilement des engrais minéraux.

6° La fécondité étonnante de certains sols agricoles non fumés et la fertilité indéfinie des forêts reçoivent également une explication rationnelle et conforme aux faits que nous connaissons. Il faut se garder de défricher les forêts qui, à part tous les autres avantages qu'elles présentent, produisent en arbres des récoltes de haute valeur alors, qu'elles fourniraient, pour la plupart, des sols agricoles de très-médiocre qualité.

7° Il semble possible d'améliorer les sols jusqu'ici incultes et stériles, en y incorporant, quand cela se peut à bon marché, des matières organiques aptes à rendre assimilables les éléments minéraux des terres.

8° Il importe, pour se rendre compte de la fertilité des sols, d'y doser les matières minérales combinées aux substances organiques. Mieux qu'aucune autre méthode d'examen, ce procédé analytique peut renseigner sur le degré actuel de fertilité d'une terre. Combinée au dosage des principaux éléments minéraux, cette indication fournira de précieux éléments d'appréciation au cultivateur.

En résumé, en agriculture comme en toute chose, les doctrines absolues sont funestes; quelque spécieux que soient les arguments employés pour les défendre, quelque habiles et affirmatifs que paraissent leurs apôtres, il faut s'en méfier, surtout lorsqu'elles conduisent à la négation de faits consacrés par une expérience séculaire. Les hommes qui prennent leur opinion pour une vérité indiscutable et qui font bon marché de l'œuvre de leurs devanciers peuvent éblouir un instant les esprits vulgaires par leur assurance : ils font des dupes, mais ne laissent rien après eux, si même ils ne voient pas s'écrouler de leur vivant l'échafaudage assis par eux sur des déclamations et des réclames. Travailler, observer, comparer et expérimenter sans idées préconçues et dans l'unique but de découvrir un coin de la vérité, telle est la voie la plus sûre.

Je réunis dans l'*Appendice* suivant deux documents à consulter sur les questions qui font l'objet de ce mémoire, et la lettre que m'a adressée, au sujet de mes recherches sur la matière noire, l'illustre fondateur de la théorie minérale de la nutrition des plantes.

APPENDICE

Aux recherches sur le rôle des matières organiques du sol dans la nutrition des plantes.

I. — MÉMOIRE DE M. E. RISLER SUR L'HUMUS.

M. E. Risler, dont je tiens en si haute estime le caractère et les travaux, m'a adressé au sujet des articles publiés, dans le *Journal d'agriculture pratique*, sur le rôle des matières organiques du sol, un remarquable mémoire sur l'humus inséré en 1858 dans les archives de la Bibliothèque universelle de Genève. J'ignorais complétement, j'ai hâte de le reconnaître, l'existence de ce travail, dont l'analyse eût, sans cela, trouvé place dans l'historique que j'ai entrepris de la théorie de la nutrition des végétaux. Je m'empresse de réparer cette omission et de faire connaître à mes lecteurs le résultat des recherches de M. Risler. Qu'il me soit tout d'abord permis de témoigner la satisfaction que j'ai éprouvée à la lecture de ce mémoire, en constatant l'accord des idées de l'habile agronome de Calèves et des miennes sur l'importance fondamentale du rôle des matières organiques dans l'assimilation, par les plantes, des substances minérales. Avant de montrer par quelques rapprochements les points de contact de nos recherches et les divergences sur certaines interprétations, je vais donner sans commentaires l'analyse du travail de M. E. Risler.

L'auteur, après avoir rappelé les expériences de Th. de Saussure sur les extraits de terreau et l'opinion de Liebig sur l'origine du carbone des végétaux, pose ainsi la question : « La plupart des chimistes modernes qui se sont occupés de la nutrition des plantes ont passé sous silence la matière organique signalée par le savant Génevois. A les croire, il suffirait de mettre les terres dans les conditions physiques favorables à la végétation, et d'y ajouter les sels minéraux et les substances azotées que cette végétation exige. Mais les cultivateurs s'obstinent à attribuer la plus grande partie de la fertilité des sols à l'humus qu'ils renferment. Qui a raison ? L'humus nourrirait-il les chimistes en dépit de leurs théories ? » Avant d'entrer dans l'exposé de ses recherches personnelles, M. Risler résume les travaux de Sprengel sur la matière. Cet agronome distingué a étudié les combinaisons formées par l'acide humique, que Braconnot a le premier produit artificiellement, avec les bases que renferment d'ordinaire les sols arables. Il a trouvé que les humates sont plus solubles dans l'eau que l'acide isolé et les a rangés, d'après leur solubilité, dans l'ordre suivant :

Humate de potasse qui se dissout dans 1/2 partie d'eau.
— de soude — 1/2 à 1 —
— d'ammoniaque — 1 à 2 —
— de protoxyde de fer — 2 —
— de magnésie — 160 à 15° R.
— de protoxyde de manganèse 1,450
— de chaux 2,000
— d'oxyde de fer 2,300
— d'alumine 4,200

Sprengel a constaté que ces combinaisons sont beaucoup plus solubles dans les dissolutions d'ammoniaque et de carbonate d'ammoniaque que dans l'eau pure.

L'acide humique perd sa solubilité à 0 degré, et devient de plus en plus soluble à mesure que la température s'élève. Il perd presque toute sa solubilité par la dessiccation, mais il est très-hygrométrique, absorbe 94 p. 100 de son poids d'eau, et redevient ainsi peu à peu soluble. Exposé à l'air, l'acide humique se transforme en acide carbonique et eau. Combiné avec les bases, il se transforme également en acide carbonique et eau, mais beaucoup plus lentement que lorsqu'il est libre : à la place des humates, il reste des carbonates.

L'acide humique est un acide plus énergique que l'acide carbonique. Tels sont les principaux résultats des travaux de Sprengel.

M. Risler, après avoir rappelé sommairement les recherches de divers chimistes sur la nature des composés noirs qu'on rencontre dans les terres arables, arrive à l'exposé des expériences faites par lui et son collaborateur M. Verdeil en 1852. En traitant par l'eau, à une température voisine de celle de l'ébullition, dix sols provenant du domaine de l'Institut agronomique, les auteurs ont obtenu des solutions colorées en jaune-brun qui, évaporées à siccité, ont laissé un résidu composé de 33 à 70 p. 100 de matières organiques. Cette matière organique renfermait de 1.5 à 2 p. 100 de son poids à l'état d'ammoniaque. Quant aux matières minérales, elles se composaient, en moyenne, des proportions suivantes de sulfate, carbonate, phosphate de chaux, chlorures alcalins, silicates, magnésie, etc. :

Sulfate de chaux. 31.06
Carbonate de chaux . . . . , ... 26.90
Phosphate de chaux 6.69
Oxyde de fer 1.60
Alumine. 0.30
Chlorures de potassium et de sodium 7.58
Silice 18.65
Potasse et soude des silicates 5.00
Magnésie. 1.59

MM. Risler et Verdeil font observer avec raison qu'il
faut attribuer à la substance organique une action sur la
solubilité des principes minéraux que l'on retrouve dans
les cendres de ces solutions, puisque la silice, le phosphate de chaux et l'oxyde de fer contenus dans cette solution ne sont rendus insolubles dans l'eau que par la
destruction de la matière organique à laquelle ils sont
associés. Pour reconnaître, dit M. Risler, quelles sont les
matières inorganiques qui, dans le sol arable, se sont dissoutes sous l'influence de cette substance organique, on
peut encore, au lieu de détruire cette dernière par l'incinération, la laisser se détruire spontanément. Si l'on expose
pendant quelques semaines un extrait de terre cultivée à
l'air, il se produit des faits différents suivant les circonstances qui les accompagnent. Dans certaines conditions,
et je suis porté à croire, d'après divers essais, que cela
n'a lieu qu'à une température suffisamment élevée, il se
forme dans le liquide des corps organisés, des espèces de
conferves. Dans d'autres, et principalement quand le vase
renfermant l'extrait offre un grand accès à l'air, la substance organique se décompose. Il se forme à la surface
du liquide des pellicules d'un blanc jaunâtre qui tombent
bientôt au fond, et qui, analysées, se montrent composées

d'oxyde de fer, de silice, de phosphate de chaux et de sulfate de chaux. Ainsi il faudrait admettre que cette substance organique exerce une action toute particulière sur la dissolution de l'oxyde de fer, de la silice, du phosphate et du sulfate de chaux, et partage cette action avec l'acide carbonique, pour le carbonate de chaux.

M. Risler a essayé de vérifier le fait directement pour ces diverses matières. L'intérêt tout particulier qui s'attache à ce sujet m'engage à reproduire la partie du mémoire qui a trait à ces expériences :

Sulfate de chaux. — « J'ai montré, c'est M. Risler qui parle, qu'en mélangeant du terreau avec du plâtre, non-seulement l'eau extrait de ce mélange plus de sulfate de chaux que du plâtre isolé, mais aussi plus de substance organique que du terreau seul, ce qui ferait croire que l'action dissolvante de la substance organique sur le plâtre est réciproque, ou que la présence du sulfate de chaux modifie la décomposition du terreau, de telle sorte qu'il se forme plus de substance soluble. Cette seconde hypothèse est d'accord avec les faits suivants : J'ai mélangé intimement du plâtre avec du sucre. L'humidité atmosphérique qu'ils ont absorbée et le contact de l'air ont suffi pour transformer peu à peu le sucre à la température ordinaire, en une matière brune très-hygrométrique. Le mélange donnait une forte réaction acide. Une portion, traitée par la potasse, a donné à l'approche d'une baguette trempée dans l'acide chlorhydrique, d'abondantes vapeurs de chlorhydrate d'ammoniaque. Serait-ce une confirmation de l'opinion de Müller et Lassaigne, d'après laquelle, pendant l'oxydation des substances organiques non azotées, il se formerait de l'ammoniaque aux dépens de l'hy-

drogène de l'eau et de l'azote de l'air? Quand j'ai ajouté
une plus grande quantité d'eau, une substance organique
noire a surnagé, une partie du plâtre et du sucre non
décomposé est restée au fond du vase, et l'eau a dissous
le reste du plâtre avec une matière organique jaunâtre qui
offrait les caractères de celle que j'ai trouvée dans tous
les sols fertiles. Après avoir filtré la solution saturée et
recueilli 50 centimètres cubes de cette solution, j'y ai
dosé $0^{gr},25$ de sulfate de chaux, ce qui donne 0.5 parties
de sulfate de chaux dissoutes dans 100 parties d'eau à
environ 20 degrés. Or, selon **M.** Regnault, l'eau à 20
degrés ne dissout que 0.241 p. 100 de sulfate de chaux.
Il faut donc admettre que la solubilité de ce sel a été augmentée par la présence de la matière dissoute.

Silice. — La seule manière dont on a pu s'expliquer
jusqu'à ce jour la présence de la silice dans la plupart des
eaux de source et dans les plantes est la suivante : la
décomposition des matières organiques renfermées dans
le sol fournit de l'acide carbonique qui sature les eaux,
décompose les silicates, et forme avec les bases de ces
derniers des carbonates solubles, tandis que la silice à
l'état naissant se dissout également et peut être entraînée
par les eaux dans les rivières ou pénétrer avec elles dans
les plantes.

Or l'acide humique de Sprengel a une affinité plus
grande pour les bases que l'acide carbonique. La matière
organique que je retrouve dans tous les extraits de terre
cultivée ne peut pas non plus être chassée de ses combinaisons, si toutefois combinaisons il y a, par l'acide carbonique. Je m'en suis assuré en faisant passer dans les
extraits un courant d'acide carbonique qui n'y a produit

aucun précipité. D'après cela, il y a lieu de croire que les matières organiques solubles qui existent dans le sol en même temps que l'acide carbonique doivent s'emparer des bases des silicates plus rapidement encore que lui. Mais, comme il est impossible d'en faire l'expérience directe au moyen de cette substance organique, telle que les eaux l'extrayent des terres, complexe sans doute elle-même et combinée avec toute espèce de matières minérales, j'ai cru devoir employer à cet effet l'acide humique de Sprengel, qui, en vertu de son mode de formation facile à vérifier dans les laboratoires, est évidemment une des parties constituantes de cette substance organique, et j'ai pensé que, après avoir prouvé que la *partie* décompose les silicates mieux que l'acide carbonique, je pourrais conclure que le *tout* jouit de la même propriété.

Je dois remarquer d'abord que l'acide humique, tel qu'on l'obtient par l'action de la potasse sur le terreau et la précipitation par l'acide chlorhydrique, renferme presque toujours une certaine quantité de silice précipitée avec l'acide, après avoir été dissoute par la potasse. Avant de me servir de l'acide humique pour une expérience comparative entre les pouvoirs que possèdent cet acide et l'acide carbonique de désagréger les silicates, j'ai donc pris la précaution de doser la silice qu'il renfermait. Puis j'ai mélangé 50 grammes de feldspath finement pulvérisé avec 20 grammes d'acide humique humide, et j'ai ajouté un peu d'eau. J'ai laissé ce mélange pendant plusieurs mois exposé à l'air, mais à l'abri de toute poussière. D'autre part, un même poids de feldspath, avec la même quantité d'eau à peu près, a été soumis à l'action d'un courant d'acide carbonique, et exposé dans les mêmes conditions que le mélange précédent. A de courts intervalles de temps, quand les matières étaient à peu près sèches, je les ai remuées ; j'ai ajouté des deux côtés la même quantité d'eau, et j'ai fait passer dans le deuxième de l'acide carbonique. A la fin du troisième mois, l'acidité de l'acide humique avait complétement disparu. Au bout de cinq mois, j'ai fait les extraits. Celui que m'a donné le feldspath traité par l'acide carbonique n'a laissé qu'une trace inappréciable à la balance de matière dissoute. L'autre, au contraire, renfermait $0^{gr},024$ de silice. L'acide humique employé en contenait $0^{gr},003$. Il s'est donc dissous $0^{gr},021$ de silice.

On pourrait objecter que cette silice a été dissoute grâce à l'acide carbonique produit par la décomposition de l'acide humique. L'acide chlorhydrique ajouté au mélange donnait, en effet, une très-légère effervescence, preuve qu'une portion des bases avait passé à l'état de carbonate. Mais l'acide chlorhydrique ajouté à l'extrait par l'eau du mélange, produisit un précipité jaunâtre qui était évidemment formé par l'acide humique uni aux bases.

L'acide humique concourt donc, avec l'acide carbonique, à décomposer les silicates et à mettre ainsi une certaine quantité de silice à l'état naissant, qui permet sa dissolution dans l'eau.

Mais la matière organique soluble possède-t-elle un pouvoir qui favorise la dissolution de la silice qui ne se trouve pas à cet état naissant, celle des quartz, par exemple ? J'ai essayé en vain de mélanger du quartz finement pulvérisé avec de l'acide humique et de le traiter comme j'avais traité le feldspath, je n'ai pas réussi à en dissoudre.

Cependant on ne peut expliquer que par ce pouvoir le fait de la silice renfermée dans un extrait de terre et précipitée dès que la matière organique de l'extrait est détruite. Les cendres des plantes, et de même celles des résidus d'extraits de terre, renferment des silicates de potasse et de soude. Mais il est difficile de savoir si ces silicates existaient comme tels dans les plantes et les extraits, car l'incinération a pu les produire par la combinaison de la silice avec les bases des carbonates, humates, etc., c'est-à-dire par une sorte de vitrification.

Chaux. — Dans les extraits de quelques terres très-pauvres en chaux et très-riches en débris organiques, je n'ai obtenu, par l'ébullition, aucun précipité de carbonate de chaux. Par contre, il y avait du carbonate de chaux dans les cendres des résidus de ces extraits. Donc la chaux y avait été dissoute par une matière organique que l'incinération avait transformée en acide carbonique.

Dans la plupart des autres extraits que j'ai faits, l'ébullition donnait un précipité composé en majeure partie de carbonate de chaux. Donc les substances organiques solubles dans l'eau des terres arables concourent, avec l'acide carbonique, à dissoudre la chaux.

Réciproquement, la chaux vive favorise la formation de la substance organique soluble. On peut s'en assurer en chaulant un certain poids de terre, laissant un poids égal de la même terre sans addition de chaux et extrayant, quelques mois après, la matière organique par une même quantité d'eau. L'eau dissout dans la première plus de matière que dans la seconde.

Le carbonate de chaux tend également à modifier la décomposition des substances organiques, de manière à les rendre solubles ; mais son pouvoir est plus faible que celui de la chaux vive.

Potasse; soude; ammoniaque. — Des expériences semblables à celle qui a été faite pour la chaux, constatent que les alcalis provoquent la production de la matière organique soluble.

Phosphate de chaux. — J'ai broyé du phosphate de chaux (obtenu par précipitation) avec de l'acide humique. J'en ai fait une solution saturée à la température de 20 degrés. J'ai filtré : 1,000 parties d'eau avaient dissous $1^{gr},397$ de phosphate de chaux et $0^{gr},728$ de matière organique. D'autre part, j'ai fait passer à plusieurs reprises un courant d'acide carbonique dans du phosphate de chaux trempé d'eau ; 1,000 parties d'eau ont dissous $0^{gr},1225$ de phosphate de chaux. D'où je conclus que l'acide humique, ou du moins la matière organique qui s'était formée après plusieurs semaines d'exposition à l'air, possède la propriété de dissoudre le phosphate de chaux à un plus haut degré que l'acide carbonique. Comme 1,000 parties d'eau ne dissolvent à 20 degrés que $0^{gr},4$ d'acide humique, il paraîtrait que le phosphate de chaux a favorisé la dissolution de la matière organique.

Oxyde de fer. — On sait depuis longtemps que la présence de matières organiques dans une solution qui contient de l'oxyde de fer empêche la précipitation de cet oxyde par l'ammoniaque. De plus, dans les terres calcaires, l'oxyde de fer ne peut être dissous que par l'influence des matières organiques. Car sous quelle forme pouvez-vous imaginer qu'il pénètre autrement dans les plantes ? En présence d'un grand excès de chaux, le sulfate et le phosphate de fer ne peuvent pas exister.

Les recherches précédentes, ajoute M. Risler, ont donc bien établi que, dans les circonstances où la culture produit la décomposition des matières organiques que renferment les terres, cette décomposition fournit, avant d'aboutir à ses termes extrêmes, acide carbonique, eau et ammoniaque, une substance organique qui est soluble dans l'eau, et qui est d'autant plus abondante que certaines matières minérales sont présentes en plus grande quantité. »

Cette première partie du mémoire de M. Risler renferme des faits très-intéressants que mes études sur la matière noire des sols de Russie confirment pour la plupart. La seconde partie de ce remarquable travail est consacrée à l'étude de l'humification du sol, c'est-à-dire des procédés naturels de formation de ces matières noires. L'auteur, reprenant ensuite les expériences de Saussure sur l'absorption de l'humus par les racines des végétaux, croit pouvoir conclure de ses recherches que les plantes puisent dans la solution humique une partie de leur carbone, contrairement à l'opinion de Liebig. Le sujet est très-délicat, la décoloration d'une solution brune d'humus sous l'influence de la végétation d'une plante dont les racines ne reçoivent pas d'autre nourriture, ne prouve pas d'une façon absolue que ces racines absorbent le charbon; il faudrait, pour qu'on fût autorisé à tirer cette conclusion, démontrer qu'au contact de l'air et des racines il ne se produit pas une combustion lente ayant pour résultat de détruire le charbon de l'humus, en le transformant en acide carbonique, tandis que les matières minérales de la solution pénètrent seules dans le végétal, comme je serais tenté de le croire d'après mes essais de dialyse de la matière noire. M. Risler dit (p. 20 de son mémoire) : « Puisque les matières minérales auxquelles les substances orga-

niques sont intimement liées se précipitent, quand ces
dernières sont détruites, il faut bien admettre que les
plantes ne peuvent absorber les unes sans les autres. » Si
je ne me trompe, le phénomène que j'ai observé en dialy-
sant une solution de matière noire est de nature à atténuer la valeur de ce raisonnement. J'ai constaté en effet
que le passage à travers la membrane végétale s'effectue
seulement d'une manière nette pour les substances minérales, et que le liquide restant sur le dialyseur va s'enri-
chissant en matières organiques puisqu'il s'appauvrit en
principes minéraux. Mais, je le répète, le sujet est délicat,
il est difficile d'instituer des expériences directes de
nature à écarter toute objection. Je poursuis mes recherches à ce sujet ; les résultats que j'obtiens jusqu'ici par
diverses méthodes semblent confirmer l'hypothèse que
j'ai formulée sur le rôle de véhicule que joueraient, dans
l'assimilation, les substances organiques, et j'ajournerai
au moment où je pourrai publier des résultats définitifs,
la discussion sur cette phase encore obscure de la nutrition.

En attendant, je suis très-heureux de voir que, partis
de deux points de vue différents, nous arrivons, M. Risler
et moi, à confirmer et à mettre de nouveau en évidence
l'utilité des matières organiques dans la végétation, et,
partant, la nécessité de conserver, partout où on le peut,
le fumier de ferme comme base de toute fumure rationnelle et économique.

II. — L'EXPLOITATION DE NILKHEIM, PRÈS ASCHAFFENBURG [1],
DE 1850 A 1872.

Encouragé par les instances réitérées du professeur J. Liebig, je me décide à publier les renseignements suivants sur mon exploitation : Mon sol, à en juger par sa constitution physique, est un sol à seigle et à avoine; il semble moins apte à porter du froment ou de l'orge. Il y a vingt-cinq ans, peu de temps avant que je fisse l'acquisition de cette terre, on soumit au roi, qui la voulait acheter, l'avis que, donnée, elle serait encore trop chère; celui qui l'estimait si bas me donna, à notre première rencontre, le conseil réfléchi de la parer de mon mieux et de m'en défaire le plus tôt possible, pensant que tous les capitaux que l'on y engagerait seraient perdus. Le fils, alors âgé de seize ans, du cultivateur qui la régissait depuis de longues années, offrit au nouveau fermier de faire le pari que, sur tout le bien il ne pousserait pas un grain d'orge. Aujourd'hui encore, j'entends les vieux cultivateurs qui n'ont pas revu depuis trente ans la ferme, bien connue à raison du beau site où elle se trouve, dire que le souvenir de son infertilité sans remède est resté dans leur esprit. A part la

---

1. Cette note a été présentée à l'Association centrale de la basse Franconie en août 1872. La confirmation pratique que mes recherches sur la cause de la fertilité reçoivent des faits contenus dans cette communication m'a engagé à en joindre la traduction à mon travail. Les recherches de laboratoire et les essais physiologiques de végétation doivent conduire à des résultats que la pratique agricole confirme. J'enregistre donc avec reconnaissance les faits que veulent bien me communiquer les agriculteurs. Je remercie MM. Liebig et Varrentrapp, qui ont bien voulu tous deux me faire part des observations, très-précieuses pour moi, recueillies à la ferme de Nilkheim.   L. G.

beauté et l'agrément du lieu d'habitation, personne ne trouvait aucun éloge à faire de cette propriété.

L'aspect de ce bien était d'autant plus désolé qu'une partie du sol, décolorée et rendue poudreuse, par suite du manque d'humus, donnait, sous l'influence du moindre vent, des nuages de poussière; une autre partie, par défaut de labours, était couverte de chiendent; un tiers de la surface n'avait jamais été cultivé; les deux autres avaient reçu des labours de trois à quatre pouces au plus. Une seule circonstance était favorable; le sol semblait partout capable de donner du trèfle et de la luzerne; il n'était donc pas si dépourvu de calcaire et d'argile que l'on était porté à le croire à première vue.

La culture du trèfle pouvait servir de point de départ aux améliorations: création et extension des prairies artificielles, augmentation du bétail, labours profonds, tels furent les moyens à l'aide desquels mon régisseur d'alors, homme très-intelligent, améliora considérablement la propriété, tandis que, lui abandonnant la direction de l'exploitation, je me livrais tout entier à l'étude.

A la fin de 1850, le fourrage manqua par suite de l'extrême sécheresse. A cette pénurie vint s'ajouter la péripneumonie, qui réduisit mon bétail à un petit nombre de têtes. L'état des champs fit un pas rétrograde. L'amélioration, fondée principalement sur l'extension de la culture fourragère, ou, ce qui revient au même, sur la production d'humus, ne parut pas devoir se maintenir. C'est à cette époque que je pris en main la direction de l'exploitation. Je venais d'étudier la dernière édition de la *Chimie agricole* de Liebig. Je savais qu'au lieu et place de ma ferme avait été édifié déjà, du temps de Charles le Grand, une église devenue plus tard le siége d'une juridiction seigneuriale, dont les habitants avaient disparu par suite de la peste et de la guerre de Trente ans. Je savais, en outre, que les terres du village, éloignées d'une lieue, avaient été cultivées aussi longtemps qu'elles avaient suffi à l'acquittement de l'impôt, et que ce territoire, jadis fertile, avait fini par tomber aux mains du fisc. J'avais donc toute raison de conclure que l'on avait enlevé systématiquement à mon sol, durant des siècles, les éléments minéraux nutritifs, et que la restitution des matières minérales rendrait à la terre sa fertilité première.

Dans cet espoir, de l'automne de 1853 au printemps de 1860, je portai à l'hectare, sur une surface d'environ 200 hectares, 400 kilogr. d'acide phosphorique soluble sous forme de superphosphate (20 quintaux métriques de superphosphate à 20 p. 100 d'acide soluble).

Le Dr Hitger, aujourd'hui professeur à l'Université d'Erlangen, qui a analysé plusieurs échantillons provenant de mon exploitation, dit dans son *Annuaire* de 1860 : « Les échantillons soumis à l'analyse appartiennent aux terrains sableux ; mais ils ont reçu des améliorations foncières, car partout on rencontre, à l'état soluble, les principaux aliments minéraux des plantes : potasse, acide phosphorique, etc. »

La constatation, par voie chimique, de la solubilité des principes nutritifs se trouve confirmée par la détermination botanique des mauvaises herbes qui croissent spontanément dans les champs : les composées s'étaient partout substituées au chiendent qui croissait à leur place il y a vingt ans. On a peu employé les engrais de commerce azotés, la très-forte fumure au superphosphate ayant fait laisser de côté, pendant les premières années, tous les autres engrais. De plus, le superphosphate avait permis d'arriver à une production considérable de ces végétaux qui accumulent dans le sol par leurs racines, au profit des cultures qui leur succèdent, une grande quantité d'azote emprunté à l'atmosphère. Enfin la grande extension de la culture fourragère amenait une production considérable d'engrais azotés concentrés. (Je comptais alors 200 têtes de bétail pour 300 hectares de terre, prés et forêts.)

Une douzaine d'essais d'engrais potassiques ont été faits; tous ont donné des résultats négatifs, ce que je prévoyais d'ailleurs, parce que la propriété recevait, depuis soixante-dix ans, des eaux provenant de prairies apportant au sol, comme le démontre l'analyse, des quantités de potasse notables. L'importation annuelle de potasse dépassait depuis longtemps, pour mes terres, l'exportation par les eaux d'irrigation.

Après être resté quatre ans sans employer de superphosphate, j'obtins même de beaux rendements en céréales, je crois l'avoir démontré, et cela sur une grande surface de terrain, ce qui est nié encore par certains agriculteurs, à savoir que le superphosphate employé à haute dose n'enrichit pas seulement le sol pour une ou deux années, mais qu'il augmente d'une façon durable la fertilité des terres. En augmentant la richesse en humus à l'aide d'un nombreux bétail, je crois avoir empêché l'acide phosphorique de devenir progressivement insoluble; j'estime que le capital acide phosphorique engagé, en une fois, dans le sol est maintenu constamment, sous l'influence des matières organiques, à un état assimilable pour les plantes. Je m'appuie en cela sur la théorie de Grandeau, d'après laquelle les éléments minéraux nutritifs du sol ne sont réellement mis à la disposition des végétaux que par leur combinaison avec les matières organiques. Grandeau a montré, par l'analyse de quatre sols très-caractéristiques, que le dosage des éléments minéraux combinés à l'humus peut seul donner une idée exacte de la fertilité actuelle d'un sol. J'ai reconnu presque complétement inutile l'emploi des engrais azotés, peu rémunérateurs par suite de leur prix élevé, et me fondant sur la doctrine de Liebig, j'ai réussi à ramener à un état de fertilité durable une propriété d'assez grande étendue, depuis quelques années complétement stérile.

Sur le domaine de Nilkheim, la culture de l'avoine est complétement installée depuis quelques années, celle du seigle très-sensiblement réduite ; le blé et l'orge, qui correspondent le mieux, tous deux, au climat, sont maintenant mes récoltes principales en céréales. Mon orge a un poids spécifique fréquemment supérieur à celui des orges renommées au loin de la Franconie.

Nilkheim, près Aschaffenburg, août 1872.

Dʳ F. VARRENTRAPP.

III. — LETTRE DE J. DE LIEBIG.

Munich, 3 juin 1872.

Mon cher Grandeau,

Je vous remercie cordialement de votre lettre du 19 mai dernier et de l'envoi de votre mémoire sur le *Rôle des substances organiques dans la nutrition des végétaux*. J'ai lu ce dernier avec grand plaisir ; c'est un important et remarquable travail qui, en réalité, répand une pleine lumière sur le rôle de l'humus dans la nutrition.

Personne, avant vos recherches, n'eût pu soupçonner que, dans certaines conditions, les substances humiques du sol acquièrent la faculté de dissoudre et de rendre assimilables par les végétaux non-seulement les alcalis et les terres alcalines, mais encore les phosphates.

D'autre part, vous avez, par vos belles recherches de dialyse, montré que l'action de l'humus repose, non pas sur son absorption par les racines, mais essentiellement sur son rôle de véhicule des aliments minéraux. Je considère cela comme une découverte particulièrement importante, qui éclaire d'un seul coup le rôle de l'humus.

Il est très-intéressant de voir comment, peu à peu, toutes les observations vraies arrivent à prendre leur juste valeur, même après être longtemps restées douteuses, faute d'explication à leur donner. C'est ainsi que l'humus a reconquis, grâce à vous, son ancien rang, non pas, à la vérité, dans le sens que lui donnaient Saussure et Sprengel, mais dans un autre sens bien plus important. Je vous félicite cordialement de votre découverte. . . . .

Si la publicité donnée à mon opinion relativement aux vérités et aux faits nouveaux découverts par vous peut contribuer à les répandre dans un cercle plus étendu et leur donner plus d'influence, je vous prie d'user de cette lettre dans la forme qui vous conviendra.

. . . .

Adieu, mon cher Grandeau, et soyez assuré que je suis toujours, avec une entière affection,

Votre fidèlement dévoué,

J. LIEBIG.

LE SOL

DES LANDES ET DES DUNES

ET LA VÉGÉTATION DU PIN MARITIME

Depuis qu'il est nettement établi que le sol ne sert point seulement de support aux végétaux, mais qu'il est l'unique source des principes fixes que ceux-ci renferment ; depuis qu'on sait que ces principes minéraux ou cendres sont essentiels à la végétation, un problème difficile, mais important à résoudre, s'est posé : — Quels sont, dans le sol, les éléments nécessaires à la végétation ? Quelles sont, dans les plantes, la nature et l'importance relative de leurs principes minéraux essentiels ?

Ce mémoire, comme les précédents, a pour but de chercher à éclairer la question, encore si obscure, des relations existant entre la composition chimique du sol et la végétation. Nous espérons avoir démontré, par nos premières recherches, quelle importance acquièrent ces études dans les sols forestiers où le sylviculteur ne peut changer, par des engrais, la nature chimique du terrain, et où il est obligé, par suite, de choisir les essences qui s'accommodent le mieux au milieu auquel il les destine.

Nous avons étudié précédemment[1] l'influence de la

---

1. Voir le mémoire : *De l'Influence de la composition chimique du sol sur la végétation du pin maritime,* pages 5 et suiv.

composition chimique d'un sol éminemment calcaire (le sol de Champagne) sur la végétation du pin maritime. Il était intéressant de voir comment se comporte cette même essence dans un sol de nature absolument opposée, celui des Landes, qui est du sable siliceux à peu près pur. La nature et la proportion des éléments resteraient-elles les mêmes dans les deux cas ?

Outre ce but spécial, il y avait un intérêt général à connaître la composition du sol si uniforme de cette région, qui ne sera bientôt qu'une immense forêt de pins maritimes.

Ce travail contient les analyses des trois couches du sol des Landes (sable supérieur, alios, sable inférieur) pris en divers points ; celle des sables des Dunes et celle des cendres de pins crûs dans les Landes et dans les Dunes.

Nous avons résumé, à la fin, les conclusions auxquelles nous sommes arrivé.

COMPOSITION CHIMIQUE DES SOLS DES DUNES ET DES LANDES.

La région des Landes forme un grand espace triangulaire d'environ 14,000 kilomètres carrés, limité à l'ouest par l'Océan, au sud-est par l'Adour et au nord-est par les hauteurs cultivées du Lot-et-Garonne et les vignobles de Bordeaux. Elle s'étend sur presque tout le département des Landes et la partie orientale de celui de la Gironde, et elle offre un contraste frappant avec la contrée qui occupe la rive droite de la Garonne. Celle-ci présente une suite de coteaux et de vallons dont la végétation est aussi riche que variée, tandis que les Landes n'offrent à l'œil, aussi loin qu'il peut s'étendre, qu'une vaste plaine monotone, naguère encore couverte de bruyères sur la plus grande partie de son étendue et où toute autre culture que celle des arbres a paru jusqu'ici impossible.

La cause de ce contraste réside dans la différence de composition chimique du sol.

Sur la rive droite du fleuve, les trois éléments constitutifs des terres arables, le calcaire, le sable et l'argile, se trouvent mélangés en portions convenables, et permettent aux plantes agricoles qu'on y cultive d'y puiser en abondance les principes minéraux qui leur sont indispensables. De plus, le sous-sol offre une perméabilité suffisante à l'infiltration des eaux de pluie.

Il n'en est pas de même sur la rive gauche de la Gironde. Le sol des Landes appartient à la partie la plus moderne des terrains tertiaires (époque pliocène).

« On sait, dit M. Jacquot[1], qu'il est formé, pour la plus grande partie, par un sable quartzeux blanc, à grains arrondis, souvent associé à de petits galets de quartz hyalin et grenu, et qu'on y trouve des lentilles d'argile renfermant quelquefois des gisements assez importants de lignite ou de bois carbonisé. On y rencontre aussi assez fréquemment des dépôts d'hydroxyde de fer, tantôt sous forme de grains reproduisant la texture des végétaux auxquels ils se sont substitués et assez riches pour pouvoir être utilisés comme minerais, tantôt agglutinant simplement le sable, et tout au plus propres alors à fournir de mauvais moellons. Si j'ajoute qu'à l'encontre de ces dépôts, qui paraissent peu suivis, l'*alios,* roche propre à la contrée et qui n'est autre

---

1. *Note sur l'existence et la composition du terrain tertiaire supérieur dans la partie orientale de la Gironde,* par M. Jacquot. Bordeaux, imp. Gounouilhou, 1862.

chose qu'un grès dont le ciment contient à la fois de l'oxyde de fer et des matières organiques, se trouve, au contraire, d'une manière à peu près constante, à une petite profondeur au-dessous de la surface du sol, j'aurai donné une idée sommaire, mais suffisamment précise, de la composition de l'étage le plus récent de la série tertiaire dans le bassin du Sud-Ouest. »

Ainsi on peut distinguer, dans le sol des Landes, trois couches :

1° La couche supérieure, d'une épaisseur variable, mais ne dépassant guère 1 mètre, est formée de sable quartzeux ordinaire, blanc ou rougeâtre, dont les grains ont un diamètre de $0^{mm},4$ à $0^{mm},5$. Il est mélangé d'une poussière noire ou brune, en général très-ténue, formée de détritus organiques. Enfin, il renferme des matières végétales non décomposées et un peu d'argile jaunâtre; celle-ci est le plus souvent en proportions à peine appréciables.

2° La couche inférieure est le sable ordinaire des Landes, qui ne diffère de la couche supérieure que par l'absence de détritus organiques, et dont la profondeur est pour ainsi dire indéfinie.

3° La couche moyenne est l'*alios*, qui se trouve toujours à une faible distance de la surface (généralement à $0^{m},30$), dont il suit les ondulations. Sans vouloir entrer dans de longs détails sur cette formation, et en renvoyant pour cela aux travaux spéciaux, il est cependant nécessaire, pour l'intelligence des analyses qui vont suivre, de résumer les différentes opinions qu'on a émises sur la constitution et sur la formation de cette couche imperméable, qui exerce une influence si funeste sur les conditions économiques de la contrée.

Des travaux de MM. Fauré, Baudrimont et Delbos [1], Jacquot [2], il résulte que l'alios est un grès formé par l'agglutination, à l'aide d'un ciment organique et ferrugineux, des éléments dont le sol se compose, quelle que soit leur grosseur. Comme le sol est en général du sable fin, l'alios est un grès à grains fins ; mais si le sol est formé de galets, ceux-ci sont également cimentés et forment un alios à gros éléments. Quant au ciment, les proportions de matière organique et d'oxyde de fer sont variables, mais ces deux principes y existent toujours. « Tous les échantillons franchement ferrugineux sont bruns ou d'un brun jaunâtre. Ceux dans lesquels domine la matière organique affectent, au contraire, une teinte noir foncé très-caractéristique. Ces deux variétés bien distinctes d'alios sont souvent confondues dans le même gisement. L'agrégation de la roche et sa consistance sont toujours en rapport avec la quantité d'oxyde de fer qu'elle renferme, et les échantillons dans lesquels cette proportion est très-faible, s'égrènent avec la plus grande facilité sous la pression des doigts, et souvent même par une simple dessiccation [3]. »

M. Jacquot a trouvé des quantités d'hydroxyde de fer variant de 11,7 p. 100 à 0,8 p. 100. L'échantillon que nous avons analysé en renfermait 15 p. 100. Dans les analyses de M. Jacquot, la proportion de matière organique varie de 1 à 5 p. 100. M. Fauré a trouvé jusqu'à 10 p. 100. Notre échantillon en contenait 5 p. 100.

Quant à l'âge de l'alios, M. Jacquot pense que le phéno-

---

1. *Étude des différents sols du département de la Gironde*, par A. Baudrimont et J. Delbos. Bordeaux, imp. Gounouilhou, 1874.

2. Note précitée.

3. Note de M. Jacquot, p. 7.

mène qui a produit cette matière a eu lieu en même temps que le dépôt des sables. D'après lui, l'alios serait une roche tertiaire et ne se formerait plus de nos jours.

Mais on s'accorde généralement à considérer ces masses ferrugineuses comme étant le produit de réactions chimiques postérieures au dépôt du terrain. MM. Baudrimont et Delbos, M. Duponchel[1], M. Faye, croient que l'alios est de formation moderne et qu'il est dû à la végétation même, pour laquelle il est aujourd'hui un si puissant obstacle. Les raisons qui militent en faveur de cette opinion sont très-bien exposées par M. Faye dans ses *Remarques sur quelques particularités du sol des landes de Gascogne. C. R. LXXI, p. 245 et suiv.*

Le sol des Dunes ne diffère guère de celui des Landes que par l'absence d'alios. Il est formé uniquement de sable fin, mobile, qui y atteint une profondeur indéfinie. Avant les travaux de fixation des Dunes, ce sable, incessamment poussé par les vents d'ouest, envahissait les Landes et faisait reculer devant lui les cultures et les habitations.

Quant aux Landes, cette couche imperméable d'alios, en maintenant les eaux à la surface, transformait la contrée en marais insalubres. Maintenant, grâce aux travaux de l'administration des ponts et chaussées, continués et développés par l'administration des forêts; grâce à l'introduction du pin maritime; grâce aux canaux d'écoulement et aux ouvertures fréquentes pratiquées dans l'alios, la contrée s'est asséchée et assainie, et la végétation spontanée des Landes cède peu à peu devant les cultures régulières, surtout devant les plantations de pins. Cette région sera

---

1. *Avant-projet sur la création d'un sol fertile à la surface des landes de Gascogne* (In-8°, Montpellier, 1864).

bientôt couverte de forêts ; elle donne, dès à présent, des produits forestiers importants et attire à juste titre toute la sollicitude de l'administration.

Rien qu'à ce point de vue, elle méritait notre attention. En outre, il était intéressant de rechercher comment ce sol, en apparence infertile, pouvait suffire à la consommation minérale d'immenses forêts. Nous voulions aussi, comme nous l'avons dit au début, comparer la composition des cendres de pins maritimes crûs dans des sols absolument différents. Il était difficile de croire *à priori* que le taux pour cent des cendres serait le même pour le pin des Landes et pour celui de Champagne, et surtout que la proportion des éléments serait la même. Y aurait-il, par exemple, autant de chaux dans le pin des Landes, où elle existe à dose infinitésimale, que dans celui de Champagne, où elle surabonde?

C'est pour répondre à ces questions que nous avons analysé les trois couches du sol des Landes, en dosant quantitativement chaque élément. C'est, à notre connaissance, le premier travail chimique sur ce sujet, MM. Baudrimont et Delbos s'étant contentés de reconnaître la présence des éléments. Voici les résultats de ces analyses :

1º Sol des Landes. — Sables de Mont-de-Marsan.

ANALYSE MÉCANIQUE.

	Sable supérieur à l'alios.	Sable inférieur à l'alios.
Eau	0,165	0,210
Matières dissoutes par l'eau ammoniacale	3,035	0,890
Sable.	96,800	98,900
	100,000	100,000

COMPOSITION CHIMIQUE DU SOL DES LANDES.

Sesquioxyde de fer. . . .	0,160	0,200
Chaux	Traces.	Traces.
Acide sulfurique.	0,006	Traces.
Magnésie	0,064	0,294
Potasse.	Traces.	0,025
Acide phosphorique. . . .	0,060	0,012
Eau	0,325	0,390
Matières organiques . . .	0,525	0,285
Résidu insoluble.	99,000	99,000
	100,140	100,206
Azote	0,0063 %	0,0063 %

2° Sol des Landes. — Alios de Mont-de-Marsan.

Des deux échantillons analysés, l'un est de l'alios gré-seux ordinaire, c'est-à-dire formé de grains de sable ; l'autre, très-lourd, très-compacte, de couleur rouge, a tout à fait l'aspect d'un minerai de fer.

ANALYSE MÉCANIQUE.

	Alios gréseux.	Alios ferrugineux.
Eau	2,20	2,20
Matière organique	1,75	5,25
Sable.	96,00	92,70
Argile	0,45	Traces.
Calcaire	Néant.	Néant.
	100,40	100,15

ANALYSE CHIMIQUE DE L'ALIOS FERRUGINEUX.

Eau	2,20
Matière organique	5,25
Sesquioxyde de fer.	15,12
Chaux	Néant.
Magnésie.	0,93
Sesquioxyde de manganèse	0,16
Potasse.	Traces.
Acide phosphorique	0,59
Acide sulfurique.	0,15
Résidu insoluble.	76,26
	100,66

La matière organique de l'alios, comme celle des sables, contient de l'azote. Dans les sables dont la matière organique ne s'élève qu'à 0,3 p. 100 ou 0,5 p. 100, la proportion d'azote n'est que de 0,0063 p. 100. Dans l'alios gréseux, qui renferme 1,75 p. 100 de matière organique, l'azote s'élève à 0,0105 p. 100, et il est probablement encore plus abondant dans l'alios à 5,25 p. 100 de matière organique.

En raison du rôle important que joue la matière noire dans les sols[1], nous avons cherché à l'isoler dans l'alios gréseux en épuisant par l'eau ammoniacale une certaine quantité de sable. Après ce traitement, le sable était d'un beau blanc. Le liquide ammoniacal, évaporé à sec, a donné un résidu noir de même aspect que la matière noire des sols ordinaires, et dont le poids s'élevait à 1,74 p. 100 du sable employé.

Le taux de la matière organique étant de 1,75, on voit que tout est à l'état de matière noire, c'est-à-dire soluble

---

1. Voir *Recherches sur le rôle des matières organiques du sol dans les phénomènes de la nutrition des végétaux.*

dans les alcalis. En incinérant ce résidu charbonneux, on obtient 30,8 p. 100 de cendres presque entièrement formées d'alumine et de silice, avec un peu de potasse, de magnésie, de fer et d'acide phosphorique, mais sans traces de chaux. Nous en donnons plus loin une analyse quantitative sur un autre échantillon.

3° Sol des Landes. — Sables et alios recueillis dans la forêt domaniale de Lège.

	Sable supérieur.	Alios.	Sable inférieur.
Eau.	1,47	2,17	0,44
Matière organique. . .	5,85	3,00	0,28
Sesquioxyde de fer. . .	0,05	1,63	0,47
Carbonate de chaux . .	0,06	0,07	0,05
Acide sulfurique. . . .	0,03	Traces.	Traces.
Magnésie.	0,24	0,27	0,02
Potasse	0,01	0,04	0,03
Soude.	Traces.	0,15	Traces.
Acide phosphorique . .	0,02	0,05	0,04
Résidu insoluble . . .	92,30	92,85	98,95
	100,03	100,23	100,18

Nous avons également extrait la matière noire de l'alios ci-dessus. Son poids s'est élevé à 35,0 p. 100 du sable employé, et contenait 22,7 p. 100 de cendres. Le taux de la matière organique étant de 3 p. 100, on voit qu'ici aussi toute la matière organique est soluble dans l'ammoniaque.

Les cendres de cette matière noire ont été analysées, et elles ont donné les résultats suivants :

Silice.	18,9
Alumine.	69,4
Sesquioxyde de fer	4,8
Magnésie.	2,3
Acide phosphorique	4,1
Potasse	0,5
	100,0

Ce sont, comme on devait s'y attendre, les seuls éléments reconnus dans l'analyse quantitative précédente. Il n'y avait pas non plus traces de chaux.

Nous ferons remarquer, à ce sujet, qu'en humectant l'alios gréseux avec une solution d'un sel de chaux, et desséchant le mélange, on fixe la matière noire, qui cesse d'être immédiatement soluble dans l'ammoniaque, comme cela a lieu pour l'alios naturel. Il faut enlever la chaux par un acide étendu, comme nous l'avons indiqué à propos des terres de Russie, pour voir la matière se dissoudre de nouveau dans l'alcali.

Nous avons aussi analysé du sable rouge récolté sur une partie non fixée de la dune de l'Ane (forêt domaniale de Lège). Ce sable se trouve çà et là, par petites quantités, et le pin maritime y vient mal. Voici les résultats de l'analyse :

Eau.	0,233
Matière organique.	0,666
Sesquioxyde de fer	0,950
Carbonate de chaux	0,032
Acide sulfurique	Traces.
Acide phosphorique	0,032
Magnésie.	0,050
Potasse	0,024
Soude.	0,035
Résidu insoluble	98,300
	100,322

Les causes de la mauvaise végétation du pin maritime dans ce sable rouge ne dépendent probablement pas de la composition chimique du sol, car la teneur des éléments y est sensiblement la même que dans l'autre sable.

On voit, par les résultats précédents, que le sol des Landes, quelque infertile qu'il paraisse, possède cependant tous les éléments reconnus indispensables aux végétaux. Il ne les possède qu'à doses infinitésimales, il est vrai, surtout si l'on considère que le sol a été traité à chaud par l'acide nitrique concentré. Mais la dissémination extraordinaire de ces éléments, qui forment, pour ainsi dire, une couche infiniment mince autour de chaque molécule de sable, jointe à la grande mobilité du sol, qui permet aux plus petites racines de se développer à leur aise, supplée, en quelque sorte, à l'insuffisance des principes. Ceci est surtout vrai pour le calcaire, élément indispensable des sols fertiles, qui n'existe dans le sable qu'à l'état de traces et qu'on trouve néanmoins dans les cendres de pins en aussi grande quantité que si ces arbres avaient crû en Champagne.

On pouvait, du reste, prévoir que les sables des Landes renfermaient tous les principes reconnus essentiels aux plantes, par cela seul que la végétation s'y implantait ; mais il paraît surprenant, au premier abord, qu'un sol si pauvre en chaux et en potasse puisse nourrir des massifs de pins maritimes dont les cendres contiennent 35 à 40 p. 100 de chaux et 15 à 20 p. 100 de potasse.

Eu égard à cette pauvreté du sol, c'est une circonstance fort heureuse que les conditions climatologiques de la contrée conviennent si bien à cette essence. Les résineux, on le sait, sont, de tous les arbres, ceux qui se contentent le mieux des sols pauvres, ceux qui exigent le moins de principes nutritifs, et une essence plus exigeante aurait bien vite épuisé le sol ou même se refuserait à y croître.

Ces analyses montrent, en outre, que le sable supérieur, plus riche que l'inférieur en matière organique, est plus pauvre que lui en potasse et en acide phosphorique, probablement parce que ces deux principes, si importants, ont été rapidement assimilés par les arbres, grâce à leur combinaison avec la matière organique ; tandis que le sable inférieur, protégé contre l'envahissement des racines par la couche imperméable d'alios, possède une réserve inutilisée de potasse et d'acide phosphorique.

Au point de vue chimique comme au point de vue physique, il y aurait donc intérêt à supprimer autant que possible, par des forages nombreux, les mauvais effets de cette couche d'alios. L'arrachement du sous-sol, sa désagrégation par la calcination ou la simple exposition à l'air aurait encore un autre résultat heureux. Les analyses montrent que cette couche est la plus riche en acide phosphorique et en potasse qui, amenés à une forme assimilable pour les racines, contribueraient dans une large mesure à l'enrichissement du sol.

4° Sol des Dunes. — Sables recueillis près des Sablesd'Olonne, dans les dunes fixées de Longaville.

ANALYSE MÉCANIQUE.

	Sable de dune mobile.	Sable de dune fixée, pris à la surface.	Sable de dune fixée, pris à $1^{m},30$ de profondeur, au pivot de l'arbre analysé.
Eau.	0,170	0,350	0,210
Sable.	93,465	94,350	95,695
Argile.	Traces.	0,210	Traces.
Calcaire.	6,105	4,420	3,485
Matière combustible.	0,130	1,070	0,270
	99,870	100,400	99,660

ANALYSE CHIMIQUE.

Eau.	0,170	0,350	0,210
Matière combustible. . . .	0,130	1,070	0,270
Sesquioxyde de fer	0,427	0,495	0,355
Chaux.	3,425	2,457	1,915
Magnésie.	0,107	0,188	0,214
Potasse	0,010	0,020	0,020
Soude.	0,020	0,045	0,025
Acide sulfurique	0,025	Traces.	Traces.
Acide phosphorique	0,080	0,068	0,055
Résidu insoluble	92,750	93,450	95,500
Acide carbonique (calculé) .	2,680	1,950	1,570
	99,824	100,093	100,134

Ces sables sont beaucoup plus riches en calcaire que ceux des Landes. On verra plus loin que ce fait n'a qu'une très-faible influence sur la teneur en chaux des cendres des pins.

Le sable de la partie supérieure des Dunes est beaucoup plus riche en produits utilisables pour les végétaux que celui de la partie inférieure, fait déjà constaté par MM. Baudrimont et Delbos dans les sables des dunes d'Arcachon. C'est le sable de la dune mobile qui est le plus riche en chaux et en acide phosphorique; vient ensuite le sable superficiel de la dune fixée, puis le sable inférieur.

COMPOSITION CHIMIQUE DES PINS DES DUNES ET DES LANDES.

Nous avons eu ensuite à rechercher la composition des cendres des pins maritimes crûs sur les différents sols.

Nous avons incinéré des portions de tiges de 20 à 25 ans, gemmées, non écorcées, et prises à $0^m,50$ environ au-dessus du sol.

Voici les résultats obtenus :

Provenances des pins.	Terre noire des Landes à Lège. Forêt domaniale de Lège.	Dune du Pas-du-Bouc. Forêt domaniale de Forges.	Dunes de Longaville. (Sables-d'Olonne.)	Analyse de Baudrimont. Dunes d'Arcachon.
Eau	47,34	43,30	44,33 °/₀	—
Taux de cendres (rap. à la matière sèche). . .	0,42	0,62	0,57	—
Acide phosphorique. . .	7,73	13,00	4,75	8,08
Sesquioxyde de fer	3,23	5,64	1,70	3,31
Chaux.	36,76	38,79	43,94	47,40
Magnésie et manganèse .	16,50	7,21	8,65	12,07
Potasse.	19,20	14,89	18,78	18,50
Soude	2,25	3,13	7,58	5,71
Acide sulfurique	10,58	10,59	7,80	2,47
Silice.	3,75	6,75	6,80	2,46
	100,00	100,00	100,00	100,00

Les analyses des pins maritimes de Champagne nous ont donné, pour les trois principes les plus importants :

	Pin maritime bien venant.	Pin maritime mal venant.
Acide phosphorique	9,00	9,14
Chaux.	40,20	56,14
Potasse	16,04	4,95

Quelles sont les conclusions à tirer de la comparaison de tous ces chiffres?

1° Ce qui frappe le plus dans la comparaison de ces deux tableaux, c'est la constance remarquable des taux de chaux et de potasse pour tous les arbres en bon état de végétation, quel que soit le sol d'où ils proviennent.

La chaux ne varie que de 37 à 44 p. 100, la potasse que de 15 à 19 p. 100, tandis que dans les arbres mal venants la première s'élève à 56 p. 100 et la seconde tombe à 5 p. 100.

On peut donc rigoureusement en déduire que, pour le

pin maritime, ces deux principes sont les *dominantes*, c'est-à-dire ont une influence prépondérante sur sa végétation, ou, autrement, pour que l'arbre végète bien, il faut que le sol puisse lui fournir les taux normaux précédents de potasse et de chaux.

Si le sol est trop calcaire, la teneur de cet élément s'exagère dans les cendres ; celle de la potasse s'abaisse, et il en résulte que l'arbre végète mal et dépérit.

2° Les analyses précédentes corroborent pleinement les résultats consignés dans les conclusions de notre mémoire sur l'influence de la composition chimique du sol sur la végétation du pin maritime, et montrent en outre que les taux de chaux et de potasse d'abord trouvés, par nous, dans le pin maritime bien venant, sont constants pour tous les arbres de cette essence en bonne végétation.

3° Quant à l'acide phosphorique, ces analyses montrent, comme les premières, des écarts surprenants, puisqu'on voit le taux de ce principe varier de 5 à 13 p. 100 pour des arbres en bonne végétation venus sur des sols semblables, et que, d'autre part, le pin maritime mal venant de Champagne en contenait autant que le bien venant. Ces faits tendraient à assigner à l'acide phosphorique un rôle moins prépondérant dans la végétation du pin maritime que celui de la chaux ou de la potasse.

Malgré la grande importance de cet élément dans la plupart des cas, son influence sur la végétation du pin maritime semble relativement secondaire, soit que le minimum exigé par cette essence soit très-faible, soit que les sols analysés jusqu'ici par nous aient renfermé une proportion surabondante d'acide phosphorique, par rapport aux exigences du pin.

4° Le taux des autres éléments n'offre rien d'extraordinaire, sauf celui de l'acide sulfurique, qui est remarquablement élevé (8 à 10 p. 100), sans que nous en voyions actuellement la cause.

5° Enfin, le taux de cendres est considérablement moins élevé dans le pin des Landes que dans celui de Champagne. Tandis qu'en Champagne le pin maritime mal venant contient 1,535 p. 100 de cendres, le bien venant 1,32 p. 100, les pins des Landes ont un taux qui varie de 0,4 à 0,6 p. 100 et n'est que le tiers de celui des pins de Champagne. Nous avions déjà constaté, dans notre première étude, que la présence d'un excès de chaux dans le sol a pour conséquence une augmentation dans le taux des cendres du pin maritime.

Ainsi le pin maritime (comme toutes les essences résineuses, du reste) possède la précieuse faculté de pouvoir réduire son taux de cendres dans une très-grande proportion, suivant la quantité de principes assimilables qu'il rencontre dans le sol, et cela sans que sa végétation en souffre le moins du monde. C'est pour ce motif que les résineux ont été considérés à juste titre comme la providence des sols pauvres, et c'est pour cela aussi qu'il y a grand intérêt à propager la culture du pin maritime dans les Landes, en attendant l'époque, éloignée, il est vrai, où le sol, modifié heureusement dans ses propriétés physiques et chimiques par l'abondante couverture que produit cette essence, pourra fournir aux plantes agricoles une nourriture suffisante.

L. GRANDEAU, Ed. HENRY.

NOTICE

SUR LES EFFLORESCENCES DES TERRES NOIRES

DES HAUTES ET BASSES-ALPES ET DE LA DRÔME

Des calcaires marneux, des schistes peu consistants plus ou moins argileux occupent une grande partie du sol des départements des Hautes et Basses-Alpes et de la Drôme. Leur couleur varie du noir au gris et prend une teinte plus foncée quand ils sont humectés par les eaux pluviales. De là, la dénomination de terres noires qui leur est appliquée. Dans la haute Provence (environs de Digne, Castellane), on les désigne plus spécialement sous le nom de robines.

Les terres noires se couvrent souvent d'efflorescences à saveur amère ou légèrement salée, composées principalement de sulfate de magnésie[1]. Sur certains points elles sont, paraît-il, assez abondantes pour exercer une influence fâcheuse sur la végétation.

Comme c'est dans les terres noires que sont, en grande partie, assis les périmètres de reboisement, il devient dès lors intéressant de connaître avec précision la composition chimique de ces efflorescences. Dans ce but, M. Mathieu, sous-directeur de l'École forestière, a bien

---

1. Scipion Gras, *Statistique minéralogique des Basses-Alpes*, p. 39.

voulu nous charger d'en réunir un certain nombre d'é-chantillons, pour être analysés au laboratoire de l'École. Les résultats de ces analyses font l'objet d'un mémoire spécial. Dans les quelques lignes qui vont suivre, nous nous bornons à indiquer la position géologique des échantillons recueillis.

Nous ferons remarquer d'abord que nos recherches d'efflorescences n'ont été faites que dans la région occupée par les périmètres de reboisement, et qu'il s'en faut de beaucoup que, même dans ce champ restreint, nos ex-plorations aient été complètes; il est donc très-pro-bable qu'un certain nombre de gisements auront dû nous échapper; de plus, nous ne nous sommes pas occupé des couches antérieures au lias, avec les étages duquel nous ont paru seulement commencer les véritables terres noires à efflorescences.

Une grande partie des échantillons ont été recueillis, pour les Hautes-Alpes, par M. Cardot, garde général à Gap, et pour les Basses-Alpes, par MM. Fabre et Schlumberger, gardes généraux à Digne et Barcelonnette. Nous allons passer rapidement en revue les divers terrains de la région des périmètres à partir du lias, en indiquant les points sur lesquels nous avons reconnu les efflorescences.

Lias inférieur et moyen. — Ces deux étages paraissent être très-pauvres en efflorescences; nous n'en avons ob-servé, quelquefois, que sur la route des Dourbes, près de Digne, sur des schistes noir foncé, à gryphées arquées; elles y sont peu abondantes et souillées par des suinte-ments ferrugineux provenant de la décomposition des pyrites.

Lias supérieur. — Le lias supérieur, tel qu'il existe

dans la région qui nous occupe, paraît constitué seulement par la partie supérieure de l'étage; ses premières couches consistent en quelques bancs d'un calcaire marneux renfermant l'*Amm. bifrons;* au-dessus se superpose une longue série de schistes renfermant : *Belemnites exilis* (d'Orb.), *Ammonites radians* (Schloth), *Ammonites Aalensis* (Zieten), *Turbo subduplicatus* (d'Orb.), *T. Capitaneus* (d'Orb.), *Lucina murvielanea* (Dumortier). Ces schistes, d'un noir foncé, atteignent une puissance considérable qui dépasse 200 mètres aux environs de Digne; ils sont très-répandus dans les Hautes et Basses-Alpes. Dans la Drôme, on ne les a encore signalés qu'à Condorcet et à Propiac; probablement ils existent aussi au Buis [1].

Les schistes du lias sont un des types les mieux caractérisés des terres noires ou robines; d'une extrême friabilité, ils sont facilement entamés par les pluies d'orage quand ils ne sont pas protégés par la végétation; ils forment alors un sol coupé de ravins à parois abruptes et complétement stérile. On peut voir un exemple des ces terrains ruinés entre Digne et le Labouret, le long de la route n° 100, où les périmètres se succèdent à de courts intervalles.

Les schistes du lias supérieur sont riches en efflorescences; nous en avons réuni cinq échantillons provenant des localités suivantes :

1° De Propiac (Drôme), sur le chemin de Propiac à Mérindol ;

2° Du quartier de Bouinenc, près du pont de Bouinenc, commune de Marcou (Basses-Alpes) ;

---

1. On nous a remis de cette dernière localité un excellent exemplaire de *Lucina plana* (Zieten).

3° Du périmètre de Cérusquet (Basses-Alpes);

4° Du périmètre de Beaujeu (Basses-Alpes);

5° Du périmètre de Labouret (Basses-Alpes).

Comme nous l'avons dit plus haut, ces efflorescences ont leur gisement dans les couches du lias supérieur caractérisé par les fossiles cités plus haut.

Couches bajociennes et bathoniennes. — Ces couches, dont l'épaisseur est très-variable, n'ont encore été reconnues que dans les Hautes et Basses-Alpes; aux environs de Digne elles ont une puissance d'environ 300 mètres, que l'on peut partager, sous le rapport pétrographique, en trois zones d'épaisseur à peu près égale. Ce sont :

1° Des terres noires ayant tous les caractères de celles du lias supérieur, dont il est souvent bien difficile de les séparer (couches à *A. Murchisoni*);

2° Des calcaires durs (couches à *A. Sauzei*) et des calcaires plus ou moins durs avec bancs marneux interposés (couches à *A. Humphriesianus*);

3° Des calcaires marneux tendres et schistes bruns et gris foncé (couches à *Am. niortensis* et couches à *A. tripartitus*).

Cet ensemble présente donc deux séries de terres noires séparées par une zone de calcaire dur.

En se dirigeant vers le nord du département, les différences pétrographiques de ces trois zones sont singulièrement atténuées, et l'on ne trouve plus qu'une série uniforme de schistes et de calcaires marneux fendillés, qu'il est, en outre, fort difficile de séparer du lias et des marnes oxfordiennes entre lesquels elle est comprise.

Nous n'avons pas observé dans ces couches de véritables efflorescences, mais seulement des concrétions à saveur légèrement salée, évidemment formées à la surface du sol par voie d'évaporation des eaux qui les contenaient en dissolution.

Ces concrétions ont été observées sur des marnes schisteuses renfermant habituellement de grandes *Posidonomyes* et quelquefois l'*A. tripartitus,* ce qui fixe leur position à la base de l'étage bathonien.

Elles ont été recueillies :

1° Dans le périmètre des Salas, commune de Chaudon (Basses-Alpes);

2° Au quartier de Bas-Ouron, commune de Chaudon (Basses-Alpes);

3° Sur l'ancien chemin de Digne à Barrême, commune de Bedjun (Basses-Alpes).

Marnes oxfordiennes. — Les marnes oxfordiennes constituent le type de terre noire le plus répandu dans les Alpes ; ce sont des schistes noirs et bruns passant à des marnes schisteuses grises à leur partie supérieure ; leur épaisseur est énorme ; elles forment souvent à elles seules le fond des vallées et une notable partie des escarpements.

Si on excepte quelques localités privilégiées, les fossiles sont très-rares dans les marnes oxfordiennes et il est fort difficile de reconnaître les limites précises des différentes zones dans lesquelles elles ont été subdivisées.

Les efflorescences y sont très-abondantes dans les parties noires, mais elles paraissent bien plus rares dans les parties grises.

Nous en avons réuni onze échantillons dans les localités suivantes :

1° Des schistes noirs du périmètre de Poyols (Drôme) ;
2°   Id.   de Propiac (Drôme) ;

3° Des schistes noirs du périmètre de **Riou-Bourdoux** (Savines,
                                    Hautes-Alpes);

4°   Id.   de Réallon (Hautes-Alpes);

5°   Id.   de Vachères   (Id.);

6°   Id.   de Sainte-Marthe (Id.);

7°   Id.   de Seynes (Basses-Alpes);

8°   Id.   de Saint-Pons   (Id.);

9°   Id.   de Gaudissart   (Id.);

10°   Id.   de Faucon   (Id.);

11° Des marnes grises du périmètre de Miscon (Drôme).

L'échantillon n° 2 de Propiac a été recueilli dans des
schistes noirs, avec petits bancs de calcaires noirs noduleux,
ayant la plus grande ressemblance avec les couches à géodes
de Rémuzat, moins les géodes et les couches à *A. athleta*
des environs de Serres (Savournon). Nous n'y avons trouvé
d'autres fossiles que des fragments de *B. hastatus.* Néanmoins, à raison de leur position assez basse dans la série
et de leur analogie pétrographique avec les couches citées
plus haut, nous croyons pouvoir les rapporter au même
niveau que ces dernières, c'est-à-dire à la zone de l'*A.
athleta.*

Les n°ˢ 1 de Poyols, 7, 8, 9 et 10 des Basses-Alpes proviennent des schistes noirs, dans lesquels nous avons observé d'assez nombreux fragments appartenant aux espèces
suivantes :

      Belemnites hastatus (Blainv.).
      Ammonites Lamberti (d'Orb.).
           —   Mariæ (d'Orb.).
           —   lunula (Ziet.).
           —   Zignodianus (d'Orb.).
           —   Babeanus (d'Orb.).
           —   plicatilis (Fow.).
           —   tortisulcatus (d'Orb.).
           —   cordatus (Fow.).

Ammonites Arduennensis (d'Orb.).
Nucula Forchhammeri (Defrance).

Ce sont des fossiles de la zone de l'*A. Lamberti* avec mélange de deux espèces, les *A. cordatus* et *arduennensis* se trouvant plus habituellement dans la zone suivante, zone de l'*A. cordatus*. La position de ces schistes peut donc être fixée à la partie supérieure de l'oxfordien inférieur ou callovien, dans la zone *A. Lamberti*, à proximité de l'oxfordien supérieur.

L'échantillon n° 11 du périmètre de Miscon provient des marnes grises situées au-dessus des couches précédentes. Ces couches, comprises entre l'oxfordien inférieur et les calcaires marneux à *A. transversarius*, représentent évidemment les marnes oxfordiennes à *A. cordatus*.

Quant aux échantillons n°ˢ 3, 4, 5 et 6 des Hautes-Alpes, nous ne sommes pas en mesure de préciser leur position, les seuls fossiles que nous ayons eus à notre disposition, provenant de ces couches, sont des fragments d'ammonites du groupe de l'*A. plicatilis*, démontrant leur origine oxfordienne, mais insuffisante pour fixer la détermination de la zone. L'aspect de la roche se rapproche d'ailleurs beaucoup de celui des schistes à *A. Lamberti*, et il est probable qu'ils proviennent de cette zone qui nous a paru la plus riche en efflorescences de la série oxfordienne.

Couches calcaires intercalées entre les marnes oxfordiennes et les marnes néocomiennes. — Au-dessus des marnes oxfordiennes se superpose une suite de bancs calcaires généralement durs qui interrompent la série des terres noires. Ce sont :

1° Les calcaires marneux oxfordiens à *A. transversarius;*
2° Des calcaires compactes très durs, gris ou bruns,

souvent mouchetés de taches plus foncées (zone des *A. polyplocus, A. tenuilobatus*, classées suivant les différents auteurs dans l'oxfordien, le *corallien* et le *kimmeridgien*);

3° Des calcaires bréchiformes et des calcaires compactes et noduleux avec *Ter. janitor* (base du néocomien d'après plusieurs auteurs; étage tithonique des Allemands);

4° Les calcaires néocomiens inférieurs (couches de *Berrias* paraissant admises comme néocomiennes par la grande majorité des géologues).

Cet ensemble de couches calcaires forme, comme on le sait, la partie supérieure des escarpements dans les montagnes de la région qui nous occupe et se prolonge en arrière de ces escarpements en pentes plus ou moins inclinées qui supportent l'étage néocomien.

Ces bancs calcaires ne nous ont point présenté d'efflorescences, mais nous en avons trouvé de fort belles et très-abondantes dans les décombres provenant de la démolition du calcaire bréchiforme. Elles reposent sur une terre rougeâtre formée d'argile d'épuisement et de fragments de calcaires. L'échantillon que nous envoyons a été recueilli au lieu dit le Claps, près de Luc-en-Diois.

Marnes néocomiennes. — Les deux masses de marnes argileuses et calcaires marneux que l'on trouve dans l'étage néocomien (marnes à *B. elatus* et marnes à *B. dilatatus*) diffèrent sensiblement des schistes et marnes des étages précédents et ne nous paraissent pas pouvoir être classées parmi les terres noires; leur coloration, bien plus claire, varie du gris-bleu, rarement foncé, au gris clair et quelquefois au blanc jaunâtre; elles sont moins schisteuses et leur épaisseur bien moins considérable. Elles sont en outre, toujours entremêlées d'assises de calcaires marneux plus solides, et très-souvent ces assises de calcaires se développent à leurs dépens; leur emplacement dans la série néocomienne ne se reconnaît plus que par leurs fossiles, généralement, il est vrai, assez abondamment répandus. Elles sont d'ailleurs encastrées entre de puissantes masses calcaires relativement résistantes (les calcaires néocomiens inférieurs à la base, une série de bancs calcaires entre deux et les calcaires à criocères au sommet). Aussi, au lieu de s'étaler, comme les marnes liasiques et oxfordiennes, en larges pentes déchiquetées en de profonds ravins et constituant presque à elles seules de vastes bassins de réception, elles ne forment que des accidents peu importants dans l'ensemble des ruines du calcaire néocomien.

Les marnes néocomiennes sont très-pauvres en efflorescences; nous n'en avons reconnu quelques traces que sur deux points en dehors de notre région; dans le Val-Sainte-Marie (commune de Bouvante) et dans la vallée d'Échevis, sur des marnes d'un bleu foncé. Elles étaient trop peu abondantes pour être recueillies [1].

Marnes aptiennes. — Elles consistent en marnes argileuses schisteuses d'un bleu-noir foncé, quelquefois bleu clair, présentant de distance en distance des bases minces de calcaires marneux, et souvent une grande quantité de

---

1. Dans le département des Basses-Alpes le terrain néocomien nous a paru s'étendre bien plus au nord qu'on ne l'a indiqué sur la carte géologique de France et sur celle du département; nous l'avons reconnu notamment dans les chaînes de montagnes qui s'étendent de la Haute-Bléone à l'Ubaye, près de Saint-Vincent. Comme les parties supérieures de ces montagnes entre le Labouret et Saint-Vincent sont occupées presque sans discontinuité par des forêts communales et des périmètres de reboisement, ce fait peut présenter quelque intérêt au point de vue forestier et nous en ferons l'objet d'une note particulière.

rognons de sulfure de fer et de fossiles de même nature, se convertissant, au contact de l'air, soit en hydrate, soit en sulfate de fer. Ce dernier mode de décomposition est surtout fréquent dans les couches d'un noir foncé.

Avec les marnes aptiennes nous retrouvons les vraies terres noires avec leurs ravins nombreux et profonds. Les robines d'Hiéges, de Vergous et surtout du Col-de-Moriez sur lequel est établi un petit périmètre de reboisement, sont d'excellents types de ce terrain. Ce sont certainement les plus friables de toutes les terres noires et, fort heureusement, elles sont peu répandues dans la région des péri-mètres. En raison de leur très-faible cohésion, elles ont souvent en partie disparu, et n'existent plus qu'à l'état de buttes ou mamelons isolés (Barrême, vallée de Sainte-Jalle, plateau de Lesches, etc., etc.).

Les efflorescences sont très-communes dans les marnes aptiennes, mais d'une récolte difficile à cause de la fragi-lité des schistes sur lesquels elles sont placées. Nous en avons réuni trois échantillons des localités suivantes :

1° Du Serre-d'Ambuisse, commune de Roche-Saint-Secret (Drôme);

2° De la montagne de la Lance, commune de Roche-Saint-Secret et Teyssière (Drôme);

3° Du Col-de-Moriez, dans le périmètre de reboisement de Saint-André (Basses-Alpes).

Toutes ces efflorescences proviennent du même niveau :

Marnes aptiennes à *Belemnites semicanaliculatus, Ammonites Duvalianus, Martini,* etc.

Marnes cénomaniennes. — Au-dessus des marnes ap-tiennes viennent des marnes grises, d'abord seules, puis alternant avec des calcaires marneux renfermant en abondance les *Ammonites varians* et *Rothomagensis*. Ces marnes cénomaniennes paraissent assez pauvres en efflorescences; on en a pourtant recueilli un échantillon au Col-de-Vergous, dans les marnes, un peu au-dessus des calcaires marneux à *Ammonites varians*.

La longue série des calcaires faisant suite aux couches cénomaniennes, et représentant l'étage turonien et une partie de l'étage sénonien, ne renferme aucune efflorescence. Les efflorescences des marnes cénomaniennes sont les dernières que nous aient offertes les terrains secondaires.

Terrains tertiaires. — Les terrains tertiaires présentent plusieurs niveaux de marnes argileuses analogues, sous le rapport de la cohésion et de la coloration, aux terres noires des terrains secondaires. Ce sont, abstraction faite de quelques dépôts locaux ou n'ayant qu'une extension peu importante :

1° Dans l'éocène supérieur : les marnes nummulitiques, les schistes argileux du flisch;

2° Dans le miocène : les marnes bleues de la molasse;

3° A la limite du miocène et du pliocène : les marnes bleues à *Corbula gibba*.

Marnes nummulitiques. — Les marnes nummulitiques paraissent manquer dans les départements des Hautes-Alpes et de la Drôme. Dans les Basses-Alpes, elles n'occupent que des bassins assez restreints, dans les vallées de l'Asse, du Verdon et du Vard. Ce sont des marnes argileuses d'un bleu clair, dont la puissance est peu considérable et ne dépasse pas une soixantaine de mètres.

Nous avons reçu un échantillon d'efflorescences de Tartonne qui pourrait bien provenir de ces couches; mais comme dans cette localité les couches à nummulites reposent directement sur les marnes aptiennes et que les renseignements joints à l'envoi nous laissent quelques doutes sur la position de ces efflorescences, nous n'oserions affirmer leur provenance nummulitique, n'ayant pu visiter la localité.

Schistes argileux et grès du flisch. — Les grès du flisch, immense accumulation de grès tendre et de schistes argileux, occupent de vastes surfaces dans les départements des Hautes et Basses-Alpes et notamment dans la chaîne de montagnes qui sépare la vallée de l'Ubaye de celle de la Durance. Cette formation est une des plus importantes au point de vue de la formation des torrents.

« Les couches de ce terrain, bien qu'elles montrent
« souvent des contournements locaux très-compliqués et
« des plissements bizarres, sont cependant à peu près
« horizontales dans leur ensemble et ne paraissent pas
« avoir été plissées ou disloquées suivant des directions
« bien caractérisées. Aussi ces montagnes se présentent
« comme des massifs d'une structure orographique con-
« fuse, dont les vallées ne semblent être que de grands et
« profonds ravins d'érosion, rayonnant en tous sens des
« parties centrales les plus élevées. Ces vallées sont les
« bassins de réception d'énormes torrents caractéristiques
« de cette partie des Hautes-Alpes, qui ont été admirable-
« ment décrits par M. Surell; les torrents du Coullaud,
« près Saint-Clément, du Babions, à Châteauroux, les tor-
« rents de Crévouls, des Orres, de Boscodon, de Réalon, etc.,
« appartenant au type appelé par lui torrents de premier
« ordre, ont tous de vastes bassins de réception creusés
« par érosion au sein du terrain qui nous occupe[1]. »

---

1. LORY, *Description géologique du Dauphiné*, p. 465.

La puissance du flisch est énorme; Scipion Gras l'évalue à près d'un millier de mètres au fond de la vallée du Verdon, entre Colmars et Allos[1]; cette formidable épaisseur est peut-être exagérée. M. Goret, garde général à Barcelonnette, a relevé avec le plus grand soin plusieurs coupes dont il semblerait résulter qu'au moins, entre le Lauzet et Barcelonnette, le trias apparaîtrait à plusieurs niveaux dans le versant qui longe la rive droite de l'Ubaye. D'un autre côté, il nous paraît certain que dans la vallée de Verdon, précisément entre Colmars et Allos, on a compris dans ce terrain une forte épaisseur de couches appartenant à la craie et même au néocomien.

Ce terrain ne nous a pas présenté d'efflorescences.

Marnes de la molasse moyenne. — Ce sont des marnes argileuses, bleu clair et quelquefois bleu foncé, brunâtres ou grises. Elles sont comprises entre les calcaires souvent très-durs de la molasse inférieure (molasse à échinides) et les sables fins et peu consistants de la molasse supérieure. Leur épaisseur est médiocre; elle n'atteint qu'une cinquantaine de mètres.

Ces masses sont peu répandues dans la région des périmètres, dont elles ne font qu'effleurer les bords, dans les environs de Digne (périmètre de Gobert); un peu plus au sud, en aval du col par lequel on débouche dans la vallée de l'Asse, elles se transforment, sous l'influence de la fonte des neiges et des pluies du printemps, en des amas de boues mouvantes qui menacent chaque année la route et les parties inférieures.

---

1. SCIPION GRAS, *Statistique minéralogique du département des Basses-Alpes,* p. 114.

En dehors de la région des montagnes, dans les collines de Royans, elles donnent naissance aux profonds ravins que traverse la ligne de Grenoble entre Saint-Lattier et Saint-Hilaire-du-Rosier.

Les marnes de la molasse renferment quelques efflorescences. Nous en avons rencontré en grande abondance à Mérindol (Drôme) sur des amas boueux formés par ces masses délitées.

Marnes à Corbula gibba. — Marnes très-argileuses, bleu clair, très-fines et très-peu consistantes, renfermant en abondance une petite coquille, la *Corbula gibba* (Oliv.). Elles existent surtout aux environs de Nyons, le long de la rivière de Sauve et des torrents situés entre cette ville et Vinsobres. Elles atteignent à peine une quinzaine de mètres; elles sont fortement découpées par de nombreuses ravines présentant l'aspect de torrents en miniature.

Ces couches, déjà signalées depuis quelque temps dans le Comtat, viennent d'être retrouvées sur plusieurs points du bas Dauphiné par M. Fontannes[1], et paraissent former un horizon assez constant à la limite des étages miocène et pliocène.

Elles ne nous ont point paru renfermer d'efflorescences.

Boues des torrents. — Les boues épaisses charriées par les torrents ont, comme les schistes dont elles proviennent, la propriété de se couvrir d'efflorescences. Ces efflorescences sont abondantes surtout sur la croûte extérieure des boues, qui en est comme saupoudrée, ainsi qu'on peut le voir par le bel échantillon que nous a envoyé M. Schlum-

---

1. *Bulletin de la Société géologique de France,* t. V., p. 542.

berger; cet échantillon a été recueilli dans le périmètre de Faucon.

Les pierres appartenant à diverses formations que l'on trouve transformées en galets, au fond des ruisseaux à proximité des schistes à efflorescences, finissent par s'imbibér des eaux contenant ces efflorescences en dissolution. Quand les ruisseaux sont desséchés, les matières salines apparaissent à la surface de ces galets sous la forme d'une poussière très-fine ayant la saveur caractéristique des efflorescences des schistes voisins.

Nous avons constaté ce fait surtout dans les ruisseaux prenant naissance dans les marnes aptiennes de la montagne de la Lance.

En résumé, sur les vingt-six efflorescences recueillies :

5 proviennent des marnes du lias supérieur;

3 — des couches bathonniennes;

1 — des marnes oxfordiennes (couches à *Ammonites athleta*);

5 — des marnes oxfordiennes (couches à *Ammonites Lamberti*);

4 — des marnes oxfordiennes (subdivision douteuse, mais probablement couches à *Ammonites Lamberti*);

1 — des marnes oxfordiennes (couches à *Ammonites cordatus*);

1 — de la terre produite par la décomposition du calcaire bréchiforme;

3 — des marnes aptiennes;

1 — des marnes cénomaniennes;

1 — des marnes de la molasse;

1 — des boues des torrents.

GARNIER,
Inspecteur des forêts.

ANALYSES DES EFFLORESCENCES DES TERRES NOIRES

des Hautes et Basses-Alpes et de la Drôme.

Nous avons choisi, pour les soumettre à l'analyse, huit échantillons d'efflorescences. Les six premiers correspondent à chacun des terrains décrits par M. Garnier, le septième provient des boues des torrents de Faucon, le huitième enfin est un type d'efflorescences très-pures recueilli à Senez.

Toutes les efflorescences, à part celles de Senez, qui sont à peu près incolores, sont plus ou moins colorées en gris noirâtre par la terre qui s'y trouve mélangée.

Les efflorescences, débarrassées de la terre qui y est accidentellement mêlée, sont entièrement solubles dans l'eau et composées de sulfate de magnésie hydraté cristallisable ($Mg\,O.\,S\,O^5 + 7\,A\,q$) associé à de petites quantités de sulfate de chaux hydraté. Afin de constater la décomposition qui amène la formation de ces efflorescences, nous avons soumis à l'analyse : 1° la roche, en place ; 2° la terre provenant de sa désagrégation ; 3° l'efflorescence seule.

L'analyse des efflorescences des diverses sections nous ayant appris que leur composition est identique, sauf le taux d'impureté (terre) qu'elles renferment, nous nous contenterons de donner ici un ou deux spécimens de ces analyses comparées de la roche, du sol et de l'efflorescence correspondante.

TABLEAU I.

EFFLORESCENCES DU LIAS SUPÉRIEUR.

MARCOU (Basses-Alpes). Canton de Cérusquet.

Analyses de la roche massive, de la terre en provenant et des efflorescences.

COMPOSITION CHIMIQUE.	PARTIE SOLUBLE DANS L'ACIDE NITRIQUE CONCENTRÉ ET CHAUD.			PARTIE SOLUBLE DANS L'EAU.
	Roche massive.	Terre provenant de la roche.	Différence en faveur de la roche.	Efflorescences.
Eau	0.60	2.15 +	1.55)	58.50
Matière organique . .	3.10	4.85 +	1.75)	
Chaux	35.50	23.00 —	12.50	Traces.
Sesquioxyde de fer. .	1.35	2.40 +	1.05	—
Alumine	3.40	3.43 +	0.03	—
Acide sulfurique. . .	1.55	4.36 +	2.81	27.66
Magnésie	1.80	1.33 =	0.47	13.67
Potasse	0.01	0.29 +	0.28	Traces.
Soude	Traces.	Traces.	»	—
Acide phosphorique .	0.35	0.42 +	0.07	—
Acide carbonique . .	23.00	14.80 —	8.20	—
Résidu insoluble dans les acides	26.25	44.10 +	18.25	—
Chlore	»	0.17	»	—
	96.91	101.53		100.00

Dans l'analyse de la terre de Marcou, on n'a pas dosé séparément les matières solubles dans l'eau; sur un autre échantillon de terre pris au-dessus de la couche des efflorescences, nous avons analysé isolément les matières solubles dans l'eau et celles que l'acide nitrique peut dissoudre.

Voici le résultat comparatif de ces analyses rapproché de la composition de l'efflorescence pure provenant du même terrain :

Rocher du CLAPS, près Luc (Drôme).

Composition chimique de la terre provenant de la décomposition du calcaire.

1° PARTIE SOLUBLE DANS L'EAU :

Eau et matière organique.	15.021
Acide sulfurique	9.234
Chaux.	5.500
Magnésie.	1.441
Chlore.	0.510

2° PARTIE SOLUBLE DANS L'ACIDE NITRIQUE :

Sesquioxyde de fer et alumine. . .	1.500
Chaux.	23.200
Acide carbonique	18.500
Magnésie.	1.500
Acide sulfurique	2.504
Insoluble.	20.400
Total. . . .	99.310

L'efflorescence correspondante présente la composition suivante :

Eau et matière organique	56.48
Acide sulfurique.	29.00
Chaux	2.90
Magnésie	11.62
Chlore	Traces.
Total. . . .	100.00

La partie des efflorescences insoluble dans l'eau a été analysée; elle présente la composition centésimale suivante :

Sesquioxyde de fer.	8.69
Alumine .	12.90
Silice.	29.85
Chaux .	28.69
Magnésie .	3.13
Acide sulfurique.	1.99
Acide phosphorique.	
Acide carbonique.	14.72
Total.	99.97

En comparant la composition de la roche avec la terre produite par la désagrégation de cette dernière, on voit que la roche a perdu du carbonate de chaux (environ 33 p. 100) et de la magnésie. La terre s'est enrichie en silicate (insoluble), en acide sulfurique, en potasse et en acide phosphorique.

Un fait très-remarquable, c'est l'absence complète du sulfate de fer dans les efflorescences, où il nous a été impossible d'en déceler même des traces. Tout le soufre oxydé passe à l'état de sulfate de magnésie et de sulfate de chaux.

Le tableau II, présente l'ensemble des analyses d'efflorescences recueillies dans les divers terrains :

TABLEAU II.

Analyses des Efflorescences recueillies sur divers terrains dans les périmètres des Hautes et Basses-Alpes et de la Drôme.

TERRAINS. — LOCALITÉS.	LIAS supérieur. — Propiac (Drôme).	LIAS supérieur. — Marcou (Basses-Alpes)	BATHONIEN. — Chaudon (Basses-Alpes)	MARNES oxfordiennes. — Sainte-Marthe (Hautes-Alpes)	CALCAIRE bréchiforme. — Rocher du Claps, près Luc (Drôme).	MARNES aptiennes. — Roche Saint-Secret (Drôme).	BOUES des torrents. — Faucon (Hautes-Alpes)	EFFLO-RESCENCES très-pures recueillies à Scnez (Basses-Alpes).
Acide sulfurique	20.20	17.80	21.95	18.20	22.95	32.00	21.10	29.70
Magnésie	9.72	8.82	10.40	9.00	9.14	3.15	10.00	15.60
Chaux	1.40	Traces.	2.90	1.20	2.31	3.00	1.20	1.33
Chlore	0.17	0.10	0.26	Traces.	Traces.	0.18	Traces.	Traces.
Eau et matière organique	34.00	37.74	30.60	22.50	44.68	14.25	32.00	50.75
Résidu insoluble	34.50	36.27	34.20	49.76	21.66	29.65	35.85	3.33
Soude	—	—	—	—	—	18.25	—	—
Totaux	99.99	100.73	100.31	100.66	100.74	100.58	100.15	100.71

Si l'on défalque des nombres ci-dessus la terre qui souille les efflorescences, on constate comme nous le disions plus haut, que les efflorescences proprement dites sont constituées par du sulfate de magnésie uni à des quantités variables de sulfate de chaux.

Une seule de ces efflorescences, celle des marnes aptiennes, fait exception : elle renferme de très-faibles proportions de magnésie, un peu plus de chaux que les autres et une quantité considérable de sulfate de soude.

Chose remarquable, bien que les marnes aptiennes contiennent, d'après les observations de M. Garnier, de nombreux rognons de sulfure de fer, les efflorescences qui en proviennent sont, comme celles des autres terrains, entièrement exemptes de fer à l'état de sel soluble. L'acide sulfurique provenant de l'oxydation du sulfure de fer passe entièrement à l'état de sulfate triple de soude, de chaux et de magnésie, et l'oxyde de fer reste, à ce dernier état, mélangé aux autres éléments insolubles du sol.

Enfin nous ferons remarquer en terminant l'identité de composition des efflorescences provenant des schistes avec celles des terrains calcaires proprement dit de l'étage tertiaire.

L. Grandeau et Ed. Henry.

NOTE

SUR LES PÉPINIÈRES FORESTIÈRES

Pépinière de la Belle-Fontaine (forêt de Haye) ; pépinière des Barres ; pépinière de Rennes.

L'École forestière possède dans la forêt de Haye, à la Belle-Fontaine, une pépinière qui a été créée en 1863. J'ai été consulté, en 1873, par M. l'inspecteur Boppe, chargé de l'entretien de cette pépinière, sur la nature des engrais à introduire dans le sol, dont la fertilité semblait diminuer malgré l'emploi de terreau. Même question relative à l'épuisement du sol par l'exploitation des semis m'ayant été posée, pour le domaine des Barres, par M. l'inspecteur Gouët et, pour la pépinière de Rennes, par M. A. Georges, sous-inspecteur, je me suis livré à une étude comparative des sols et des plants de ces trois établissements ; les résultats de cet examen me paraissent de nature à intéresser le service forestier.

1. Pépinière de la forêt de Haye.

Quatre échantillons de sols ont été prélevés le même jour avec toutes les précautions désirables [1] ; ils ont été desséchés à l'air libre, puis on a déterminé le poids du titre de chacun d'eux. On a ensuite procédé à l'analyse élémentaire des sols, dont voici les provenances :

---

1. Voir *Traité d'analyse des matières agricoles*, p. 225 et suiv.

1. Sol naturel boisé, analogue à celui dans lequel la pépinière a été créée il y a dix ans. Pris sous un haut perchis sur souches âgé de 60 ans.

2. Sol de la pépinière dans lequel ont été arrachés les pins d'Autriche de cinq ans. Deuxième récolte sans engrais.

3. Sol de la pépinière dans lequel ont été arrachés les épicéas de quatre ans. Deuxième récolte sans engrais.

4. Sol dans lequel on a cultivé trois récoltes d'aulne. Ce terrain a été irrigué tous les ans; il a reçu, il y a trois ans, une fumure de un mètre cube de fumier de vache environ par are.

5. Terreau de feuilles, composé de 1 p. 100 bonne terre végétale, $^9/_{10}$ feuilles mortes, avec addition de 170 litres de purin et matières fécales par mètre cube. Deux ans de formation en silos; remanié deux fois par an. Ce terreau est le principal engrais employé à la pépinière.

Le tableau suivant présente les résultats analytiques (en centièmes) fournis par l'examen des quatre sols et du terreau :

	Kilogr.	Kilogr.	Kilogr.	Kilogr.	Kilogr.
Poids du litre de terre séchée à l'air . . .	1.157	1.106	1.229	1.020	0.952
	P. 100	P. 100	P. 100	P. 100	P. 100
Eau	10.12	8.85	9.55	10.83	11.25
Matière combustible .	18.33[1]	7.35	6.85	6.17	20.80[2]
Alumine et fer. . . .	12.90	10.26	12.59	11.90	6.70
Chaux	6.54	6.64	3.15	12.10	13.95
Magnésie	0.21	0.23	0.22	0.14	0.01
Soude	0.09	0.10	0.07	0.05	0.04
Potasse.	0.33	0.34	0.32	0.17	0.25
Acide phosphorique. .	0.28	0.20	0.28	0.15	0.20
Acide carbonique. . .	5.14	5.16	2.47	9.99	10.43
Silice et silicates. . .	46.10	60.80	65.05	49.35	36.50

1. Contenant 0.25 p. 100 d'azote.

2. Contenant 0.39 d'azote p. 100 de terre.

Il me paraît utile, avant de comparer la composition de ces quatre sols entre eux, d'indiquer les résultats fournis par l'analyse des récoltes qu'ils ont portées.

Le 17 décembre 1873, j'ai fait arracher sous mes yeux tous les plants d'épicéa (plantation âgée de 4 ans) existant sur une surface d'un mètre carré exactement mesuré. On a procédé de même à l'enlèvement de tous les plants de pin d'Autriche (plantation de 5 ans) sur une surface, également mesurée, d'un mètre carré. Les épicéas et les pins, soigneusement débarrassés de la terre adhérente à leurs racines, ont été comptés et pesés ; puis séchés, incinérés et analysés.

Épicéas. — Un mètre carré a fourni **474** plants pesant ensemble, à l'état frais, 4 kilogr. ; le poids moyen de chaque plant était donc de 8^{gr},440.

100 grammes de ces plants ont été desséchés lentement à 110°. Ils ont perdu à cette température 45^{gr},6 (eau et térébenthine). On a déterminé à part le taux pour cent des cendres des aiguilles, des tiges et des racines ; on a obtenu les nombres suivants :

	Taux pour cent des cendres.
Aiguilles	7.90
Tiges.	2.50
Racines.	3.96
Plant complet	6.20

Pins. — Un mètre carré a fourni **610** plants, pesant ensemble 5^{k},300 à l'état frais ; le poids moyen de chacun était donc égal à 8^{gr},690. Desséchés à 110°, cent grammes de pins ont perdu 6^{gr},29 (eau et térébenthine). Les taux respectifs des cendres ont été les suivants :

	Taux des cendres pour 100.
Aiguilles.	2.40
Tiges	1.74
Racines :	3.58
Plant complet	5.35

Ces nombres confirment ce que l'on sait déjà sur les faibles exigences, en matières minérales, du pin comparé aux autres résineux.

Les cendres pures (débarrassées de sable et d'acide carbonique) des plants d'épicéa et de pin ont été soumises à l'analyse ; elle a donné les résultats suivants :

	Épicéa.	Pin d'Autriche.
Silice	26.66	25.53
Acide phosphorique [1]. . .	6.08	9.77
Acide phosphorique [2]. . .	5.46	3.27
Acide sulfurique	Traces.	2.17
Chaux	37.74	31.54
Magnésie	Traces.	Traces.
Oxyde de fer	6.90	10.80
Potasse	10.78	15.77
Soude	6.44	1.11
	100.08	99.90

La composition des cendres des épicéas et des pins qui ont crû dans le même sol ne présente de différence notable qu'en ce qui concerne les taux de la chaux et de la potasse. Les épicéas, qui ont assimilé près de 8 p. 100 de chaux en plus que les pins, ont fixé 23 p. 100 de moins de potasse que ceux-ci, fait conforme à ce que nous avons établi précédemment [3]. En ce qui regarde l'épuisement des sols, on voit qu'il a porté principalement sur l'acide phosphorique

---

1. Combiné à la chaux et au fer.

2. Combiné aux alcalis.

3. Voir les Mémoires sur le pin maritime et sur le châtaignier.

et sur la chaux, fait qui s'explique par le poids plus considérable de la récolte fournie par les parcelles ensemencées
en pins d'Autriche et par l'âge des plants (5 ans au lieu
de 4). La différence la plus notable qu'on observe entre
le sol primitif (nº 1) et les sols de la plantation de pins et
d'épicéas réside dans la disparition, chez ces deux derniers,
des deux tiers environ de la matière organique. Cette destruction est due à deux causes principales : premièrement,
le sol nº 1 a continué depuis 10 ans à recevoir les détritus
des arbres qui le couvrent, feuilles, brindilles, fruits, etc.,
tandis que le sol de la pépinière étant défriché et découvert n'a reçu aucun apport extérieur de matières organiques ; en second lieu, la combustion des substances organiques (humus), très-lente comme nous l'avons vu, dans les
sols couverts, s'effectue, au contraire, assez rapidement au
contact de l'air, de l'insolation, de la sécheresse, etc.

L'introduction, à titre d'amendement, du terreau de
feuilles (nº 5) est donc une opération très-judicieuse,
puisqu'elle a pour effet de rapporter dans le sol une petite
quantité de potasse et d'acide phosphorique et une proportion assez notable (21 p. 100) de substances organiques.

Étant donnée la richesse du sol de la Belle-Fontaine en
acide phosphorique et en potasse, ce sont les fumures
organiques, fumier, poudrette, tourbes, qui sont appelées à
fournir les meilleurs résultats, en faisant passer à l'état
assimilable par les jeunes plants les phosphates et autres
sels minéraux du sol.

Le sol nº 4, qui a porté trois récoltes successives d'aulne,
qui a été fumé et irrigué, est beaucoup plus appauvri en
potasse et en acide phosphorique que les sols des pins,
et des épicéas. Les exigences des bois feuillus et notam-

ment des essences qui, comme l'aulne, aiment les terrains humides et sont douées d'un pouvoir évaporateur considérable, rendent compte de ce fait. La restitution de principes minéraux (acide phosphorique, potasse, etc.) deviendra beaucoup plus vite nécessaire pour cette partie de la pépinière que pour celle qu'on consacre à l'élevage des résineux.

2. Pépinière du domaine des Barres.

Le sol des Barres est siliceux, sec, peu profond et très-pauvre, comme le montre l'analyse suivante. Lors de ma visite à l'école des Barres, j'ai prélevé un échantillon de terre dans les parcelles consacrées aux semis de pins sylvestres et de pins d'Autriche, ainsi qu'un certain nombre de jeunes plants de ces deux essences.

Voici la composition de ce sol séché à l'air :

Eau.	1.360
Matières combustibles	1.950
Alumine et fer	1.730
Chaux.	0.096
Magnésie	0.088
Soude.	0.065
Potasse	0.029
Acide phosphorique	0.051
Silice et silicates	94.810
	100.239

Pin sylvestre. — 60 plants de pin sylvestre âgés de 2 ans pesaient verts 13^{gr},400; après dessiccation à 110 degrés, ils avaient perdu 2^{gr},200, soit 16.4 p. 100 seulement de leur poids (eau et térébenthine).

100 grammes ont donné par incinération à basse tem-

pérature 8^{gr},36 de cendres présentant la composition centésimale suivante :

Silice	44.70
Acide phosphorique	10.89
Oxyde de fer	4.30
Chaux	17.76
Magnésie	8.60
Potasse	8.89
Soude	0.86
Acide sulfurique	4.01
	100.01

Pins d'Autriche. — 60 plants pesaient ensemble 20^{gr},500 ; ils ont perdu par la dessiccation 7^{gr},35, soit 36 p. 100 de leur poids. 100 grammes ont donné, après incinération, 3^{gr},85 de cendres composées, en centièmes, comme il suit :

Silice	57.16
Acide phosphorique	10.74
Oxyde de fer	3.86
Chaux	13.68
Magnésie	9.74
Potasse	2.25
Soude	0.69
Acide sulfurique	1.87

Ces deux analyses révèlent plusieurs faits intéressants pour la physiologie végétale et pour la sylviculture. Dans le sol sec et siliceux des Barres, le taux pour cent de subs-tance sèche des plants est très-supérieur à celui des plants de l'essence correspondante de la forêt de Haye. La pau-vreté extrême du sol se traduit dans la composition des cendres d'une façon remarquable. La silice est l'élément dominant : tandis que les résineux de la Belle-Fontaine ne renferment que 25 à 26 p. 100 de ce principe, ceux des Barres en ont assimilé 45 et 57 p. 100 du poids de leurs cendres. Le taux de l'acide phosphorique, fait tant de fois constaté déjà par nos recherches antérieures, ne subit pas de variations notables malgré l'excessive rareté de ce principe dans le sol; le taux de la potasse, au contraire, est extrêmement faible et peut faire craindre que ces plants, bien que vigoureux en apparence et abondamment pourvus de chevelu, végètent longtemps dans le sol où on les transplantera avant de prendre le dessus; enfin la chaux faisant presque complétement défaut dans le sol des Barres, les jeunes plants, contrairement à ce que nous avons constaté pour le semis de Belle-Fontaine, ont assimilé une quantité considérable de magnésie au lieu et place de la chaux que renferment les mêmes essences nées dans un sol calcaire.

Le chaulage, l'addition de phosphate, de sels de potasse et d'engrais organiques, en un mot une fumure complète me paraît nécessaire pour faire du sol des Barres une pépinière fertile, les exigences des essences les plus sobres (résineux) trouvant à grand'peine à se satisfaire dans ce terrain.

3. Pépinière de Rennes.

Le sol de cette pépinière est, comme celui des Barres, très-siliceux. Son analyse a donné les résultats suivants :

Eau	7.50
Matières combustibles.	2.55
Alumine et fer	2.22
Chaux	0.15
Magnésie	0.28
Potasse.	0.04
Soude	Traces.
Acide sulfurique.	0.32
Silice et silicates.	87.10
	100.24

Les pins sylvestres âgés de 5 ans ont été débarrassés de la terre adhérente, puis desséchés à 110 degrés. Ils ont perdu 57.94 p. 100 de leur poids. Incinérés avec précaution, ils ont laissé une quantité de cendres extrêmement faible, 0.426 p. 100.

L'analyse de ces cendres leur assigne la composition suivante :

Silice	46.79
Acide phosphorique	9.75
Oxyde de fer	8.99
Chaux	11.85
Magnésie	9.15
Potasse	9.61
Soude	0.91
Acide sulfurique	3.05

La composition élémentaire des cendres des pins de Rennes présente beaucoup d'analogie avec celle des cendres de la même essence récoltée au domaine des Barres; la différence, très-notable, dans le taux des cendres peut s'expliquer surtout par la différence d'âge des plants.

Le sol de la pépinière de Rennes, comme celui des Barres, a besoin d'une forte fumure en engrais organique, en potasse, en chaux et en acide phosphorique.

Conclusion. — Du rapprochement des nombres fournis par l'analyse du sol de ces trois pépinières et des cendres des plants qu'elles fournissent, résulte une démonstration évidente de l'influence de la composition chimique du sol sur celle de la récolte. Ces analyses montrent en outre la nécessité de fumer convenablement les pépinières; en effet, les terrains consacrés pendant de longues années à des semis de feuillus ou de résineux qu'on exporte tous les 2 ou 3 ans, s'épuisent comme les sols livrés à la culture agricole; les jeunes plants d'arbres nécessitent des quantités de matières minérales bien supérieures annuellement à celles que les arbres eux-mêmes réclament plus tard.

Les agents chargés du service des pépinières doivent donc porter toute leur attention sur l'entretien et la fumure des semis. Ils peuvent recourir au fumier de ferme, à la poudrette, aux phosphates, etc., mais je leur conseille de préférence la préparation de compost avec des feuilles mortes disposées par lits alternatifs de feuilles et d'un mélange de phosphate tribasique de chaux et de sels de potasse, chlorure de potassium de Stassfurt, par exemple.

En arrosant de temps à autre les composts, on facilitera, comme dans la préparation du fumier de M. Perret[1], la production de matière noire très-riche en substances minérales. On pourrait, avec avantage, ajouter au compost avant de l'employer un peu de nitrate de soude ou du sulfate d'ammoniaque.

---

1. Voir plus haut, page 288.

RECHERCHES CHIMIQUES SUR LE GUI

1. — Composition des cendres.

Le gui, plante parasite si répandue sur certains arbres, est employé, dans plusieurs régions de la France, et notamment dans les Vosges et dans la Touraine, pour l'alimentation. Partout il est considéré comme nuisible aux arbres sur lesquels il s'implante, apporté, soit par les vents, soit plus fréquemment par les oiseaux, dont quelques-uns sont très-friands de la substance gluante renfermée dans ses graines.

Le gui n'a jusqu'ici été l'objet, au point de vue chimique, d'aucun examen complet. Son mode de nutrition, ses exigences en principes minéraux, sa constitution immédiate, n'ont pas été étudiés. A part deux analyses de cendres du gui du pommier et une analyse du gui du pin [1], on ne trouve, dans les auteurs, aucun renseignement sur l'histoire chimique de cette plante.

J'ai entrepris une étude chimique complète des cendres de ce parasite [2] sur six essences très-différentes : deux résineux, pin sylvestre et sapin; quatre feuillus : peuplier, robinier, saule et chêne, appartenant à des familles éloignées les unes des autres par leurs caractères botaniques.

---

1. Frésénius et Will, Reinach et C. Erdmann.

2. Ce travail a été commencé en collaboration avec M. A. Bouton; j'ai dû, au départ de M. Bouton du laboratoire de la Station, le continuer et le terminer seul.

Tous les échantillons ont été recueillis adhérents à la branche de l'arbre où ils s'étaient implantés ; les feuilles

du gui, ses branches et le bois de l'essence correspondante ont été analysés séparément.

TABLEAU I. — COMPOSITION CENTÉSIMALE DES CENDRES DES GUIS ET DES BOIS.

GUIS.

	I.	II.	III.		IV.		V.		VI.	
	Branches et feuilles.	Branches et feuilles.	Branches.	Feuilles.	Branches.	Feuilles.	Branches.	Feuilles.	Branches.	Feuilles.
Acide phosphorique	26.290	12.025	17.750	11.440	13.808	16.666	13.109	12.187	6.320	7.890
— sulfurique	2.088	2.741	7.170	4.700	5.032	13.768	3.354	4.687	3.920	8.890
— silicique	4.791	6.415	2.800	8.790	4.129	2.536	1.220	2.501	3.920	5.720
Chaux	32.556	49.392	29.590	26.390	43.742	30.798	27.134	28.750	45.180	17.110
Magnésie	9.214	6.723	7.790	14.070	9.677	9.058	12.195	7.187	26.500	17.110
Oxyde de manganèse						10.145	10.671	0.312		
Oxyde de fer	5.406	2.198	4.050	2.050	0.387	3.261	1.525	3.125	1.510	2.680
Potasse	16.093	15.904	28.970	30.210	20.645	2.174	30.792	32.502	12.650	37.920
Soude	2.088	2.585	1.880	2.350	0.387	8.333	Traces.	6.562	Traces.	2.680
Chlore	1.474	2.017	Traces.	Traces.	2.193	3.261	Traces.	2.187	Traces.	Traces.
	100.000	100.000	100.000	100.000	100.000	100.000	100.000	100.000	100.000	100.000
Acide carbonique p. 100	16.636	20.167	13.76	12.86	20.46	8.23	18.99	15.302	11.05	15.20
Cendres pures p. 100	3.461	2.132	4.00	5.23	5.50	4.645	3.139	6.48	3.24	7.17

BOIS.

	I.	II.	III.	IV.	V.	VI.
	Peuplier.	Robinier.	Sapin.	Pin sylvestre.	Saule.	Chêne.
Acide phosphorique	4.709	3.454	3.024	6.320	7.887	6.196
— sulfurique	1.490	0.785	12.080	3.920	2.798	3.811
— silicique	5.813	11.773	2.148	3.920	2.039	2.702
Chaux	66.467	75.038	63.087	45.180	67.429	65.416
Magnésie	8.197	2.512	11.544	26.500	7.124	5.851
Oxyde de manganèse						
Oxyde de fer	2.385	1.883	0.403	1.510	1.017	0.720
Potasse	6.557	2.354	3.356	12.650	8.396	12.423
Soude	2.683	0.475	2.416	Traces.	2.038	2.881
Chlore	1.639	1.726	1.342	Traces.	1.272	Traces.
	100.000	100.000	100.000	100.000	100.000	100.000
Acide carbonique p. 100	27.470	31.765	25.878	25.33	26.20	31.55
Cendres pures p. 100	3.037	2.063	1.609	0.731	5.04	1.969

Les guis des feuillus ont tous été récoltés en Lorraine ; les guis de pin sylvestre et de sapin m'ont été envoyés des environs de Digne, par M. Schlumberger, garde général des forêts.

Je réunis dans le tableau I les données numériques fournies par ces analyses, afin d'en rendre la comparaison plus facile. Les chiffres romains correspondent aux provenances suivantes :

I. Gui de peuplier. — II. Gui de robinier. — III. Gui de sapin. — IV. Gui de pin sylvestre. — V. Gui de saule. — VI. Gui de chêne. Les bois correspondants portent les mêmes numéros.

La comparaison et la discussion des chiffres de ce tableau conduisent à un certain nombre de conclusions intéressant la physiologie végétale et la sylviculture.

1° Ce qui frappe tout d'abord, c'est l'absence de relations étroites, comme on aurait pu en attendre, entre la composition chimique des cendres du gui et de celles du bois correspondant. Le gui semble vivre sur l'arbre comme une plante dans le sol; il puise, en proportion variable, dans les parties jeunes et gorgées de sucs nutritifs où s'implantent ses racines, les matériaux incombustibles nécessaires à son organisation spéciale.

2° La composition des branches et celle des feuilles de gui présentent entre elles des différences très-notables, bien que les tiges de gui se rapprochent beaucoup plus, par leur richesse en potasse et en acide phosphorique, des feuilles que des tiges de l'arbre sur lequel il croît.

3° La composition minérale varie d'un gui à l'autre avec les essences sur lesquelles on le récolte, du simple au double dans certains cas.

4° Les guis renferment beaucoup plus de potasse et d'acide phosphorique que les arbres dont ils proviennent; ils sont au contraire moins riches en chaux et généralement plus riches en magnésie que ces derniers.

5° Le fait saillant qui résume les analyses ci-dessus est que le gui récolté sur différentes essences ne présente pas, au point de vue des matières minérales qu'il concentre, une composition identique, soit qu'on le compare à lui-même, soit qu'on rapproche la composition de ses cendres de celle du végétal qui le nourrit.

Le gui, en définitive, est très-nuisible à l'arbre qu'il envahit de ses touffes, car il lui enlève des quantités énormes d'acide phosphorique, de potasse et d'azote, comme le montrent les analyses immédiates dont nous allons parler.

2. Composition immédiate des guis.

Comme il était naturel de le prévoir, la constitution immédiate du gui, sa richesse en principes azotés, en amidon, en cellulose, etc., et, partant, sa valeur nutritive pour le bétail varie également avec l'essence sur laquelle on le récolte.

Le gui absorbant, en quantité très-variable, les diverses substances minérales indispensables à l'élaboration des tissus végétaux, fabrique ses principes immédiats en proportions très-variables aussi, comme on va le voir. Les tiges, les feuilles et les fruits ont été séparés avec soin sur chaque touffe de gui ; les quantités respectives de chacun de ces organes sont peu différentes pour chaque espèce, mais variables avec l'époque de la récolte ; je les passerai ici sous silence afin de ne pas trop multiplier les détails numériques.

Le tableau qui va suivre fait connaître pour les tiges, les feuilles et les fruits de gui :

1° La teneur en eau et en substances sèches [desséchées à 110 degrés] (par différence) ;

2° Le taux centésimal de la substance sèche en cendres, en matières azotées, en principes solubles dans l'éther ou le sulfure de carbone, en principes extractifs non azotés (amidon, sucre, dextrine, etc.), enfin en cellulose brute;

3° Le rapport exprimant la valeur nutritive du gui.

TABLEAU II. — ANALYSES IMMÉDIATES DES GUIS.

		Matières azotées	Cellulose brute.	Glu et chlorophylle.	Matières non azotées.	Cendres.	Rapport.
Gui de saule.....	Branches .	12.23	24.90	7.60	48.33	6.94	$\frac{1}{4.16}$
	Feuilles. .	16.45	19.30	5.90	48.19	10.16	$\frac{1}{3.29}$
	Fruits. . .	12.37				6.22	
Gui de chêne. . . .	Branches .	20.40	22.80	5.68	46.47	4.65	$\frac{1}{2.56}$
	Feuilles. .	25.66	20.60	6.00	39.94	7.80	$\frac{1}{1.79}$
	Fruits. . .	10.40				5.80	
Gui de cornouiller sanguin.	Branches ..	7.25	30.05	5.06	51.64	6.00	$\frac{1}{7.82}$
	Feuilles. .	15.13	20.20	5.84	50.35	8.48	$\frac{1}{3.71}$
	Fruits. . .	5.92				4.78	
Gui de poirier . . .	Branches .	9.86	27.55	5.49	52.08	5.02	$\frac{1}{5.84}$
	Feuilles. .	13.02	21.35	6.13	53.20	6.30	$\frac{1}{4.56}$
	Fruits. . .	6.71				5.34	
Gui de peuplier. . .	Branches .	15.37	26.50	8.70	43.68	5.75	$\frac{1}{3.41}$
	Feuilles. .	19.12	18.10	6.56	48.15	8.07	$\frac{1}{2.86}$
Gui de pin sylvestre.	Branches .	7.41	23.50	11.76	53.73	3.60	$\frac{1}{8.84}$
	Feuilles. .	9.12	14.75	10.74	56.85	8.54	$\frac{1}{7.41}$

L'hydrocarbure spécial qui forme la majeure partie du contenu du fruit du gui, connu sous le nom de glu, n'est pas concentré exclusivement dans la graine ; les feuilles et la tige elle-même en renferment une quantité presque égale à celle des fruits. La matière soluble dans le sulfure de carbone, extraite des tiges et des feuilles, possède tous les caractères physiques de la glu provenant des fruits.

Les divers dosages des principes immédiats ont été effectués par les méthodes employées au laboratoire de la Station agronomique de l'Est pour l'analyse des fourrages[1].

De la comparaison de ces analyses découlent, entre autres, les faits suivants :

1° La composition immédiate de la tige du gui, quelle qu'en soit la provenance, se rapproche beaucoup de celle des feuilles, contrairement à ce qui a lieu chez les végétaux ligneux ordinaires ; elle diffère, par conséquent, extrêmement de la composition immédiate du bois qui porte le gui.

2° Les mêmes organes des guis des diverses essences présentent, sous le rapport de leur teneur en matières azotées, et partant de leur valeur nutritive, des écarts énormes. Le taux des substances azotées varie, pour les tiges, de 7.25 à 20.40 p. 100 de substance sèche, pour les feuilles, de 13.02 à 25.66 p. 100, et pour les fruits de 6 à 10 p. 100.

3° Les fruits sont, relativement à toutes les graines analysées jusqu'ici, très-pauvres en substance azotée : les principes hydrocarbonés, notamment la glu et la matière analogue à la graisse, y prédominent d'une façon remar-

---

1. Voir *Traité d'analyse des matières agricoles*. In-12. Librairie agricole.

quable. Y a-t-il entre cette richesse en substance capable de produire beaucoup de chaleur par sa combustion lors de la germination, et le mode de germination de ces graines une relation à établir? Cela paraîtrait naturel; il se pourrait que la grande abondance d'hydrogène et de carbone dans cette graine fût destinée à fournir à l'embryon la chaleur nécessaire à son développement, la couverture protectrice du sol manquant toujours à la graine de gui, qui germe à la surface même de l'écorce de l'arbre. Quelle que soit la valeur de l'hypothèse que je hasarde là, il est intéressant de noter l'extrême pauvreté de la graine de gui en matière azotée.

4° Le taux des matières extractives non azotées (amidon, sucre, etc.) varie inversement à celui de la matière azotée, de 39.94 à 53.20 dans les feuilles et de 46.57 à 52.08 seulement pour les tiges.

5° La teneur en glu et en résine semble au contraire beaucoup plus fixe dans les tiges et dans les feuilles que celle des autres principes immédiats.

6° Il en est à peu près de même du taux des cendres, qui ne paraît pas indiquer de rapport direct ou inverse avec la richesse nutritive du gui.

7° La composition immédiate des feuilles et des tiges de gui justifie très-bien l'usage qu'on en fait dans certaines régions pour l'alimentation du bétail. Par sa valeur nutritive, exprimée par le rapport du taux des matières azotées à celui des substances grasses et féculentes prises ensemble, le gui du chêne prend rang, parmi les aliments végétaux, à côté de l'herbe de prairie de bonne qualité[1] ou

---

1. Voir *Instruction sur le calcul des rations alimentaires* (tableau V).

du trèfle rouge ; les feuilles du gui du cornouiller et du poirier ont une valeur égale à celle du bon foin et du regain ; leurs branches peuvent être comparées aux pailles des légumineuses et aux balles des céréales.

Au cours de ces recherches, a paru dans le *Bulletin de la Société des agriculteurs de France*[1] une note de M. Leclerc, sur la valeur nutritive du gui de pommier.

L'habile directeur du laboratoire de Mettray a déterminé la composition immédiate des feuilles et des fruits ; chose remarquable, les organes du gui du poirier récolté aux environs de Tours présentent très-sensiblement la même valeur que les parties correspondantes du parasite du pommier récolté en Lorraine. La famille de l'arbre sur lequel s'implante le gui exercerait-elle une influence dominante sur la composition du parasite ? C'est ce que j'étudie en ce moment. En effet, les valeurs nutritives des feuilles et des fruits du gui de poirier sont respectivement représentées par les rapports $\frac{1}{4,56}$ et $\frac{1}{13,01}$; celle du gui de pommier (A. Leclerc), par les rapports presque identiques $\frac{1}{4,18}$ et $\frac{1}{13,1}$, tandis que, comme le montre le tableau précédent, la valeur nutritive des parasites du chêne, du saule, du cornouiller, est très-notablement différente de celle-là.

A. Leclerc a, de plus, étudié la composition des cendres du bois de la branche de pommier prise en dessous du point d'insertion du gui, et celle des cendres provenant de la partie même de l'arbre sur laquelle le gui était inséré. Voici les résultats obtenus :

---

1. *Bulletin de la Société des agriculteurs de France*, 1er mars 1877.

	Insertion du gui.	Au-dessus de l'insertion.
Acide phosphorique . . .	12.82	4.87
Potasse	15.23	11.71
Soude	2.51	1.64
Chaux	35.64	40.62

L'auteur confirme la conclusion à laquelle je suis arrivé, à savoir que le gui est plus riche que l'arbre qui le porte, en potasse et en acide phosphorique.

Le résultat général qui découle de ces recherches est la démonstration scientifique de ce double fait : le gui est très-nuisible à l'arbre qu'il envahit par ses touffes, car il lui enlève des proportions énormes d'acide phosphorique, de potasse et d'azote; d'autre part, ce parasite constitue un aliment riche pour le bétail, et son enlèvement peut être à la fois profitable à l'arbre dont on le débarrasse et au cultivateur, qui y rencontre un fourrage très-recherché dans les localités où le gui est abondant.

Reste une dernière question à élucider et dont je m'occupe en ce moment : Quelles analogies ou quelles différences présentent dans leur composition chimique les parties de l'arbre situées recpectivement immédiatement au-dessus et au-dessous de l'insertion du gui? Je me réserve de publier prochainement le résultat de mes analyses sur ce point, particulièrement intéressant pour la physiologie de la nutrition de ce parasite.

H. GRANDEAU,

Préparateur à la Faculté des sciences
et à la Station agronomique.

TABLE DES MATIÈRES

RECHERCHES EXPÉRIMENTALES SUR LE RÔLE DES MATIÈRES ORGANIQUES DU SOL DANS LA NUTRITION DES PLANTES.

LE SOL DES LANDES, DES DUNES ET LA VÉGÉTATION DU PIN MARITIME.

NOTICE SUR LES EFFLORESCENCES DES TERRES NOIRES DES HAUTES
ET BASSES-ALPES ET DE LA DRÔME.

ANALYSES DES EFFLORESCENCES DES TERRES NOIRES.

NOTE SUR LES PÉPINIÈRES FORESTIÈRES.

RECHERCHES CHIMIQUES SUR LE GUI.

OUVRAGES DU MÊME AUTEUR

Sous presse pour paraître prochainement

ANNALES DE LA STATION AGRONOMIQUE DE L'EST

CHIMIE ET PHYSIOLOGIE APPLIQUÉES A L'AGRICULTURE

TRAVAUX DE 1868 A 1878

Origine et fondation de la Station. — Description des laboratoires et des installations diverses : champs d'expériences, cases de végétation, etc. — Sept années de récoltes du champ d'expériences. — Analyses et contrôle d'engrais. — Météorologie. — Études pratiques sur l'alimentation rationnelle du cheval, contrôle de fourrages, etc.

TRAITÉ D'ANALYSE DES MATIÈRES AGRICOLES

Un vol. in-8° avec 66 figures dans le texte. — Berger-Levrault et Cie et Librairie agricole de la Maison rustique. — Paris, 1877.

STATIONS AGRONOMIQUES

ET LABORATOIRES AGRICOLES

In-12, avec figures dans le texte. — Librairie agricole de la Maison rustique. Paris, 1869.

COURS D'AGRICULTURE PROFESSÉ A L'ÉCOLE FORESTIÈRE

1re Partie. — La nutrition de la plante.
2e Partie. — La nutrition de l'animal.
3e Partie. — Le sol et ses produits.

3 vol. in-8° avec figures. (*Sous presse.*)

Nancy, Berger-Levrault et Cie.